高等职业院校精品教材系列

路由与交换技术
——网络互连技术应用

董晓丹　主　编

孙　翼　期俊玲　副主编

电子工业出版社·
Publishing House of Electronics Industry
北京·BEIJING

内 容 简 介

本书根据国家示范专业建设课程改革成果，在课程组教师多年的校企合作与教学经验基础上进行编写。本书主要内容包含 OSI 参考模型、TCP/IP 协议栈、思科路由器操作与配置、路由原理、路由协议工作原理和配置、以太网、以太网交换技术原理、交换机的配置、访问控制列表（ACL）、广域网及其接入技术（PPP/帧中继等），结合思科、华为等认证考试内容，并通过思科模拟器 Cisco Packet Tracer 来配置、验证实验，最后一章设有相关的实训项目，以便使读者更好地掌握所学知识。

本书为高等职业本专科院校相应课程的教材，也可作为开放大学、成人教育、自学考试、中职学校和培训班的教材，以及电子工程技术人员的参考书。

本书配有电子教学课件、习题参考答案等，详见前言。

图书在版编目（CIP）数据

路由与交换技术：网络互连技术应用 / 董晓丹主编. —北京：电子工业出版社，2015.7

全国高等职业院校规划教材·精品与示范系列

ISBN 978-7-121-26581-5

Ⅰ. ①路… Ⅱ. ①董… Ⅲ. ①计算机网络－路由选择－高等职业教育－教材②计算机网络－信息交换机－高等职业教育－教材 Ⅳ. ①TN915.05

中国版本图书馆 CIP 数据核字（2015）第 155828 号

策划编辑：陈健德（E-mail：chenjd@phei.com.cn）
责任编辑：桑　昀
印　　刷：北京虎彩文化传播有限公司
装　　订：北京虎彩文化传播有限公司
出版发行：电子工业出版社
　　　　　北京市海淀区万寿路 173 信箱　邮编　100036
开　　本：787×1 092　1/16　印张：16　字数：410 千字
版　　次：2015 年 7 月第 1 版
印　　次：2021 年 7 月第 9 次印刷
定　　价：48.00 元

凡所购买电子工业出版社图书有缺损问题，请向购买书店调换。若书店售缺，请与本社发行部联系，联系及邮购电话：（010）88254888，88258888。

质量投诉请发邮件至 zlts@phei.com.cn，盗版侵权举报请发邮件至 dbqq@phei.com.cn。

本书咨询联系方式：chenjd@phei.com.cn。

职业教育　继往开来（序）

自我国经济在 21 世纪快速发展以来，各行各业都取得了前所未有的进步。随着我国工业生产规模的扩大和经济发展水平的提高，教育行业受到了各方面的重视。尤其对高等职业教育来说，近几年在教育部和财政部实施的国家示范性院校建设政策鼓舞下，高职院校以服务为宗旨、以就业为导向，开展工学结合与校企合作，进行了较大范围的专业建设和课程改革，涌现出一批示范专业和精品课程。高职教育在为区域经济建设服务的前提下，逐步加大校内生产性实训比例，引入企业参与教学过程和质量评价。在这种开放式人才培养模式下，教学以育人为目标，以掌握知识和技能为根本，克服了以学科体系进行教学的缺点和不足，为学生的顶岗实习和顺利就业创造了条件。

中国电子教育学会立足于电子行业企事业单位，为行业教育事业的改革和发展，为实施"科教兴国"战略做了许多工作。电子工业出版社作为职业教育教材出版大社，具有优秀的编辑人才队伍和丰富的职业教育教材出版经验，有义务和能力与广大的高职院校密切合作，参与创新职业教育的新方法，出版反映最新教学改革成果的新教材。中国电子教育学会经常与电子工业出版社开展交流与合作，在职业教育新的教学模式下，将共同为培养符合当今社会需要的、合格的职业技能人才而提供优质服务。

近期由电子工业出版社组织策划和编辑出版的"全国高职高专院校规划教材·精品与示范系列"，具有以下几个突出特点，特向全国的职业教育院校进行推荐。

（1）本系列教材的课程研究专家和作者主要来自于教育部和各省市评审通过的多所示范院校。他们对教育部倡导的职业教育教学改革精神理解得透彻准确，并且具有多年的职业教育教学经验及工学结合、校企合作经验，能够准确地对职业教育相关专业的知识点和技能点进行横向与纵向设计，能够把握创新型教材的出版方向。

（2）本系列教材的编写以多所示范院校的课程改革成果为基础，体现重点突出、实用为主、够用为度的原则，采用项目驱动的教学方式。学习任务主要以本行业工作岗位群中的典型实例提炼后进行设置，项目实例较多，应用范围较广，图片数量较大，还引入了一些经验性的公式、表格等，文字叙述浅显易懂。增强了教学过程的互动性与趣味性，对全国许多职业教育院校具有较大的适用性，同时对企业技术人员具有可参考性。

（3）根据职业教育的特点，本系列教材在全国独创性地提出"职业导航、教学导航、知识分布网络、知识梳理与总结"及"封面重点知识"等内容，有利于老师选择合适的教材并有重点地开展教学过程，也有利于学生了解该教材相关的职业特点和对教材内容进行高效率的学习与总结。

（4）根据每门课程的内容特点，为方便教学过程对教材配备相应的电子教学课件、习题答案与指导、教学素材资源、程序源代码、教学网站支持等立体化教学资源。

职业教育要不断进行改革，创新型教材建设是一项长期而艰巨的任务。为了使职业教育能够更好地为区域经济和企业服务，殷切希望高职高专院校的各位职教专家和老师提出建议和撰写精品教材（联系邮箱:chenjd@phei.com.cn，电话:010-88254585），共同为我国的职业教育发展尽自己的责任与义务！

中国电子教育学会

前　言

近年来，计算机网络已渗透到国民经济和社会生活的方方面面，社会已进入几乎离不开网络的时代，网络的重要性显而易见。随着各行各业对网络技术的深入应用，社会对网络工程师的需求数量将越来越大。网络路由与交换是当今计算机网络互连的核心技术，掌握路由与交换技术是一个网络工程师所应具备的基本专业素质。路由与交换技术课程是网络专业、计算机应用专业、信息工程专业、通信技术专业等多个专业的必修课程。课程内容分为路由与交换两大部分：路由部分包括路由器的工作原理、路由协议、路由设计、路由器配置和基本故障排除的知识和技能；交换部分包括交换机工作原理和基本配置、局域网交换技术、虚拟局域网的设计与配置。通过对本课程的学习，在校学生可具有利用路由器与交换机进行网络互连规划、设计、配置与管理的能力，通过实践可达到网络从业工程师的水平。

本书在编写过程中注重行业技能的培养与训练，内容符合 CCNA 等大部分认证的技能要求，全书共有 9 章，主要内容包括 OSI 模型和以太网，TCP/IP 和 DoD 模型，思科路由器的主要硬件、启动顺序、操作系统等，IP 路由，OSPF 协议，交换技术，访问控制列表的功能和分类，广域网基础，以及 6 个实训项目。每章包含多个实验，在说明问题的时候，根据实际应用中的实例来解析，有助于读者更容易地理解和掌握。

本书为高等职业本专科院校相应课程的教材，也可作为开放大学、成人教育、自学考试、中职学校和培训班的教材，以及电子工程技术人员的参考书。

本书由江苏信息职业技术学院董晓丹任主编，孙翼和期俊玲任副主编，具体编写分工为：董晓丹编写了第 4～6 章、第 9 章；期俊玲编写了第 1～3 章；华为科技有限公司孙翼编写了第 7～8 章；赵涛完成了本书的校验工作。本书在编写过程中得到了江苏信息职业技术学院有关领导和合作企业工程技术人员的大力支持，在此表示衷心感谢！

鉴于编者水平有限，书中难免出现错误和纰漏之处，欢迎广大读者批评指正。

为方便教学，本书配有免费的电子教学课件、习题参考答案，请有需要的教师登录华信教育资源网（http://www.hxedu.com.cn）免费注册后进行下载，如有问题请在网站留言或与电子工业出版社联系（E-mail:hxedu@phei.com.cn）。

编　者

目　录

第1章

OSI 模型和以太网

在当今这个时代，人们的通信交流、信息获取都几乎很难离开互联网，大家使用不同品牌、不同操作系统，甚至是不同种类的设备就可以进行相互沟通，这些大大小小的设备是如何达成默契，使得通信双方的数据能够得以传输和接收呢？答案就在于网络中所使用的这些设备在设计制造时都遵循了同一种规则，也就是我们下边要谈及的 OSI 参考模型。

我们可以将网络通信的过程类比为交通，出行的人们的目的地不同，要做的事不同，所乘坐的车也产自不同厂商、型号大小各异，但是要想顺利到达目的地，不管什么样的车都必须要遵守统一的交通规则。与此相似，在互联网通信中，同样也需要有一套大家都来遵循的规则，比如数据信息的格式，以及如何发送和接收这些信息。网络设备所共同遵循的这套规则称为网络协议。

要制定出一个单一的网络协议来解决网络通信中的所有问题，势必会使该协议非常庞杂，而且参照该协议来设计网络产品时，也需要按照协议考虑到方方面面的细节，这无疑为设备的设计、开发设置了障碍。为了让事情变得简单，网络设计者将通信过程划分为几个不同的阶段，将一个大问题分为几个相对较小的问题，因而也就产生了分层的概念。

正是基于这样的思想国际标准化组织（International Organization for Standardization，ISO）制定出了计算机网络层次结构模型，也就是系统互连参考模型 OSI（Open System Interconnection），来描绘信息如何从一台网络设备传递到另一台网络设备。这个体系结构是一个 7 层模型，它作为制定网络通信标准的概念性框架，利用它，厂商可以针对单一目的设计出符合 OSI 某层描述的应用程序或硬件设备。不同厂商的同类产品可以相互兼容，并且可以与上下层的设备进行数据的交互，用户也不必全部依赖于某一厂商的产品。

当网络中的两台计算机要进行通信时，数据由发送端的应用层向下，逐层传送，而且每一层都为原始数据添加报头（有的层除增加报头外，还需要添加报尾），这也称数据封装的过程。当封装好的数据到达物理层后，就会根据连接两台设备所使用的物理介质类型，将数据帧的各个比特转换为电压、光源、无线电波等物理层信号，通过中间网络设备，发送端的数据会被送达接收端的物理层。

以太网最早由 Xerox（施乐）公司创建，于 1980 年 DEC、lntel 和 Xerox 三家公司联合开发成为一个标准。以太网是应用最为广泛的局域网，包括标准以太网（10 Mbit/s）、快速以太网（100 Mbit/s）和 10 G（10 Gbit/s）以太网。

1.1 网际互连模型的分层方法及优点

当网络刚开始出现时，典型情况下，只能在同一制造商的计算机产品之间进行通信。例如，只能实现整个的 DECnet 解决方案或 IBM 解决方案，而不能将两者结合在一起。在 20 世纪 70 年代后期，国际标准化组织创建了开放系统互连（Open Systems Interconnection，OSI）参考模型，从而打破了这一壁垒。

OSI 模型的创建是为了帮助供应商根据协议来构建可互操作的网络设备和软件，以便不同供应商的网络能够互相协同工作。正如世界和平一样，它可能永远都不会完全实现，但它仍然是一个伟大的目标。

OSI 模型是为网络而构建的最基本的层次结构模型。它描述了数据和网络信息怎样从一台计算机的应用程序，经过网络介质，传送到另一台计算机的应用程序。在 OSI 参考模型中，是采用分层的方法来实现的。

1.1.1 分层的方法

参考模型是一种概念上的蓝图，描述了通信是怎样进行的。它解决了实现有效通信所需要的所有过程，并将这些过程划分为逻辑上的组，称为层。当一个通信系统以这种方式进行设计时，就称为分层的体系结构。

可以这样来考虑它：你和一些朋友想组建一家公司，首先要做的就是坐下来好好想想必须完成哪些任务，谁来完成这些任务，以怎样的顺序来完成这些任务，以及它们之间的相互关系。最后，你可能将这些任务分给不同的部门。假定你决定组建一个接订单的部门、一个负责库存的部门和一个运输部门。每个部门都有其特定的任务，能够让它的员工忙起来，并让他们只专注于自己的职责。

在这种场景中，部门就隐喻了通信系统中的层。为了保证工作的顺利进行，每个部门中的员工将不得不信任并极大地依赖其他部门的员工，以完成他们自己的工作，并各司其职。在讨论计划时，你可能会做记录，记录下整个过程，以便于以后进行有关操作标准的讨论，这些将为设计参考模型打下基础。

1.1.2 参考模型的优点

OSI 模型是层次化的，任何分层的模型都有同样的好处和优势。所有模型，尤其是 OSI

模型的主要意图，是允许不同供应商的网络产品能够实现互操作。

采用 OSI 层次模型的主要优点如下。

（1）将网络的通信过程划分为小一些、 简单一些的部件，因此有助于各个部件的开发、设计和故障排除。

（2）通过网络组件的标准化，允许多个供应商进行开发。

（3）通过定义在模型的每一层实现什么功能，鼓励产业的标准化。

（4）允许各种类型的网络硬件和软件相互通信。

（5）防止对某一层所做的改动影响到其他的层，这样就有利于开发。

1.2　OSI参考模型

OSI 模型最重要的功能之一，是帮助不同类型的主机实现相互之间的数据传输，这意味着可以在一台 UNIX 主机和一台 PC 或 Mac 之间进行数据传输。

尽管 OSI 模型不是物理意义上的模型，但它提供了一系列的指南，应用程序开发者可利用这些指南来创建并实现在网络中运行的应用程序。它也为创建并实现连网标准、设备和网际互连方案提供了一个框架。

OSI 模型有 7 个不同的层，分为两个组。上面 3 层定义了终端系统中的应用程序将如何彼此通信，以及如何与用户通信。下面 4 层定义了怎样进行端到端的数据传输。图 1-1 显示了上面 3 层和它们的功能，图 1-2 显示了下面 4 层和它们的功能。

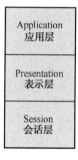

Application
应用层
• Provides a user interface 提供用户接口
Presentation
表示层
• Presents data 数据表示
• Handles processing such as encryption 数据处理如数据加密
Session
会话层
• Keeps different applications' data separate 保持不同程序的数据分离

图 1-1　上面 3 层和它们的功能

在学习图 1-1 时，可以看到在应用层实现用户与计算机的接口，并看到高层负责主机之间应用程序的通信。记住，上面 3 层并不知道有关连网或网络地址的任何信息，这是下面 4 层的任务。

在图 1-2 中可以看到，下面 4 层定义了怎样通过物理电缆或者通过交换机和路由器进行数据传输。下面这 4 层也决定了怎样重建从发送方主机到目的主机的应用程序的数据流。

工作在 OSI 模型所有 7 层的网络设备包括：

（1）网络管理工作站（NMS）；

（2）Web 和应用服务器；

（3）网关（不是默认网关）；

Transport 传输层	• Provides reliable or unreliable delivert 提供可靠或不可靠的数据交换 • Performs error correction brfore retransmit 在转发之前能进行错误纠正
Network 网络层	• Provides logical addressing, which routers use for path determination 提供逻辑地址，让路由器通过此地址进行路由查找
Data Link 数据链路层	• Combines packets into bytes and bytes into frames 数据包到字节，字节到数据帧 • Provides access to media using MAC address 通过MAC地址来访问媒体 • Performs error detection not correction 执行错误检测但不纠错
Physical 物理层	• Moves bits between devices 不同节点之间传送比特流 • Specifies voltage, wire speed, and pin-out of cables 额定电压，速率和引出线电缆

图 1-2　下面 4 层和它们的功能

（4）网络主机。

国际标准化组织（ISO）基本上是网络协议领域的象征，ISO 开发了 OSI 参考模型作为开放式网络协议集先例和指南。它定义了通信模型的有关细节，并成为当今最流行的学习网络协议的协议套件。

OSI 参考模型有 7 层：

（1）应用层（第 7 层，Application layer）；

（2）表示层（第 6 层，Presentation layer）；

（3）会话层（第 5 层，Session layer）；

（4）传输层（第 4 层，Transport layer）；

（5）网络层（第 3 层，Network layer）；

（6）数据链路层（第 2 层 Data link layer）；

（7）物理层（第 1 层，Physical layer）。

图 1-3 显示了在 OSI 模型的每一层所定义的功能。有了这些知识，我们就可以详细探究每一层的功能了。

应用层	• File, Print, message, database, and application services 文件，打印，消息，数据库和应用服务
表示层	• Data encryption, compression, and translation services 数据加密，数据压缩，以及数据翻译
会话层	• Dialog control 会话控制
传输层	• End-to-end connection 端到端连接
网络层	• Routing 路由
数据链路层	• Framing 组帧
物理层	• Physical topology 物理拓扑

图 1-3　OSI 的功能

1.2.1　应用层

OSI 模型的应用层是用户与计算机进行实际通信的地方。只是当马上就要访问网络时，才会实际用到这一层。以 IE（Internet Explorer）为例，你可以从系统中卸载掉任何连网组件，如 TCP/IP、网卡（NIC）等，但仍然可以使用 IE 来浏览本地的 HTML 文档，这是没有问题的。但如果你试图浏览必须使用 HTTP 的文档，或者用 FTP 下载一个文件，事情肯定就会乱套。这是因为 IE 将试图访问应用层来响应这一类请求，实际的情况是，应用层作为实际应用程序和下一层（即 OSI 模型中的表示层）之间的接口（注意：应用程序并不是分层结构的一部分），将通过某种方式把应用程序的有关信息送到协议栈的下面各层，换句话说，IE 并不真正驻留在应用层之中，当它需要处理远程资源时，它就需要应用层协议起接口作用。

应用层还负责识别并建立想要通信的计算机一方的可用性，并决定想要的通信是否存在足够的资源。

这些任务是重要的，这是因为计算机应用程序有时不只需要桌面资源。通常，它们会将多个网络应用程序中的通信组件联合起来。主要的例子为：执行文件传输和 E-mail，启用远程接入，网络管理活动，客户-服务器进程，以及信息定位。许多网络应用程序为跨企业的网络通信提供服务，但对于现在和将来的网际互连来说，这种需求发展得太快了，超过了现有物理连网的承受能力。

说明：一定要记住，应用层是实际的应用程序之间的接口。比如，Microsoft Word 并不驻留在应用层，而是应用层协议的接口。

1.2.2　表示层

表示层因它的用途而得名，即它为应用层提供数据，并负责数据转换和代码的格式化。

从本质上来说，这一层是翻译器，并提供编码和转换功能。一种成功的数据传输技术意味着在传输之前要将数据转换为标准的格式。计算机被配置为可以接收这种通用格式的数据，然后再将数据转换为原始的格式，以便于实际阅读（例如，从 EBCDIC 到 ASCII）。通过提供转换（翻译）服务，表示层就可以保证从一个系统的应用层传送过来的数据能够被另一个系统的应用层所识别。

OSI 模型的协议标准定义了标准的数据将如何被格式化。像数据压缩、解压缩、加密和解密这些任务就与表示层有关。表示层的一些标准中还包含了多媒体操作。

例如，三个来自不同国家的人交流时，发现自己听不懂对方的言语，怎么办？让他们回去学习汉语，然后再来交流，这样就没有问题了。这时，汉语就是交流的标准，表示层就是要把各种来自应用层的数据转换成一种标准格式，这样大家就能看懂或听懂了。

1.2.3　会话层

会话层负责建立、管理和终止表示层实体之间的会话连接。这一层也在设备或节点之间提供会话控制。它在系统之间协调通信过程，并提供 3 种不同的方式来组织它们之间的通信：单工、半双工和全双工。总之，会话层基本上用来使不同应用程序的数据与其他应用程序的数据保持隔离。

1.2.4 传输层

传输层将数据分段并重组为数据流。传输层所提供的服务用于对来自上层应用程序的数据进行分段和重组，并将它们组合为同样的数据流形式。它们提供端到端的数据传输服务，并且可以在互连网络的发送方主机和目的主机之间建立逻辑连接。

大家也许已经对 TCP 和 UDP 比较熟悉了（如果不熟悉的话，也不要紧，在第 2 章将介绍它们）。大家可能知道，TCP 和 UDP 都工作在传输层，TCP 提供可靠的服务，而 UDP 提供不可靠的服务。这意味着应用程序开发者有更多的选项，当采用 TCP/IP 时，他们可以在这两者之间做出选择。

传输层负责为实现上层应用程序的多路复用、建立会话连接和断开虚电路提供机制。通过提供透明的数据传输，它也对高层隐藏了任何与网络有关的细节信息。

1.2.5 网络层

网络层（也叫第 3 层）负责设备的寻址，跟踪网络中设备的位置，并决定传送数据的最佳路径，这意味着网络层必须在位于不同地区的互连设备之间传送数据流。路由器（第 3 层设备）就工作在网络层，并在互连的网络中提供路由选择服务。

路由器的工作过程为：首先，当路由器的接口收到一个包时，路由器就检查其目的 IP 地址。如果包不是发给它的，它就在其路由表中查找目的网络地址。一旦路由器选择了一个外出接口（出口），包就被送到那个接口上并封装成帧，最后被送出本地网络。如果路由器在路由表中不能找到对应于包的目的网络的表项，它就丢弃该包。

在网络层有两种类型的包：数据包和路由更新包。

数据包：用来在互连网络中传送用户数据。用来支持数据传送的协议叫被动路由协议。被动路由协议的例子有 IP。在第 2 章、第 4 章中，将讨论 IP 寻址。

路由更新包：在互连网络中，它用来向相邻路由器通告连接到网络的所有路由器的更新信息。发送路由更新包的协议叫主动路由协议。主动路由协议的例子有 RIP、RIPv2 和 OSPF。在每台路由器上，路由更新包用来帮助构建和维护路由表。

图 1-4 给出了一个路由表的例子。

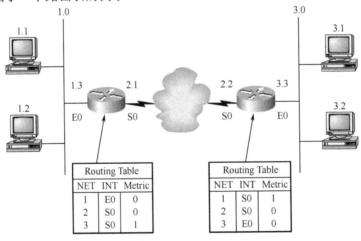

图 1-4　路由表实例

路由器的路由表中包含下列信息。

网络地址（Network addresses）：它们是与特定协议有关的网络地址。路由器必须为各种主动路由协议单独维护一张路由表，因为每个主动路由协议都采用不同的寻址方案（如 IP、IPv6 和 IPX）来跟踪网络。可以把它想象为在某个特定的街道上，不同的居民说着不同的语言，因而有各种不同语言的街道标识。因此，如果街道上有讲美语、西班牙语和法语的居民的话，街道标识就会同时用美语、西班牙语和法语表示出来。

接口（Interface）：当数据包被发送到特定的网络时，数据包将选择一个外出接口（出口）。

度量（Metric）：　指到远程网络的距离。不同的主动路由协议采用不同的方式来计算距离。第 4 章将讨论主动路由协议，但现在，应知道一些主动路由协议（即 RIP）采用跳计数（它指的是包被传送到远程网络所经过的路由器的数），而其他一些主动路由协议采用带宽、线路延迟。

下面是关于路由器的一些知识，必须牢记在心。

（1）默认时，路由器将不会转发任何广播包或组播包。

（2）路由器使用逻辑地址，逻辑地址在网络层的报头中，用来决定将包转发到的下一跳路由器。

（3）路由器可以使用管理员创建的访问表来控制被允许进入或流出一个接口的包的安全性。

（4）如果需要的话，路由器可以提供第 2 层桥接功能，并可以通过同一个接口同时进行传送。

（5）第 3 层设备（这里指路由器）可以提供虚拟 LAN（VLAN）之间的连接。

（6）路由器可以为特定类型的网络流量提供服务质量（QoS）。

1.2.6　数据链路层

数据链路层提供数据的物理传输，并处理出错通知、网络拓扑和流量控制。这意味着在使用硬件地址的 LAN 中，数据链路层将保证信息被传送到正确的设备上，并将来自网络层的信息转换为比特流的形式，以便物理层进行传输。

数据链路层将信息封装为数据帧，并添加定制的报头，报头中包含了硬件形式的源地址和目的地址。这些被添加的信息围绕在原始信息的周围，就像在阿波罗计划（Apollo project）中，引擎、导航设备和其他工具被附加到登月舱中。这种设备只在太空航行的特定阶段有用，当这些指定的阶段完成之后，相应的设备就从登月舱中剥离出来并被丢弃。数据在网络中的传输过程是类似的。

图 1-5 显示了带 Ethernet 和 IEEE 规范的数据链路层。当你查看它时，注意 IEEE 802.2 标准与其他的 IEEE 标准结合起来使用，并添加了相应的功能。

这对于理解路由器根本不关心特定主机的位置是重要的，路由器工作在网络层，它们只关心网络的位置，并关心到达这些网络（包括远程网络）的最佳路径。路由器并不在意网络的内部，这曾经是一件好事情。数据链路层才会负责对驻留在本地网络中的每台设备，提供一个独一无二的实际标识。

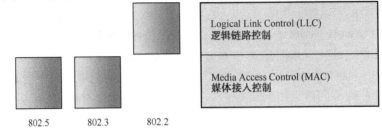

图 1-5　数据链路层

对于向各个主机发送包以及在路由器之间发送包的主机来说，数据链路层使用硬件寻址方式。每次在路由器之间传送包时，它就在数据链路层被封装为带控制信息的帧，但这些控制信息将被接收方的路由器剥离，只是完整地保留原始的数据包。数据包的这种被封装成帧的过程会在每一跳中继续下去，直到数据包最终被传递到正确的接收方主机。一定要真正理解在路由的过程中，数据包本身永远不会被改动，它只是被它所需要的控制信息封装，以便于正确传输到不同的介质类型上。

IEEE Ethernet 的数据链路层有两个子层。

介质访问控制（Media Access Control，MAC）802.3。它定义了数据包怎样在介质上进行传输。在共享同一个带宽的链路中，对连接介质的访问是"先来先服务"的。物理寻址在此处被定义，逻辑拓扑也在此处定义。逻辑拓扑是什么？是信号通过物理拓扑的路径。线路控制、出错通知（不纠正）、帧的传递顺序和可选择的流量控制也都在这一子层实现。

逻辑链路控制（Logical Link Control，LLC）802.2。它负责识别网络层协议，然后对它们进行封装。LLC 报头告诉数据链路层一旦帧被接收到时，应当对数据包做何处理。它的工作原理是这样的：主机接收到帧并查看其 LLC 报头，以找到数据包的目的地，比如说，在网络层的 IP。LLC 子层也可以提供流量控制并控制比特流的排序。

交换机和网桥都工作在数据链路层，它们使用硬件地址（MAC 地址）对网络进行过滤。下面将讨论这一点。

第 2 层交换被认为是基于硬件的桥接技术，因为它使用被称为专用集成电路（ASIC）的特殊硬件。ASIC 可以运行在千兆位的速度之下，而延迟率非常低。

说明： 延迟是指帧从一个端口进入到从另一个端口出去所花费的时间。

当帧通过网络传输时，网桥或交换机会读取每一帧。第 2 层设备会在过滤表中放入源硬件地址，并跟踪帧被哪一个端口接收。这种信息（记录在网桥或交换机的过滤表中）能够帮助机器决定特定发送设备的位置。图 1-6 显示了互连网络中的交换机。

商用房地产交易关心的是位置，除了位置还是位置。对第 2 层和第 3 层设备来说也是如此。尽管它们都需要与网络协商，但必须记住，它们关心的是网络中的不同部分。路由器是第 3 层设备，它需要定位特定的网络，而第 2 层设备（网桥和交换机）则需要定位特定的设备。因此，网络对应于路由器就像单个设备对应于网桥和交换机。路由器用路由表来"映射"网络，就像交换机和网桥用过滤表来"映射"单个设备一样。

在第 2 层设备中，当过滤表被创建之后，它只将帧转发到目的硬件地址所指定的网段。如果目的设备与帧在同一个网段上，第 2 层设备将封锁帧，不让它被转发到任何其他网段上。如果目的地与帧在不同的网段上，帧就只被转发到那个网段。这种技术被称为

"透明桥接"。

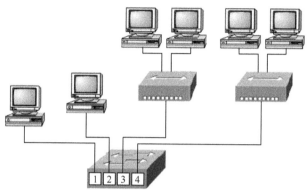

每个网段都是一个冲突域，所有网段都在同一个广播域内

图 1-6　互连网络中的交换机

当交换机接口收到带目的硬件地址的帧，而且在交换机的过滤表中找不到这个接口的硬件地址时，它将把该帧转发到所有相连的网段上。如果发送"神秘帧"的未知设备响应这个转发行动，交换机就更新其过滤表，添加对此设备的定位；但如果发送的帧的目的地址为广播地址，默认时交换机将转发所有的广播到相连的每个网段上。

广播被转发到的所有设备被认为在同一个广播域中，这可能是一个问题，第 2 层设备传播第 2 层广播风暴，这会引起网络阻塞，阻止广播风暴在互连网络中传播的唯一方法是使用第 3 层设备——路由器。

在互连网络中使用交换机而不使用集线器的最大好处是，每个交换机端口实际上有自己的冲突域（反过来，集线器的所有端口都在同一个冲突域中，因此冲突域较大）。但即使配备了交换机，仍然不能分隔广播域。交换机和网桥都不能分隔广播域，它们只简单地转发所有广播。

相对于集中式的集线器实现来说，LAN 交换的另一个好处是，插接到交换机中的每个网段上的每台设备可以同时传输数据，至少，只要在每个端口上只有一台主机并且集线器没有被插入一个交换机端口就行。大家可以想象得到，在每个网络中，集线器一次只能允许一台设备进行通信。

1.2.7　物理层

我们终于来到了最低层，即物理层。物理层的功能有两个：发送和接收比特流。比特流的值只能是 1 或 0。物理层直接与各种类型的实际通信介质进行通信。不同种类的介质用不同的方式来表示这些比特值。其中一些使用音调，而另一些则采用状态过渡——电压从高到低和从低到高改变。对于每种类型的介质来说，需要用特定的协议来描述所使用的正确的比特模式，数据怎样编码为在介质上传送的信号，以及各种类型的物理介质的连接接口。

物理层指定了在端系统之间，用于激活、维护及断开物理链路所需的电气、机械、规程和功能的要求。这一层也用来在数据终端设备（DTE）和数据通信设备（DCE）之间实现接口。一些老电话公司的雇员仍然称 DCE 为数据电路端接设备。DCE 通常位于服务提供者这一端，而 DTE 则是连接设备。DTE 可获得的服务通常是通过接入调制解调器（Modem）或信道服务单元/数据服务单元（CSU/DSU）而得到的。

OSI 定义了物理层的连接器和不同物理拓扑的有关标准，从而允许各种不同的系统进行通信。

集线器实际上是多端口的中继器。中继器接收数字信号并进行放大或整形，然后将数字信号转发到所有的活动端口上，它根本不关心数据是什么。有源集线器的工作机理是一样的。在集线器的端口上，从网段接收到的任何数字信号被整形或放大，并传送到集线器的所有端口上。这意味着插入集线器中的所有设备都在同一个冲突域内，它们也在同一个广播域内。图 1-7 显示了网络中的集线器。

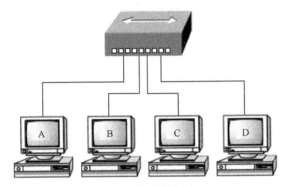

图 1-7 网络中的集线器

集线器与中继器一样，当数据流进入集线器并传送到物理介质的其他部分时，集线器并不检查任何数据流。如果有设备正在传送数据的话，连接到一个集线器或多个集线器的每台设备都必须侦听。物理星形网络中，集线器是设备的中心，电缆线分布在它的周围，这就是由集线器创建的拓扑类型，它看起来确实像星星，而以太网运行在逻辑总线拓扑上，这意味着信号必须从网络中的一端传到另一端。

1.3 以太网（Ethernet）组网

以太网采用竞争型的介质访问方法，允许网络上的所有主机共享同一条链路的带宽。以太网很流行，因为它的可扩展性很好，这意味着它相对来说容易引入新技术，比如，容易将 FastEthernet（快速以太网）和 Gigabit Ethernet（千兆位以太网）技术引入现有的网络设施中。以太网的实现也相对容易一些，这样一来，以太网的故障排除就容易直接进行。以太网采用了数据链路层和物理层的规范，这一节将介绍有关数据链路层和物理层的知识，以帮助大家有效地实现、维护以太网，并排除以太网的故障。

以太网采用带冲突检测的载波侦听多路访问（Carrier Sense Multiple Access with Collision Detect，CSMA/CD）技术，这是一种介质访问控制方法，用来帮助网络上的设备均匀地分享带宽，而不会使两台设备同时在网络介质上传送数据。当网络中的不同节点同时传送数据包时，不可避免地会产生冲突，CSMA/CD 就用来解决这种冲突问题。在以太网中，好的冲突管理是非常必要的，因为当 CSMA/CD 网络中的一个节点发送数据时，网络中所有其他的节点都会收到并检查这些数据。只有网桥和路由器能够有效防止数据被传送到整个网络中。

那么，CSMA/CD 协议是如何起作用的呢？让我们先看看图 1-8。

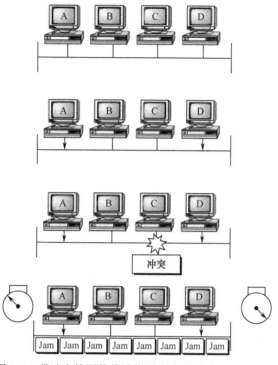

图 1-8　带冲突检测的载波侦听多路访问（CSMA/CD）

当一台主机想在网络中传送数据时，它首先检查线路上是否有其他主机的信号正在传送，如果没有信号正在传送（其他的主机没有发送数据），就将自己的数据发送出去。

但事情还没有完，正在传送数据的主机要不断地监听线路，以确信其他的主机没有在发送数据。如果主机在线路上检测到有其他的信号，它就会发送出一个加强阻塞的 Jam 信号，以通知网段上其他所有的节点停止发送数据。作为对 Jam 信号的响应，网络上的节点会在试图重新发送数据之前先等一会。退避算法决定了发生冲突的站点什么时候可以重新发送数据。如果在试了 15 次之后还是产生冲突，试图发送数据的节点将超时。

在以太网中，当发生冲突时：

（1）Jam 信号会让所有设备都知道发生了冲突。

（2）冲突会激活随机退避算法。

（3）以太网网段中的每台设备都会等待一小段时间，直到定时器到期。

（4）定时器到期后，所有主机重新发送数据的机会是均等的。

采用 CSMA/CD 协议的网络将承受巨大的冲突压力，包括：

（1）延迟；

（2）低的吞吐量；

（3）拥塞。

说明： 在 802.3 网络中，退避是指当冲突发生时所需的重传延迟。当冲突发生时，主机将在指定的时间延迟到期之后，才恢复传输。当这种退避延迟时间到期后，所有工作站有同样的机会重新发送数据。

1.3.1 半双工和全双工以太网

半双工以太网在原始的 802.3 Ethernet 中定义，它只使用一对电缆线，数字信号在线路上是双向传输的。当然，这与 IEEE 规范所讨论的半双工工作过程稍微有一点不同，但 Cisco 所说的是通常在以太网中所发生的事情。

半双工以太网也采用 CSMA/CD 协议，以防止产生冲突，如果产生了冲突，就允许重传。如果用一台集线器连接到交换机上，它就必须工作在半双工方式，因为端站点必须能够检测到冲突。在 Cisco 看来，半双工以太网（典型的为 10BaseT）只有 30%～40%的效率，因为一个大的 10BaseT 网络通常最多只给出 3～4 Mbit/s 的带宽。

但全双工以太网使用两对电缆线，而不是像半双工方式那样使用一对电缆线。全双工方式在发送设备的发送方和接收设备的接收方之间采用点到点的连接，这就意味着在全双工数据传送方式下，可以得到更高的数据传输速率。由于发送数据和接收数据是在不同的电缆线上完成的，因此不会产生冲突。

之所以不会产生冲突，是因为现在就好像有了带多个入口的高速公路，而不是由半双工方式所提供的只有一条入口的路。全双工以太网能够在两个方向上提供 100%的效率，比如，可以用运行在全双工方式下的 10 Mbit/s 以太网得到 20 Mbit/s 的传输速率，或者将 FastEthernet 的传输速率提高到 200 Mbit/s，这是很了不起的。但是，这种速率有时被称为聚合速率，就是说，你需要获得 100%的效率，就像生活中的事情一样，这不可能完全得到保证。

全双工以太网可以用于下列 3 种情况：

（1）交换机到主机的连接；

（2）交换机到交换机的连接；

（3）使用交叉电缆的从主机到主机的连接。

说明： 当网络中只有两个节点时，全双工以太网需要点到点的连接。除了集线器以外，其他任何设备都可以运行全双工。

有人会问，我可以达到这样的传输速率，但却不一定能进行传输，为什么呢？事实上，当一个全双工以太网端口加电时，它首先连接到远程端，然后与 FastEthernet 链路的另一端进行协商，这称为"自动检测机制"。这种机制首先决定交换能力，这意味着它通过检测来决定是否能运行在 10 Mbit/s 或 100 Mbit/s 传输速率下，然后它通过检测决定是否能运行在全双工方式下，如果不能运行在全双工方式下，它就运行在半双工方式下。

说明： 记住，半双工以太网共享一个冲突域，它所提供的有效吞吐量比全双工以太网低一些。典型情况下，全双工以太网有专用的冲突域，有效的吞吐量也高一些。

最后，请记住下列重点：

（1）在全双工模式下，不会有冲突域。

（2）专用的交换机端口可用于全双工节点。

（3）主机的网卡和交换机端口必须能够运行在全双工模式下。

下面我们看看以太网的数据链路层。

1.3.2　以太网的数据链路层

以太网的数据链路层负责以太网寻址，通常称其为硬件寻址或 MAC 寻址。以太网也负责将从网络层接收下来的数据包组合成帧，并准备通过以太网连接的介质访问方法在本地网络上进行传输。

1. 以太网寻址

这一部分内容将讨论以太网怎样进行寻址。它采用介质访问控制（Media Access Control，MAC）地址进行寻址，MAC 地址被烧入每个以太网网卡（Network Interface Card，NIC）中。MAC 地址也叫硬件地址，它采用 48 位（6 字节）的十六进制格式。

图 1-9 显示了 48 位的 MAC 地址，并显示了位的划分。

图 1-9　使用 MAC 地址进行 Ethernet 寻址

组织唯一标识符（OUI）是由 IEEE 分配给单位组织的，它包含 24 位。各个单位组织依次被分配一个全局管理地址（24 位，或 3 字节），对于厂家生产的每一块网卡来说，这个地址是唯一的。请仔细看一看图 1-9，高位是 Individual/Group（I/G）位，当它的值为 0 时，就可以认为这个地址实际上是设备的 MAC 地址，它可能出现在 MAC 报头的源地址部分。当它的值为 1 时，就可以认为这个地址表示以太网中的广播地址或组播地址，或者表示 TR 和 FDDI 中的广播地址或功能地址。

下一位是 G/L 位（也称为 U/L，这里的 U 表示全局）。当这一位设置为 0 时，就表示一个全局管理地址（由 IEEE 分配），当这一位为 1 时，就表示一个在管理上统治本地的地址（就像在 DECnet 中一样）。以太网地址的后 24 位表示本地管理的或厂商分配的代码。厂家制造的第一块网卡的这一部分地址通常以 24 个 0 开头，最后一块网卡则以 24 个 1 结束（共有 16 777 216 块网卡）。在实际中可以发现，许多厂商使用同样的 6 个十六进制数字，作为同一块网卡上序列号的最后 6 个数字。

2. Ethernet 帧

数据链路层负责将位组合成字节，并将字节组合成帧。帧被用在数据链路层，从网络层传递过来的数据包被封装成帧，以根据介质访问的类型进行传输。

以太网站点的功能是使用一组称为 MAC 帧格式的位，在站点之间传送数据帧。在帧格式中，采用循环冗余校验（CRC）进行差错检测。但记住，这是差错检测，不是差错纠正。

802.3 帧和 Ethernet 帧如图 1-10 所示。

Ethernet_II

前导码 (Preamble) 8 bytes	目的地址 (DA) 6 bytes	源地址 (SA) 6 bytes	类型 (Type) 2 bytes	数据 Data	帧校验序列 FCS 4 bytes

802.3_Ethernet

前导码 (Preamble) 8 bytes	目的地址 (DA) 6 bytes	源地址 (SA) 6 bytes	长度 (Length) 2 bytes	数据 Data	帧校验序列 FCS

图 1-10　802.3 和 Ethernet 的帧格式

下面是 802.3 帧和 Ethernet 帧的各个字段的详细说明。

前导（Preamble）：它采用交替为 1 和 0 的模式，在每个数据包的起始处提供 5 MHz 的时钟信号，以允许接收设备锁定进入的比特流。

目的地址（Destination Address，DA）：它首先使用最低有效位（LSB）传送 48 位值。接收方站点使用 DA 来决定一个进入的数据包是否被送往特定的节点。目的地址可以是单独的地址，或者是广播或组播 MAC 地址。记住，广播地址为全 1（十六进制形式为全 F）并被送往所有设备，但组播地址只被送往网络中节点的同类子集。

源地址（Source Address，SA）：SA 是 48 位的 MAC 地址，用来识别发送设备，它首先使用 LSB。在 SA 字段中，广播和组播地址格式是非法的。

长度（Length）或类型（Type）：802.3 使用长度字段，但 Ethernet 帧使用类型字段来识别网络层的协议。802.3 不能识别上层协议，且必须与专用的 LAN（比如 IPX）一起使用。

数据（Data）：这是从网络层传送到数据链路层的数据包。它的大小可以在 46～1500 字节变化。

帧校验序列（Frame Check Sequence，FCS）：FCS 是位于帧末尾的字段，它用来存放循环冗余校验（CRC）。

1.3.3　以太网的物理层

以太网最早由 DIX（Digital、Intel 和 Xerox 的合称）实现。他们创建并实现了第一个以太网 LAN 规范，IEEE 根据这个规范设立了 IEEE 802.3 委员会。这是一种传输速率为 10 Mbit/s 的网络，其物理介质（也叫传输介质）可以是同轴电缆、双绞线和光缆。

IEEE 将 802.3 委员会扩展为两个新委员会，分别称为 802.3u（FastEthernet）和 802.3ab（5 类线上的 Gigabit 以太网），最后成了 802.3ae（光缆或同轴电缆上的 10 Gbit/s）。

图 1-11 显示了 IEEE 802.3 和原始的以太网物理层规范。

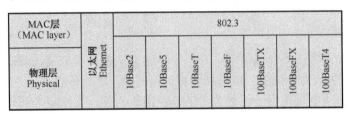

图 1-11　以太网物理层规范

在设计一个局域网（LAN）时，了解可用的、不同种类的以太网介质是非常重要的。

EIA/TIA（Electronic Industries Association/Telecommunications Industry Association）是为

以太网创建物理层规范的标准实体。EIA/TIA 规定：以太网使用带 4、5 接线顺序的非屏蔽双绞线（UTP）连接已注册的插座（RJ）连接器（即 RJ45）。

由 EIA/TIA 所指定的每一种以太网电缆类型都有其固有的衰减，这种衰减定义为信号在电缆线上传输时的强度损失，用分贝数（dB）来衡量。在公司和家用市场上所使用的电缆线是根据类来衡量的。电缆线的类别越高，其质量就越好，衰减就越低。例如，5 类线就比 3 类线要好一些，因为 5 类线在每英寸上绞得更密，因而串扰更小。串扰是指电缆中来自邻近线对的信号干扰。

下面介绍原始的 IEEE 802.3 标准。

10Base2：它的传输速率为 10 Mbit/s，采用基带传输技术，每个网段的距离限制为 185 米。它被称为细缆网，在单个网段上最多可支持 30 个工作站。它采用的是带 AUI（Attachment Unit Interface）连接器的总线结构，并且在物理上和逻辑上都采用总线结构。10 表示传输速率为 10 Mbit/s，Base 表示采用基带传输技术，2 表示最大距离约为 200 米。10Base2 以太网网卡使用 BNC（British Naval Connectors、Bayonet Neill Concelman 或 Bayonet Nut Connector）和 T 型连接器连接到网络中。

10Base5：它的传输速率为 10 Mbit/s，采用基带传输技术，每个网段的距离限制为 500 米。它被称为粗缆网。它采用的是带 AUI 连接器的总线结构，并且在物理上和逻辑上都采用总线结构。如果采用中继器，最大传输距离可达 2500 米，在所有网段上最多可支持 1024 个用户。

10BaseT：它的传输速率为 10 Mbit/s，采用 3 类非屏蔽双绞线（UTP）。与 10Base2 和 10Base5 网络不同的是，它的每一台设备必须连接到集线器或交换机上，对每段电缆来说，只能连接一台主机。它使用 RJ45 连接器，其物理拓扑结构是星形的，逻辑拓扑结构则是总线型的。

每一种 802.3 标准都定义了一个连接单元接口（Attachment Unit Interface，AUI），它允许根据数据链路层的介质访问方法实现到物理层的一次一位的传输。这就允许 MAC（地址）保持不变，并且使得物理层可以支持任何现有的和新的网络技术。原始的 AUI 接口是 15 针的连接器，它允许采用收发器（transceiver，是 transmitter/receiver 的合称）提供从 15 针到双绞线的转换。

事实上，AUI 接口不支持 100 Mbit/s 以太网，因为其工作频率太高了。因此，100BaseT 需要一种新的接口，802.3U 规范就创建了一种新的接口，名为介质无关接口（Media Independent Interface，MII），它能够提供 100 Mbit/s 的吞吐量。MII 采用的是半字节，定义为 4 位。Gigabit 以太网采用千兆介质无关接口（Gigabit Media Independent Interface，GMID），一次是 8 位。

802.3u（FastEthernet）与 802.3 Ethernet 兼容，因为它们的物理特性是一样的。FastEthernet 和 Ethernet 采用相同的最大传输单元（MTU），相同的介质访问控制（Media Access Control，MAC）机制，并保留了 10BaseT 以太网所采用的帧格式。FastEthernet 基本上是基于 IEEE 802.3 规范的扩展，只是它的传输速率比 10BaseT 增加了 10 倍。

下面介绍扩展的 IEEE 802.3 标准。

100BaseTX（IEEE 802.3u）：采用 EIA/TIA5、6 或 7 类非屏蔽双绞线（UTP）。每个网段一个用户，电缆线最大长度为 100 米。它采用 RJ45MII 连接器，其物理拓扑结构为星形，逻辑拓扑结构为总线型。

100BaseFX（IEEE 802.3u）：采用 62.5/125 微米的多模光缆进行布线，为点到点的拓扑结构，光缆最大长度为 412 米，采用 ST 或 SC 连接器，它们是介质接口连接器。

1000BaseCX（IEEE 802.3z）：采用名为 twinax（一种平衡的同轴线对）的铜质双绞线，电缆线最大长度仅为 25 米。

1000BaseT（IEEE 802.3ab）：采用 5 类双绞线，其中包含 4 对 UTP 电缆，电缆线最大长度为 100 米。

1000BaseSX（IEEE 802.3z）：采用 62.5 微米和 50 微米芯线的 MMF，采用 850 纳米的激光，使用 62.5 微米的芯线时光缆最大长度可达 220 米，使用 50 微米的芯线时光缆最大长度可达 550 米。

1000BaseLX（IEEE 802.3z）：单模光缆，采用 9 微米芯线和 1300 纳米激光的单模光缆，光缆最大长度可达 3 千米至 10 千米。

1.3.4　以太网电缆的连接

以太网电缆的连接是一个重要的话题，可用的以太网电缆类型有：

（1）直通电缆；

（2）交叉电缆；

（3）反转电缆。

下面将对这些电缆类型进行讨论。

1．直通电缆

这种类型的以太网电缆用来实现下列连接：

（1）主机到交换机或集线器；

（2）路由器到交换机或集线器。

在直通电缆中，使用了 4 根电缆线来连接以太网设备。制作这种类型的电缆相对来说比较简单，图 1-12 显示了使用在直通以太网电缆中的 4 根电缆线。注意，只使用了 1、2、3 和 6 这些插脚引线。只需要进行 1 到 1、2 到 2、3 到 3 和 6 到 6 的连接，就可以联网了。然而要记住，这些电缆只是以太网使用的，不能用于其他网络，如语音网络、令牌环和 ISDN 等。

图 1-12　以太网直通电缆

2．交叉电缆

这种类型的以太网电缆用来实现下列连接：

（1）交换机到交换机；

（2）集线器到集线器；

（3）主机到主机；

（4）集线器到交换机；

（5）路由器直连到主机。

与在直通电缆中一样，这种电缆也使用 4 根同样的电缆线，但是要将不同的插脚引线连接起来。图 1-13 显示了这 4 根电缆线是怎样用在以太网交叉电缆中的。

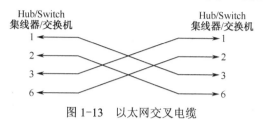

图 1-13　以太网交叉电缆

注意：这里不是将 1 与 1、2 与 2 等连接，而是在电缆的每一端将 1 与 3、2 与 6 连接起来。

3. 反转电缆

尽管这种类型的电缆不是用来连接各种以太网部件的，但是可以用它来实现从主机到路由器控制台串行通信（COM）端口的连接。

如果有一台 Cisco 路由器或交换机，就可以使用这种电缆将运行超级终端（Hyper Terminal）的 PC 与 Cisco 硬件设备连接起来。在这种电缆中使用了 8 根电缆线来连接串行设备。图 1-14 显示了用在反转电缆中的 8 根电缆线。

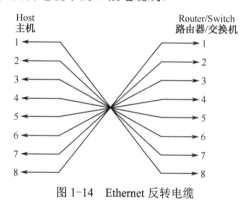

图 1-14　Ethernet 反转电缆

1.4　数据封装

当主机跨越网络向其他设备传输数据时，就要进行数据封装，就是在 OSI 模型的每一层加上协议信息。每一层只与接收设备上相应的对等层进行通信。

为了实现通信并交换信息，每一层都使用协议数据单元（Protocol Data Unit，PDU）。在模型中的每一层，这些含有控制信息的 PDU 被附加到数据上。它们通常被附加到数据字段的报头中，也可以被附加在数据字段的报尾中。

在 OSI 模型的每一层，通过封装使每个 PDU 被附加到数据上，而且每个 PDU 都有特定的名称，其名称取决于在每个报头中所提供的信息。这种 PDU 信息只能由接收方设备中的对等层读取，在读取之后，报头就被剥离，然后把数据交给上一层。

图 1-15 显示了 PDU，以及 PDU 怎样给每一层附加控制信息。这个图演示了上层用

户数据怎样被转换，以便在网络上进行传输。数据流被送到传输层，通过发送同步包，传输层能够建立一条到接收方设备的虚电路。然后数据流被分割成更小的块，并根据协议创建一个传输层报头（PDU），将它附加到数据字段的报头中。现在，这种数据块就称为数据段。

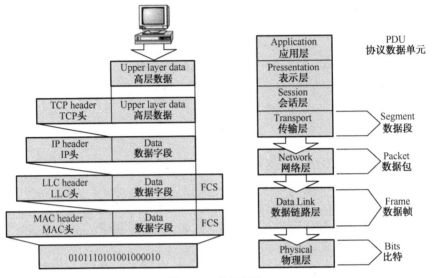

图 1-15　数据封装

每个数据段要进行排序，以便数据流能够在接收方精确地重现，与它在发送时的顺序完全一样。

然后，每个数据段被交到网络层，以便通过互连网络实现网络寻址和路由选择。在网络层，使用逻辑寻址（比如 IP）将每个数据段送到正确的网络中。网络层协议向来自传输层的数据段中添加控制报头，现在所得到的数据块就称为数据包或数据报。记住，传输层和网络层一起工作，以在接收方主机中重建数据流，但它们并不将它们的 PDU 放在本地网段上，这是得到有关路由器或主机信息的唯一方式。

数据链路层负责从网络层接收数据包并将它们放到网络介质（有线或无线）上。数据链路层将每个数据包封装成帧，帧的报头中包含了源和目的主机的硬件地址。如果目的设备在一个远程网络中，帧就会被送往路由器，以通过互连网络传送到目的地。一旦它到达了目的网络，就会使用一个新的帧将数据包送往目的主机。

为了将帧送到网络上，它首先必须被转换成数字信号的形式。帧实际上是 1 和 0 的逻辑组，物理层负责将这些数值封装为数字信号，在同一个本地网络中就可以直接传输了。接收方设备将使数字信号实现同步，并从数字信号中提取出 1 和 0，这时设备就可以构建帧，执行循环冗余校验（CRC），并根据帧的 FCS 字段中的结果来检验数据是否被正确传送。如果它们匹配，就从帧中取出数据包，然后丢弃剩余的部分。这个过程就称为解封装。数据包被交到网络层，在这里对地址进行检查。如果地址匹配，就从数据包中取出数据段，然后丢弃剩余的部分。在传输层对数据段进行处理，这里将重建数据流，并向发送方站点确认它收到了每个数据块。然后，它将数据流送往高层的应用程序。

在发送方设备中，数据封装的过程如下：

（1）用户信息转换为数据，以便在网络上传输。

（2）数据转换为数据段，并在发送方和接收方主机之间建立一条可靠的连接。

（3）数据段转换为数据包或数据报，并在报头中放上逻辑地址，这样，每一个数据包都可以通过互连网络进行传输。

（4）数据包或数据报转换为帧，以便在本地网络中传输。在本地网段上，使用硬件（以太网）地址唯一标识每一台主机。

（5）帧转换为比特流，并采用数字编码和时钟方案。

为了详细说明这个过程，用图 1-16 来详细解释分层寻址的概念。

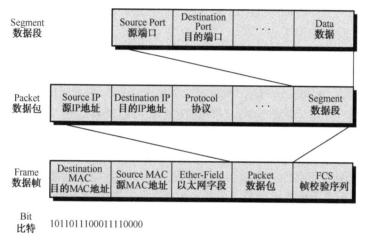

图 1-16　PDU 和分层寻址

在进一步讨论图 1-16 之前，我们先讨论端口号的概念，请大家一定要理解这些概念。传输层使用端口号来定义虚电路和上层的进程，如图 1-17 所示。

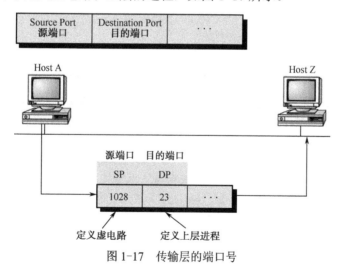

图 1-17　传输层的端口号

传输层接收数据流，将它组合成段，并通过创建虚电路来建立可靠的会话。然后它将每个段排序（编号），并使用确认技术和流量控制。如果你正在使用 TCP，虚电路就由源端口号定义。记住，主机的源端口号是从 1024 开始分配的（0～1023 是为公认端口保留的）。

当数据流在接收方主机中可靠地重建时，目的端口号就定义了准备接收数据流的上层进程（应用程序）。

理解了端口号的概念，以及它们是怎样用在传输层的，现在让我们再回到图 1-16。一旦传输层报头信息被添加到数据片中，它就变成了数据段并交给网络层，一起交付的还有目的 IP 地址。目的 IP 地址随数据流一起从上层交给传输层，它是通过位于高层的名字解析方法（可能是 DNS）来找到的。

网络层在每个数据段的前面添加报头，并添加逻辑地址（IP 地址）。一旦在数据段前面添加了报头，PDU 就称为数据包。在数据包中有一个协议字段，用来描述数据是从哪里来的（即上层协议的类型，可能是 UDP 或 TCP），当数据包到达接收方主机时，这会使网络层将数据段交给正确的传输层协议。

网络层负责找到目的地的硬件地址，这个硬件地址指示了数据包将被送到本地网络的哪一台主机中。通过使用地址解析协议（ARP）就可以做到这一点。在第 2 章中将介绍地址解析协议。网络层的 IP 将查看目的 IP 地址，并将此地址与它自己的源 IP 地址和子网掩码进行比较，如果是一个本地网络请求，本地主机的硬件地址就通过 ARP 请求来得到；如果数据包是被送往远程主机的，IP 就查找默认网关（路由器）的 IP 地址。

然后，数据包就与本地主机或默认网关的目的硬件地址一起被送给数据链路层。数据链路层将在数据包的前面添加一个报头，并添加其他一些数据，从而将数据包变成了帧（我们称之为帧，是因为在数据包中添加了报头和报尾，这使得数据像帧），这一切如图 1-16 所示。帧使用 Ether 类型字段来描述数据包来自网络层的哪一个协议。现在，对帧运行循环冗余校验（CRC），运行 CRC 的结果就放在帧的"帧校验序列"（FCS）字段中，FCS 就是帧的报尾。

现在，帧就可以交付给物理层了，一次一位，在这里将使用位定时规则来对数字信号中的数据进行编码。网段中的每台设备将与时钟同步，并从数字信号中抽取出 1 和 0 来构建一帧。在重建出一帧之后，就运行 CRC，以确保帧是正确无误的。如果一切正常，主机就检查目的地址，看看帧是不是给它们的。

1.5 Cisco Packer Tracer 6.0 的使用

1.5.1 设备的选择与连接

在图 1-18 所示界面的左下角一块区域，这里有许多种类的硬件设备，从左至右，从上到下依次为路由器、交换机、集线器、无线设备、设备之间的连线（Connections）、终端设备、仿真广域网、Custom Made Devices（自定义设备）。下面着重讲一下："Connections"，用鼠标单击之后，在右边你会看到各种类型的线，依次为 Automatically Choose Connection Type（自动选线，万能的，一般不建议使用，除非你真的不知道设备之间该用什么线）、控制线、直通线、交叉线、光纤、电话线、同轴电缆、Serial DCE、Serial DTE。其中，Serial DCE 和 Serial DTE 是用于路由器之间的连线，若你选了 Serial DCE 这一根线，则和这根线相连的路由器为 DCE，配置该路由器时须配置时钟；若你选了 Serial DTE 这一根线，则和这根线相连的路由器为 DCE，无须为该路由器配置时钟。交叉线只在路由器和计算机直接相连，或交换机和交换机之间相连时才会用到。

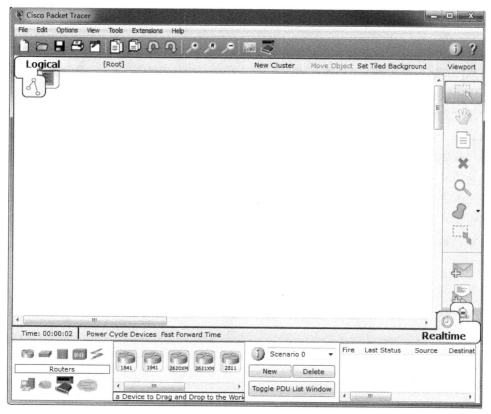

图 1-18　Cisco Packet Tracer 6.0 界面

注释： 那么 Custom Made Devices 设备是做什么的呢？通过实验发现当我们用鼠标把位于第一行的第一个设备，也就是 Router 中的任意一个拖到工作区，然后再拖一个，我们尝试用串行线 Serial DTE 连接两个路由器时发现，它们之间是不会正常连接的，原因是这两个设备初始化虽然都是模块化的，但是没有添加，比如多个串口等。那么，这个 Custom Made Devices 设备就比较好了，它会自动添加一些必需的设备，在实验环境下每次选择设备就不用手动添加所需设备了，使用起来很方便，除非你想添加"用户自定义设备"里没有的设备。

当你需要用哪个设备的时候，先用鼠标单击一下它，然后在中央的工作区域单击一下就可以了，或者直接用鼠标把这个设备拖上去。连线可选中一种线，然后在要连接的设备上单击一下，选接口，再单击另一设备，选接口就可以了。注意，接口不能乱选。连接好线后，你可以把鼠标指针移到该连线上，就会显示两端的接口类型和名称，配置的时候要用到它。

1.5.2　对设备进行编辑

在右边有一个区域，如图 1-18 所示，从上到下依次为选定/取消、移动（总体移动，移动某一设备，直接拖动它就可以了）、Place Note（先选中）、删除、Inspect（选中后，在路由器、PC 上可看到各种表，如路由表等）、Add simple PPD、Add simple complex。

1.5.3 Realtime mode（实时模式）和 Simulation mode（模拟模式）

注意到软件界面的最右下角有两个模式，分别是 Realtime mode（实时模式）和 Simulation mode（模拟模式），实时模式为即时模式，也就是真实模式。举个例子，两台主机通过直通双绞线连接并将它们设为同一个网段，那么 A 主机 ping B 主机时，瞬间可以完成，这就是实时模式。而模拟模式呢，切换到模拟模式后主机 A 的 CMD 里将不会立即显示 ICMP 信息，而是软件正在模拟这个瞬间的过程，以人类能够理解的方式展现出来。

（1）有趣的 Flash 动画：怎么实现呢，你只要单击 Auto Capture（自动捕获），那么直观、生动的 Flash 动画即显示了网络数据包的来龙去脉，这是该软件的一大闪光点。

（2）单击 Simulate mode 会出现 Event List 对话框，该对话框显示当前捕获到的数据包的详细信息，包括持续时间、源设备、目的设备、协议类型和协议详细信息，如图 1-19 所示，非常直观。

图 1-19　Event List 对话框

（3）要了解协议的详细信息，请单击图 1-19 中的"Info"选项卡，这个功能可以显示很详细的 OSI 模型信息和各层 PDU，如图 1-20 所示。

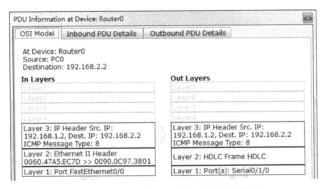

图 1-20　PDU 的 OSI 模型的各层信息

1.5.4　设备管理

设备管理相对来说比较简单，直接单击设备就可以弹出含有该设备详细信息的对话框，请大家自己尝试。

实验 1　在Packet Tracer中使用TCP/IP和OSI模型

在 Packet Tracer 的模拟模式中，可以看到有关数据包及其如何被网络设备处理的详细信息。常见的 TCP/IP 在 Packet Tracer 中都建有模型，包括 DNS、HTTP、TFTP、DHCP、Telnet、TCP、UDP、ICMP 和 IP。网络设备如何使用这些协议创建和处理数据包，在 Packet Tracer 中是通过 OSI 模型表示方法显示的。协议数据单元简称为 PDU，是对传输层的数据段、网络层的数据包和数据链路层中的帧的通用描述。

1. 学习目标

（1）学习 PT 如何使用 OSI 模型和 TCP/IP。

（2）研究数据包的内容和处理。

2. 界面

1）查看帮助文件和教程

从主菜单中选择 Help（帮助）→Contents（内容）。将会打开一个网页。从左边的窗格中选择 Operating Modes（操作模式）→Simulation Mode（模拟模式）。如果还不熟悉模拟模式，请阅读相关说明。

2）从实时模式切换到模拟模式

在界面右下方可以切换实时模式和模拟模式。PT 始终以实时模式启动，在此模式中，网络协议采用实际时间运行。不过，Packet Tracer 的强大功能在于它可以让用户切换到模拟模式来"停止时间"。在模拟模式中，数据包显示为动画信封，时间由事件驱动，而用户可以逐步查看网络事件。

3. 研究数据包的内容和处理

1）创建数据包并访问 PDU 信息窗口

单击 Web 客户端 PC。选择 Desktop（桌面）选项卡。打开 Web 浏览器。在浏览器中输入 Web 服务器的 IP 地址 192.168.1.254。单击 Go（转到）将会发出 Web 服务器请求。最小化 Web 客户端配置窗口。由于时间在模拟模式中是由事件驱动的，所以必须使用 Capture/Forward（捕获/转发）按钮来显示网络事件。 将会显示两个数据包，其中一个的旁边有眼睛图标。这表示该数据包在逻辑拓扑中显示为信封。在 Event List（事件列表）中找到第一个数据包，然后单击 Info（信息）列中的彩色正方形。

2）研究 OSI 模型视图中的设备算法

单击事件列表中数据包的 Info（信息）正方形（或者单击逻辑拓扑中显示的数据包信封）时，将会打开 PDU Information（PDU 信息）窗口。OSI 模型将组织此窗口。在我们查看的第一个数据包中，请注意 HTTP 请求（在第 7 层）是先后在第 4、3、2、1 层连续封装的。如果单击这些层，将会显示设备（本例中为 PC）使用的算法，查看各个层的变化。

3）入站和出站 PDU

打开 PDU Information（PDU 信息）窗口时，默认显示 OSI Model（OSI 模型）视图。此时单击 Outbound PDU Details（出站 PDU 详细数据）选项卡，向下滚动到此窗口的底部，将会看到 HTTP（启动这一系列事件的网页请求）在 TCP 数据段中封装成数据，然后依次封装到 IP 数据包和以太网帧，最后作为比特在介质中传输。如果某设备是参与一系列事件的第一台设备，该设备的数据包只有 Outbound PDU Details（出站 PDU 详细数据）选项卡；如果是参与一系列事件的最后一台设备，该设备的数据包只有 Inbound PDU Details（入站 PDU 详细数据）选项卡。一般而言，将会看到出站和入站 PDU 详细数据，从而了解 Packet Tracer 如何为该设备建模的详细信息。

4）数据包跟踪：数据包流动的动画

第一次运行数据包动画时，实际上是在捕获数据包，就像在协议嗅探器中一样。因此，Capture/Forward（捕获/转发）按钮意味着一次"捕获"一组事件。逐步运行网页请求。请注意，只会显示 HTTP 相关数据包；而其他协议（如 TCP 和 ARP）也有数据包，但不会显示。在数据包捕获过程中的任何时间，都可以打开 PDU Information（PDU 信息）窗口。播放整个动画，直到显示 No More Events（没有更多事件）消息。尝试此数据包跟踪过程，重新播放动画，查看数据包，预测下一步即将发生的事件，然后核实你的预测。

实验 2　分析应用层和传输层

在整个课程中，将使用由实际 PC、服务器、路由器和交换机组成的标准实验配置来学习网络概念。每章结束时，在 Packet Tracer 中建立的此拓扑结构都将逐步扩大，而且分析的协议交互的复杂性也会逐步提高。网络拓扑图如图 1-21 所示，设备信息表见表 1-1。

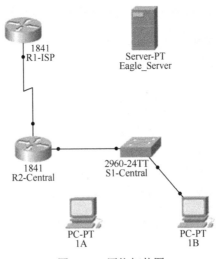

图 1-21　网络拓扑图

表 1-1 设备信息表

设 备	接 口	IP 地址	子 网 掩 码	默 认 网 关
R1-ISP	Fa0/0	192.168.254.253	255.255.255.0	不适用
	S0/0/0	10.10.10.6	255.255.255.252	
R2-Central	Fa0/0	172.16.255.254	255.255.0.0	不适用
	S0/0/0	10.10.10.5	255.255.255.252	
S1-Central	VLAN 1	172.16.254.1	255.255.0.0	172.16.255.254
PC 1A	NIC	172.16.1.1	255.255.0.0	172.16.255.254
PC 1B	NIC	172.16.1.2	255.255.0.0	172.16.255.254
Eagle_ Server	NIC	192.168.254.254	255.255.255.0	192.168.254.253

1. 学习目标

（1）配置主机和服务。

（2）在实验网络模型中连接并配置主机和服务。

（3）了解 DNS、UDP、HTTP 与 UDP 如何协同工作。

（4）使用模拟模式观察 DNS、UDP、HTTP 和 TCP 在实验室网络模型中的运行。

2. 修复和测试拓扑

服务器已经更换，使用以下设置进行配置：IP 地址为 192.168.254.254，子网掩码为 255.255.255.0，默认网关为 192.168.254.253，启用 DNS，eagle-server.example.com 与服务器的 IP 地址关联，启用 HTTP。将 Eagle_ Server 连接到 R1-ISP 路由器的 Fa0/0 端口。

PC 1A 丢失了其 IP 地址信息。使用以下设置进行配置：IP 地址为 172.16.1.1，子网掩码为 255.255.0.0，默认网关为 172.16.255.254，DNS 服务器为 192.168.254.254。将 PC 1A 连接到 S1-Central 交换机的 Fa0/1 端口。

使用 Check Results（检查结果）按钮和 Assessment Items（考试题目）选项卡的反馈信息验证你的工作。使用 ADD SIMPLE PDU 实时测试 PC 1A 与 Eagle_ Server 之间的连通性。

请注意，当你添加简单的 PDU 时，它将出现在 PDU 列表窗口中，作为"场景 0"的一部分。第一次发出这种单一 ping 消息时，将显示为 Failed，这是 ARP 过程所致，详情将在后文中介绍。双击 PDU 列表窗口中的 Fire（激活）按钮，第二次发送这种单一测试 ping。这次将会成功。在 Packet Tracer 中，术语"场景"表示一个或多个测试数据包的特定配置。可以使用 New（新建）按钮创建不同的测试数据包场景。例如，场景 0 可能有一个从 PC 1A 到 Eagle_ Server 的测试数据包；场景 1 可能有 PC 1B 与路由器之间的测试数据包。使用 Delete（删除）按钮可以删除特定场景中的所有测试数据包。例如，如果对场景 0 使用 Delete（删除）按钮，则会删除刚才在 PC 1A 与 Eagle_ Server 之间创建的测试数据包，请在继续下一任务之前执行此操作。

3. 了解 DNS、UDP、HTTP 与 TCP 如何协同工作

从实时模式切换到模拟模式。确保 Event Filter（事件滤器）设置为显示 DNS、UDP、HTTP、TCP 和 ICMP。从 PC 1A 的桌面打开 Web 浏览器。输入 URL eagle-server.example.com，按 Enter 键，然后用 Event List（事件列表）中的 Capture / Forward（捕获/转发）按钮捕获 DNS、UDP、HTTP 与 TCP 的交互。

可以通过两种方式检查数据包：当数据包信封在动画中显示时单击它，或者当该数据包实例列在 Event List（事件列表）中时单击其 Info（信息）列。播放此动画，检查事件列表中每个事件的数据包内容［PDU Information（PDU 信息）窗口、Inbound PDU Details（入站 PDU 详细数据）、Outbound PDU Details（出站 PDU 详细数据）］，特别是当数据包在 PC 1A 或 Eagle_ Server 上时。如果收到 Buffer Full（缓冲区已满）的消息，单击 View Previous Events（查看以前的事件）按钮。在交换机处理数据包时，路由器可能暂时没有什么意义。通过跟踪数据包，并且使用 PDU Information（PDU 信息）窗口查看其"内部"，应该能够看到 DNS、UDP、HTTP 与 TCP 如何协同工作。

思考

你能否用图形画出在使用 URL 请求网页时参与的协议事件顺序？你认为哪些地方可能出错？

思考与练习题 1

（1）IEEE Ethernet 帧的头部包含____。

    A．源 MAC 地址和目的 MAC 地址

    B．源 IP 地址和目的 IP 地址

    C．源 MAC 地址、目的 MAC 地址、源 IP 地址、目的 IP 地址

    D．FCS

（2）下面的物理层设备中可以扩大传输距离的是____。

    A．Switch   B．NIC   C．Hub

（3）路由器运行在____层，以太网交换机运行在____层，Hub 运行在____层，Word 程序运行在____层。

（4）下列选项中，正确描述了数据封装顺序的是____。

    A．data，frame，packet，segment，bit

    B．segment，data，packet，frame，bit

    C．data，segment，packet，frame，bit

    D．data，segment，frame，packet，bit

（5）使用____连接路由器和计算机的串行接口。

    A．全反线   B．交叉线   C．直通线   D．双绞线

（6）和十进制 186 相等的二进制数是____。

    A．10100111   B．11000010   C．10111010   D．11000100

（7）在 OSI 模型的____上添加了 IP 包头。

    A．物理层   B．数据链路层   C．网络层   D．传输层

（8）OSI 参考模型描述了____。

    A．如何保护网络避免来自黑客和病毒的入侵

B．网络如何利用传输设备生成一个稳定的并可再生的信号

C．信息或数据如何穿越网络从一台计算机到达另外一台计算机

D．如何维护网络间的硬件和软件连接

（9）下面关于以太网半双工、全双工的说法错误的是____。

A．在全双工模式下，不会有冲突域

B．专用的交换机端口可用于全双工节点

C．主机的网卡和交换机端口必须能够运行在全双工模式下

D．半双工下，效率可达 100%

（10）交换机与交换机连接时，使用____。

A．直通线　　　　B．交叉线　　　　C．反转线　　　　D．以上都可以

（11）FastEthernet 接口能达到的最高速率是____。

A．10 Mbit/s　　　B．10MB/s　　　C．100 Mbit/s　　　D．100 MB/s

（12）分层的目的是什么？通过生活中的实例说明。

（13）网络中的两台计算机通信时，它们的数据需要进行数据封装，简述它们的数据封装过程。

第2章

TCP/IP 简介

传输控制协议/Internet 协议（TCP/IP）组是由美国国防部（DoD）所创建的，主要用来确保数据的完整性及在毁灭性战争中维持通信。如果能进行正确的设计和应用，TCP/IP 网络将是可靠并富有弹性的网络。

本章将从介绍 DoD 的 TCP/IP 版本开始，然后，将这个版本及协议同第 1 章中讨论的 OSI 参考模型进行比较。

当掌握了这个 DoD 模型中各层次上的协议内容后，还要学习在目前网络中广泛应用的 IP 寻址及地址类型。

2.1 TCP/IP 和 DoD 模型

DoD 模型基本上是 OSI 模型的一个浓缩版本，它只有 4 个层次，而不是 7 个，它们是：

（1）过程/应用层；

（2）主机到主机层；

（3）Internet 层；

（4）网络接入层。

图 2-1 给出了 DoD 模型和 OSI 参考模型之间的比较。如图所示，这两者在概念上是相似的，但它们在层的数量上及各层的名称上是不同的。

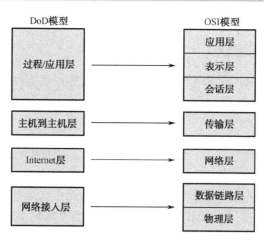

图 2-1　DoD 模型和 OSI 模型

说明：当在 IP 栈中描述不同的协议时，OSI 模型和 DoD 模型中的层是可以互换的。换句话说，Internet 层和网络层描述的是相同的事情，主机到主机层和传输层也是同样的。

在 DoD 模型的过程/应用层中包含了大量的协议，它集成了各种应用和功能来生成一个可以和 OSI 模型中 3 个高层（应用层、表示层和会话层）相对应的集合。在本章中，将直接讨论这些协议。过程/应用层定义了节点到节点的应用通信协议以及对用户界面规范的控制。

主机到主机层的功能类似于 OSI 模型中传输层的功能，它所定义的协议为应用程序提供了在传输层面上的服务。它主要解决了如何创建可靠的端到端的通信，并确保数据传送是无差错的。它保证了数据包的顺序传送及数据的完整性。

Internet 层对应于 OSI 模型的网络层，它所包含的协议涉及数据包在整个网络上的逻辑传输。它注重通过赋予主机一个 IP（Internet 协议）地址来完成对主机的寻址，它还负责数据包在多种网络中的路由。

在 DoD 模型的底部是网络接入层，它负责监视数据在主机和网络之间的交换。它等价于 OSI 模型的数据链路层和物理层，网络接入层检查硬件地址并定义数据的物理传输协议。

DoD 模型和 OSI 模型在设计上和概念上是类似的，并且在相似的位置有着相似的功能。图 2-2 给出了 TCP/IP 协议组以及这些协议同 DoD 模型层次间的对应关系。

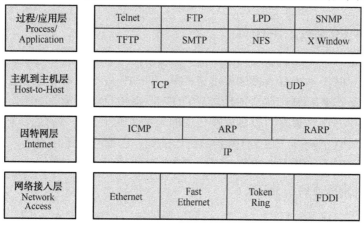

图 2-2　DoD 模型和 TCP/IP 协议组

下面将从过程/应用层协议开始，更加详细地讨论这些不同的协议。

2.1.1 过程/应用层协议

本节将描述 IP 网络中存在的各种典型的应用及服务，包括以下各种不同的协议及应用程序。

1. Telnet

Telnet 是协议中的"变色龙"，它的特别之处在于它对终端的仿真。它允许一个用户在远程客户端（被称为 Telnet 客户）访问另一台计算机（称为 Telnet 服务器）上的资源。Telnet 是通过在 Telnet 服务器上运行并且在客户端显示操作结果来实现控制的，就好像客户是一个直接连接在本地网络上的操作终端。这个显示结果实际上是一个软件处理的映象，即一个虚拟终端，一个可以同远程被选择主机进行交互控制的虚终端。

这些仿真终端是一些基于文本模式类型的终端，它可以执行一些精心编制的程序，如带有可以给用户提供多种选项菜单的程序，并且它还可以在登录的服务器上访问一些应用程序。用户可以通过运行 Telnet 客户端软件来打开一个 Telnet 会话，并且登录到 Telnet 服务器上。

2. 文件传输协议（FTP）

文件传输协议（FTP）实际上就是传输文件的协议，它可以应用在任意两台主机之间。但是 FTP 不仅仅是一个协议，它同时也是一个程序。作为协议，FTP 是被应用程序所使用的；而作为程序，用户需要通过手动方式来使用 FTP 并完成文件的传送。FTP 允许执行对目录和文件的访问，并且可以完成特定类型的目录操作，如将文件重新定位到不同的目录中。显然，FTP 是与 Telnet 合作一同来完成对 FTP 服务器的登录操作，并在这之后再开始提供文件传送服务的。

然而，通过 FTP 访问主机这只是第一步。随后，用户必须通过一个由系统管理员为保护系统资源而设置的安全登录认证，这个认证需要输入正确的口令和用户名。但是，也可以通过使用用户名 anonymous 来尝试登录，当然，通过这种方式完成登录后，所能访问的内容将会受到某些限制。

即使 FTP 可以被用户以应用程序的方式来使用，FTP 的功能也只限于列表和目录操作、文件内容输入，以及在主机间进行文件复制。它不能远程执行程序文件。

3. 简单文件传输协议（TFTP）

简单文件传输协议（TFTP）是 FTP 的简化版本，只有在你确切地知道想要得到的文件名及它的准确位置时，才可有选择地使用 TFTP。TFTP 是一个非常易用的、快捷的程序。TFTP 并不提供像 FTP 那样有强大的功能。TFTP 不提供目录浏览的功能，它只能完成文件的发送和接收操作。这个紧凑的小协议在传送的数据单元上也是节省的，它发送比 FTP 更小的数据块，同时它也没有 FTP 所需要的传送确认，因而它是不可靠的。正是由于这个内在的安全风险，事实上只有很少的站点支持 TFTP 服务。

4. 简单邮件传输协议（SMTP）

简单邮件传输协议（SMTP）对应于我们普遍使用的被称为 E-mail 的应用，它描述了邮件投递中的假脱机、排列及方法。当某个邮件被发往目的端时，它将先被存放在某个设备上，通常是一个磁盘。目的端的服务器软件负责定期检查信件的存放队列。当它发现有信件到来时，会将它们投递到目的方。SMTP 用来发送邮件，POP3 用来接收邮件。

5. 域名服务（DNS）

域名服务（DNS）可以解析主机名，特别是 Internet 名，如 www.routersim.com。不一定非要使用 DNS，完全可以通过只输入任一设备的 IP 地址来与之进行通信。网络中的 IP 地址用来标识网络中的某台主机，这在 Internet 中也是同样的。然而，DNS 的设计会使我们的生活变得更轻松。想象一下，假如有一天你想将自己的 Web 页迁移到另一个不同的服务提供商那里，这时会发生什么呢？这个 Web 页面的 IP 地址将会发生变化，没有人会知道新的 IP 地址是什么。DNS 允许你使用域名来指定某个 IP 地址。这样，就可以在需要时经常变更这个 IP 地址，并且没有人会感觉到这中间的不同。

DNS 是用于解析完全合格域名（FQDN）的，例如 www.lammle.com 或 todd.lamImle.com。FQDN 是一个分层的结构，它可以基于域标识符来逻辑定位一个系统。

如果要解析名称 todd，必须要输入 todd.lammle.com 这样一个完整的 FQDN，或者需要一个像 PC 或路由器这样的设备来负责添加这个前缀。例如，在 Cisco 路由器上，可以使用命令 ip domain-name lammle.com 来为每个请求附加 lammle.com 域。如果不这样做，将不得不输入 FQDN 来让 DNS 解析这个名称。

2.1.2　主机到主机层协议

主机到主机层的主要目的是将上层的应用程序从网络传输的复杂性中分离出来。在这一层可以对它的上层说：只需要给我你的数据流，它的结构可以是任意的，让我来负责这些数据的发送准备。

接下来将描述在这一层上的两个协议：

（1）传输控制协议（TCP）；

（2）用户数据报协议（UDP）。

此外，还将了解一些主机到主机层协议的概念，如端口号。

1. 传输控制协议（TCP）

传输控制协议（TCP）通常从应用程序中得到大段的信息数据，然后将它分割成若干个数据段。TCP 会为这些数据段编号并排序，这样，在目的方的 TCP 协议栈才可以将这些数据段再重新组成原来应用数据的结构。由于 TCP 采用的是虚电路连接方式，这些数据段在被发送出去后，发送方的 TCP 会等待接收方 TCP 给出一个确认性应答，那些没有收到确认应答的数据段将被重新发送。

当发送方主机开始沿分层模型向下发送数据段时，发送方的 TCP 会通知目的方的 TCP 去建立一个连接，也就是所谓的虚电路。这种通信方式被称为是面向连接的。在这个初始化的握手协商期间，双方的 TCP 层需要对接收方在返回确认应答之前，可以连续发送多少数量的信息达成一致。随着协商过程的深入，用于可靠传输的信道就被建立起来。

TCP 是一个全双工、面向连接、可靠并且精确控制的协议，但是要建立所有这些条件和环境并附加差错控制，并不是一件简单的事情。所以，毫无疑问，TCP 是复杂的，并在网络开销方面是昂贵的。然而，由于如今的网络传输同以往的网络相比，已经可以提供更高的可靠性，因此，TCP 所附加的可靠性就显得不那么必要了。

2．TCP 的数据段格式

由于上层只发送一个数据流到传输层的协议中，这里将说明 TCP 是如何将一个数据流进行分段的，以及它是如何为 Internet 层进行数据组织的。当 Internet 层收到该数据流时，会将数据段作为数据包通过互连网络传送。最终这个数据包被传递给接收方主机上的主机到主机层协议，在那里数据会被重建为数据流并传递给上层的应用程序或协议。

图 2-3 给出了 TCP 数据段的格式。这个图显示了 TCP 报头中的不同字段。

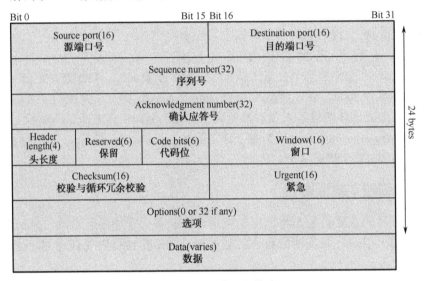

图 2-3　TCP 数据段格式

TCP 报头：是一个 20 字节长的段，在带有选项时可以长达 24 字节。你需要了解 TCP 数据段中的每个字段是什么。

源端口号：主机发送数据应用的端口号（端口号将在本节稍后的内容中介绍）。

目的端口号：在目的主机上请求应用程序的端口号。

序列号：一个由 TCP 用于将数据编排回原来正确的顺序或用于对丢失或损坏的数据进行重传的编号，这样的处理过程称为顺序控制（排序）。

确认应答号：用于说明下一个所期望接收的 TCP 八位组数据。

头长度：在 TCP 头中包含的 32 位字的数量。用来指明数据的起始位置。TCP 头的长度（即使包含选项）是一个 32 位的整数倍。

保留：总被设置为零。

代码位：用于建立及结束会话的控制功能。

窗口：是发送方将被允许的发送窗口尺寸，用八进制形式表示。

校验和循环冗余校验（CRC）：由于 TCP 不相信它的低层，因此会检验所有的数据。此 CRC 用于检验报头和数据字段。

紧急：当紧急指针代码位被设置时为有效字段，如果有效，这个值指明了当前序列号的八位组的偏移值，即第一个非紧急数据的起始位置。

选项：在需要时，可以是 0 或 32 位的倍数。也就是说，没有选项存在时，选项的大小为 0。然而，如果所使用的选项所占用的字段不是 32 位的整倍数，则需要填充若干个 0 来确保数据始于 32 位的边界上。

数据：指被传送到传输层的 TCP 的数据，它包含有上层数据的报头。

3. 用户数据报协议（UDP）

如果将用户数据报协议（UDP）与 TCP 做比较，可以认为 UDP 基本是一个缩小规模的经济化模式，有时也称瘦协议。正如公园中一个坐在长椅上的瘦人，瘦协议不会占据太大的空间，从这种意义上讲，在网络上 UDP 不会要求太多的网络带宽。

UDP 并不像 TCP 那样可以提供所有的功能，但它在传送不要求可靠传输的信息方面的确做了很大的贡献，它在完成传输工作时只需要非常少的网络资源（请注意 UDP 是在 RFC768 中被定义的）。

如果为这每一个短小信息都使用 TCP 连接，那么这个连接的建立、管理和关闭等的管理性开销，也将是非常巨大的，减少这样的开销会有益于网络的健康，有效率的网络应该可以及时控制灾难的发生。

另一个要求使用 UDP 取代 TCP 的场合是在传输的可靠性已经由过程/应用层来负责时。网络文件系统（NFS）负责它自己的可靠性问题，这时，再使用 TCP 将是不必要的和多余的。但是对最终使用 UDP 还是 TCP 的选择取决于应用程序开发者，而不是那些想加快数据传送的用户。

UDP 不排序所要发送的数据段，而且不关心这些数据段到达目的方时的顺序。UDP 在发送完数据段后，就忘记它们。它不去进行这些后续工作，如去核对它们，或者产生一个安全抵达的确认，它完全放弃了可以保障传送可靠性的操作。正是因为这样，UDP 是一个不可靠的协议。但这并不意味着 UDP 就是无效率的，它仅仅表明，UDP 是一个不处理传送可靠性的协议。

更进一步讲，UDP 不创建虚电路，并且在数据传送前也不联系目的方。正因为这一点，它又称无连接的协议。由于 UDP 假定应用程序会保证数据传送的可靠性，因而它不需要对此做任何的工作。这给应用程序开发者在使用 Internet 协议栈时多提供了一个选择：使用传输可靠的 TCP，还是使用传输更快的 UDP。

因此，如果你正在使用语音 IP（VoIP），那么你就不再会使用 UDP，因为如果数据段未按顺序到达（在 IP 网络中这是很常见的），那么这些数据段将只会以它们被接收到的顺序传递给下一个 OSI（DoD）层面。而与之不同的，TCP 则会以正确的顺序来重组这些数据段，以保证秩序上的正确，UDP 是不能做到这一点的。

4. UDP 数据段的格式

图 2-4 清楚地显示了同 TCP 的用法相比，UDP 明显降低了开销。仔细看这个图，你是否可以发现 UDP 在它的格式中并没有使用窗口，也没有在 UDP 头中提供确认应答？

理解在 UDP 数据段中每个字段的作用是十分重要的。

源端口号：发送数据主机上应用程序的端口号。

目的端口号：目的主机上请求应用程序的端口号。

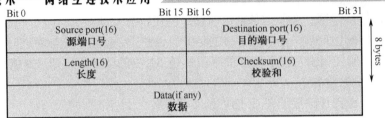

图 2-4　UDP 格式

长度：UDP 报头和 UDP 数据的长度。

校验和：UDP 报头和 UDP 数据字段两者的校验和。

数据：上层数据。

同 TCP 一样，UDP 并不信任低层上的操作，它使用自己的 CRC 检验。记住，帧校验序列（FCS）是用来放置 CRC 值的字段，这也就是为什么我们可以看见 FCS 信息的原因。

5. 主机到主机层协议的重要概念

我们刚刚学习了面向连接的（TCP）和无连接的（UDP）两个协议，现在我们对它们做一个总结。表 2-1 列举了需要记住的关于这两个协议的一些重要概念。

表 2-1　TCP 和 UDP 的重要功能

TCP	UDP
排序	无序
可靠	不可靠
面向连接	无连接
虚电路	低开销
确认	无确认
窗口流量控制	没有窗口流量控制

对电话过程的模拟确实会帮助你理解 TCP 是如何工作的。我们当中的许多人都知道，当要在电话上与某个人通话之前，必须首先与这个人建立一个连接，而无论这个人身在何处。这就有些像 TCP 中的虚电路。如果在你的通话中涉及某些重要的信息，你可能会说："你懂吗？"或者说："你已经了解了吗？"说的这些话就很像 TCP 中的确认应答，它是用来给你一个证实的。随着时间的推移（特别是在移动电话上），人们也会问："你还在听吗？"而在人们结束一次电话通话时，会用"再见"一类的结束语来结束通话过程。TCP 也需要完成这样的一类控制功能。

同样，使用 UDP 就像是发送明信片。在发送明信片时，你是不需要事先联系收信方的。你只要在明信片上简单写上你的发送内容，注明地址并邮寄它。它同 UDP 的无连接方式是很像的。因为通常写在明信片上的信息都不是很重要的，你不会要求接收到它的确认应答。同样，UDP 也不涉及确认应答。

下面让我们来讨论一下图 2-5，图中包含了 TCP、UDP 和与每个协议相关的应用程序。

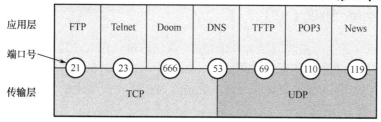

图 2-5　TCP 和 UDP 的端口号

6. 端口号

TCP 和 UDP 都必须使用端口号来与其上层进行通信，因为它们需要跟踪同时使用网络进行的不同的会话过程。发送站的源端口号是由源主机动态指定的，这个端口号将起始于 1024。1023 及其下面的号码是由 RFC3232 所定义的，这些端口号通常称为众所周知的端口号。

不使用带有众所周知端口号的应用程序的虚电路，要从一个指定的范围中随机指定端口号。这些端口号用于在 TCP 段中区分源主机和目的主机中的应用程序或进程。

图 2-5 给出了 TCP 和 UDP 怎样使用端口号。

下面解释可以使用的不同的端口号：低于 1024 的端口号被称为众所周知的端口号，它们由 RFC3232 所定义。大于等于 1024 的端口号被上层用来建立与其他主机的会话，并且在 TCP 数据段中被 TCP 用来作为源方和目的方的地址。

2.2 Internet 层协议

在 DoD 模型中，设置 Internet 层有两个主要理由——路由选择和为上层提供一个简单的网络接口。

没有任何一个其他的高层或低层协议会涉及任何有关路由的功能，这个复杂和重要的任务属于整个 Internet 层。Internet 层的第二个职责是为其上层协议提供一个单一的网络接口。没有这个层面，应用程序编程人员将需要为每一个不同网络访问协议的应用程序编写"俚语"。这不仅是一件令人厌烦的事情，而且这还将导致要为每个应用程序设计不同的版本，一个为以太网，另一个为令牌环网，诸如此类。为了防止这一局面的出现，IP 提供了一个单一的网络接口来为这些上层协议服务。然后 IP 和各种网络访问协议才能协同工作。

在网络中，并不是条条大路都通罗马，相反它们都通向 IP。在网络层上所有其他的协议和高层协议都需要使用 IP。不要忘记，DoD 模型中的所有操作都是要通过 IP 来完成的。在下面的小节中，将描述在 Internet 层上的协议：

（1）Internet 协议（IP）；

（2）Internet 控制报文协议（ICMP）；

（3）地址解析协议（ARP）；

（4）逆向地址解析协议（RARP）；

（5）代理 ARP。

2.2.1 Internet 协议（IP）

Internet 协议（IP）其实质就是 Internet 层。其他的协议仅仅是建立在其基础之上用于支持 IP 的。IP 在它所有的互连起来的网络上，描绘了一个广阔的景象，并且它可以说"是我看到了全部"。它之所以可以做到这一点，就是因为在所有网络上的主机都有一个软件或逻辑上的地址，称为 IP 地址。

IP 关注每个数据包的地址，通过使用路由表，IP 可以决定一个数据包将发送给哪一个被选择好的后续最佳路径。处于 DoD 模型底部的网络接入层协议不会关心 IP 在整个网络上的工作，它们只处理（本地网络的）物理链接。

在确定网络设备的时候，需要回答两个方面的问题：它是在哪个网络上面的？在这个网络上它的 ID 是什么？对于第一个问题，它的答案自然是软件地址或逻辑地址（如正确的街区）。对于第二个问题，它的答案是硬件地址（如正确的邮箱）。网络上的所有主机有一个逻辑的 ID，称为 IP 地址。这是一个软件或逻辑的地址，并且它包含有价值的编码信息，极大地简化了复杂的路由作业（应该注意到 IP 是在 RFC791 中讨论的）。

IP 是从主机到主机层接收数据段的，必要时再将它们分成数据报（即数据包）。然后，接收方的 IP 再重新组合数据报为数据段。每个数据报都被指定了发送者和接收者的 IP 地址。每个接收了数据报的路由器（第 3 层设备）都是基于数据包的目的 IP 地址来决定路由的。

图 2-6 给出一个 IP 报头。这个图给出了一个概念：每次用户数据从上层被发送和将要被发送到远程网络时，IP 所要经历的过程。

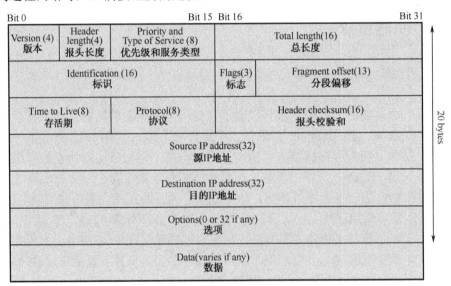

图 2-6　IP 数据包格式

构成 IP 报头的字段如下。

版本：IP 版本号。

报头长度：32 位字的报头长度（HLEN）。

优先级和服务类型：服务类型描述数据报将如何被处理。前 3 位表示优先级位。

总长度：包括报头和数据的数据包长度。

标识：唯一的 IP 数据包值。

标志：说明是否有数据被分段。

分段偏移：如果数据包在装入帧时太大，则需要进行分段和重组。分段功能允许在 Internet 上存在有大小不同的最大传输单元（MTU）。

存活期（TTL）：存活期是在数据包产生时建立在其内部的一个设置。如果这个数据包在这个 TTL 到期时仍没有到达它要去的目的地，那么它将被丢弃。这个设置将防止 IP 包在寻找目的地时在网络中不断循环。

协议：上层协议的端口 [TCP 是端口 6，UDP 是端口 17（十六进制）]。同样也支持网络层协议，如 ARP 和 ICMP。在某些分析器中被称为类型字段。下面将给出这个字段更详细的说明。

报头校验和：只针对报头的循环冗余校验（CRC）。

源 IP 地址：发送站的 32 位 IP 地址。

目的 IP 地址：数据包目的方站点的 32 位 IP 地址。

选项：用于网络检测、调试、安全以及更多的内容。

数据：在 IP 选项字段后面的就是上层数据。

2.2.2　Internet 控制报文协议（ICMP）

Internet 控制报文协议（ICMP）工作在网络层，它被 IP 用于提供许多不同的服务。ICMP 是一个管理性协议，并且也是一个 IP 信息服务的提供者。它的信息是被作为 IP 数据报来传送的。RFC1256 是对 ICMP 的一个附加说明，它提供了主机可以发现到网关路由的扩展能力。

ICMP 包具有如下特性：

（1）能为主机提供有关网络故障的信息。

（2）被封装在 IP 数据报内。

下面是与 ICMP 相关的一些常见事件和信息。

目的不可达：如果路由器不能再向前转发某个 IP 数据报，这时路由器会使用 ICMP 传送一条信息返回给发送端来通告这一情况。例如，在图 2-7 中，就给出了路由器 Lab_B 的接口 E0 被关闭的情形。

Lab_B 上的 E0 接口被关闭。主机 A 试图与主机 B 进行联系，会发生什么情况？

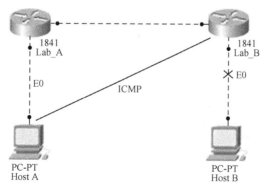

图 2-7　远程路由器将"ICMP 出错信息通告"发送给发送方主机

当主机 A 发送了一个数据包指向主机 B 时，路由器 Lab_B 将会发送一个 ICMP 目的不可达的信息返回给发送方设备（在本例中就是主机 A）。

缓冲区满：如果路由器用于接收输入数据报的内存缓冲区已经满了，它将会使用 ICMP 向外发送这个信息，直到拥塞解除。

跳：每个 IP 数据报都被分配了一个所允许经过路由器个数的数值，称为跳（hop）。如果数据报在到达目的之前，其跳计数已经达到了最大限定值，则最后接收这个数据报的路由器就会删除掉它。并且，这个执行终结任务的路由器会使用 ICMP 来发送一个死亡通知单，以通告发送方计算机它的数据报在途中已经被丢弃。

Ping：Ping（即数据包的 Internet 探测）使用 ICMP 请求及请求回应信息在互连网络上检查计算机间物理和逻辑连接的连通性。

Traceroute：Traceroute 通过使用 ICMP 的超时机制来发现一个数据包在穿越互连网络时所经历的路径。

说明：Ping 和 Traceroute（也称 Trace，在微软的 Windows 中为 tracert 命令）都允许你在互连网络中验证地址配置的情况。

在我们开始讨论 ARP 之前，来看一下运行中的 ICMP。图 2-8 给出了一个互连网络（由于其中使用了一个路由器，所以它是一个互连网络）。

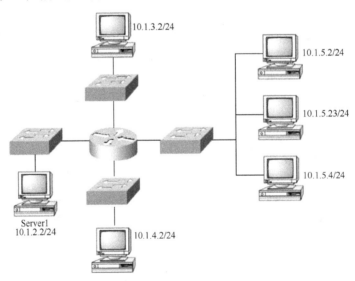

图 2-8　运行中的 ICMP

服务器 1（10.1.2.2）正从 DOS 提示符下远程登录到 10.1.1.5。你认为服务器 1 将会收到一个什么样的回复？服务器 1 会将这个 Telnet 数据发送给默认网关，即这个路由器，而这个路由器将会丢弃掉这个数据包，因为在它的路由表中不存在网络 10.1.1.0。正因为这样，服务器 1 将接收到一个由 ICMP 返回的目的方不可达的信息。

2.2.3　地址解析协议

地址解析协议（ARP）可以由已知主机的 IP 地址在网络上查找到它的硬件地址。它的工作过程是这样的：当 IP 有一个数据报需要发送时，它必须要告诉某个网络访问协议（如以太网或令牌环网）接收方主机在本地网络上的硬件地址（上层协议已经告知了这个目的方的 IP 地址）。如果 IP 不能在 ARP 缓存中找到目的方主机的硬件地址，那么它就会使用 ARP 去获取这个地址。

正像是 IP 的侦探，ARP 会通过发送一个广播数据包来询问本地的网络，要求使用这一指定 IP 地址的计算机应答其自身的硬件地址。因此，可以说 ARP 能够实现软件（IP）地址到硬件地址（如目的计算机的以太网板卡地址）的转换，并且能够通过广播判断出它在局域网上的位置。图 2-9 显示了 ARP 是如何查寻一个本地网络的过程。

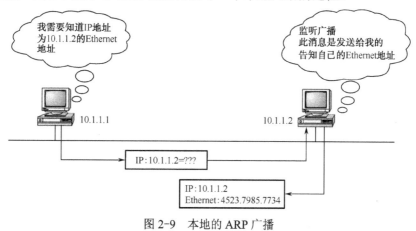

图 2-9 本地的 ARP 广播

说明： ARP 可以解析 IP 地址为以太网（MAC）地址。

2.2.4 逆向地址解析协议

当一台无盘计算机被用做 IP 主机时，它没有办法在其初始化时了解自己的 IP 地址。但是，它可以知道自己的 MAC 地址。逆向地址解析协议（RARP）可以通过发送一个包含无盘主机 MAC 地址的数据包来发现该 IP 地址的身份，并询问与此 MAC 地址相对应的 IP 地址。网络上会指定一个称为 RARP 服务器的计算机来响应这个请求，这样，无盘主机就会得到自己的 IP 地址。RARP 使用主机所知道的 MAC 地址信息来了解自己的 IP 地址，并完成主机的 ID 设置。

图 2-10 给出了一个无盘工作站使用 RARP 广播询问自己的 IP 地址的过程。

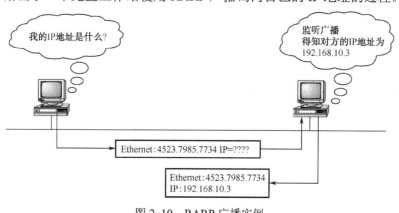

图 2-10 RARP 广播实例

2.3　IP寻址

在任何有关 TCP/IP 的讨论中，一个最为重要的主题就是 IP 寻址。IP 地址是 IP 网络上每台计算机的数字标识符。它指明了在此网络上某个设备的位置。

IP 地址是一个软件地址，而不是硬件地址，后者是被硬编码烧录到网卡（NIC）中的，并且主要用于在本地网络上定位主机。IP 寻址允许在某网络上的主机与另一个不同网络的主机进行通信，并在此过程中无须考虑这两台主机所在具体局域网的类型差异。

在开始学习有关 IP 寻址的繁杂内容之前，你需要了解一些基础性的知识。首先，会解释一些 IP 寻址的基础知识和术语。然后，你将学习到有关 IP 寻址方案的分层结构和私有 IP 地址等内容。

2.3.1　IP术语

在这一节中，将会学习到几个对理解 Internet 协议非常重要的术语。首先让我们从学习下面这几个术语开始。

位：一位就是一个数字，要么是 1，要么是 0。

字节：一字节可以有 7 位或 8 位，这取决于是否使用了检验位。在本章的后面内容中，一直将一字节假定为 8 位。

八位位组就是 8 位，是一个最基本的 8 位二进制数，在本章中术语字节和八位位组是完全可以互换的。

网络地址是在将数据包发送到远程网络的路由中使用的名称，例如 10.0.0.0、172.16.0.0 和 192.168.10.0。

广播地址是被应用程序和主机用来将信息发送给网络上所有节点的地址，我们称之为广播地址。例如，255.255.255.255 用于指向所有网络、所有节点，172.16.255.255 指向网络 172.16.0.0 上的所有子网和主机，而 10.255.255.255 指向网络 10.0.0.0 上的所有子网和主机。

2.3.2　分层的IP寻址方案

一个 IP 地址包含 32 位信息。这些位通常被分割为 4 部分，称为八位位组或字节，每一部分包含一字节（8 位）。可以使用下面 3 种不同的方式来描述一个 IP 地址：

（1）点分十进制，如 172.16.30.56；

（2）二进制，如 10101100.00010000.00011110.00111000；

（3）十六进制，如 AC.10.1E.38。

所有这些示例表示的都是同一个 IP 地址。虽然我们在讨论 IP 寻址时，十六进制的表示法不像点分十进制或二进制表示法那样被经常用到，但是，在编程中，仍可以经常看到以十六进制方式保存的 IP 地址。Windows 的注册表就是一个很好的例子，在那里，IP 地址都是以十六进制的方式存储的。

2.3.3 网络地址

网络地址（也称网络号）唯一指定了每个网络。同一网络中的每台计算机都共享相同的网络地址，并用它作为自己 IP 地址的一部分。例如，在 IP 地址 172.16.30.56 中，172.16 就是这个网络的地址。

节点地址是在一个网络中用来标识每台计算机的，它是一个唯一的标识符。这个地址的节点部分必须唯一，因为相对于网络（可以把它理解为一个组）而言它是用来独立标识指定计算机的。这个节点部分的编号也称主机地址。在 IP 地址为 172.16.30.56 的这个例子中，30.56 就是这个主机的地址。

Internet 的设计者决定根据网络的大小来创建网络的类别。对于拥有大量节点的少部分网络，他们创建了 A 类网络这个等级。另一个极端情况是 C 类网络，它包括只拥有较少节点的众多网络。不难看出，我们可以将介于很大和很小之间的网络级别称为 B 类网络。

细分一个 IP 地址中的网络地址和节点地址，可以通过某一网络所属类别来进行。图 2-11 总结了这 3 种网络的类别关系。

	8 bits	8 bits	8 bits	8 bits
Class A:	Network 网络号	Host 主机号	Host 主机号	Host 主机号
Class B:	Network 网络号	Network 网络号	Host 主机号	Host 主机号
Class C:	Network 网络号	Network 网络号	Network 网络号	Host 主机号

图 2-11　3 种网络类别的总结

1. 网络地址

1）网络地址范围：A 类

IP 地址方案的设计者指定，在一个 A 类网络地址中，其第一字节的第一位必须一直是 0，或被设置为 off。这就意味着一个 A 类地址，它的第一字节的取值必须介于 0 和 127 之间。

2）网络地址范围：B 类

在 B 类地址中，RFC 要求其第一字节的第一位必须一直被置为 on，但是第二位也必须一直被置为 off。如果将其他 6 位全部都置为 off，然后再置为 on，将可以得到 B 类网络的地址取值范围（128～191）。

3）网络地址范围：C 类

对于 C 类网络，RFC 要求它的第一个八位位组的前面两位一直被置为 on，但是第三位决不可以是 on。进行同前面两类地址一样的处理，即将二进制转换到十进制，从而找出它的范围。C 类网络地址的范围为 192～223。

4）网络地址：用于特殊目的

有些 IP 地址被保留用于某些特殊目的，网络管理员不能将这些地址分配给节点。表 2-2 列出了这些被排除在外的地址，并说明了为什么要保留它们。

表 2-2　保留的 IP 地址

地　　址	功　　能
网络地址全部为 0 的地址	意指"这个网络或分段"
网络地址全部为 1 的地址	意指"全部网络"
网络 127.0.0.1	被保留用于环回测试。指向本地节点，并且允许该节点发送测试数据包给自己而不产生网络流量
节点地址全部为 0 的地址	意指"网络地址"或指定网络中的任一主机
节点地址全部为 1 的地址	意指指定网络上的"所有节点"。例如，128.2.255.255 意指 128.2 网络上的"所有节点"
整个 IP 地址设置为全 0 的地址	被 Cisco 路由器用来指向默认路由。也可以指"任意网络"
整个 IP 地址设置为全 1 的地址，如 255.255.255.255	在当前网络上对所有节点的广播，有时被称为"全 1 广播"或受限广播

2.　主机 ID

下面介绍 A、B、C 三类网络中的主机 ID。

1）A 类中有效的主机 ID

下面是一个如何在 A 类网络地址中找出合法主机 ID 的示例：

（1）将所有的主机位都置为 off，所得到的地址是网络地址 10.0.0.0。

（2）将所有的主机位都置为 on，所得到的地址是广播地址 10.255.255.255。

（3）合法的主机号是介于网络地址和广播地址之间的地址号，即在 10.0.0.1 到 10.255.255.254 之间的地址。

注意：这中间的那些 0 和 255 也都是合法的主机 ID。在试着要去找出合法主机地址的时候，需要注意的是，主机位的值是不可以同时被全部置为 off 或全部置为 on 的。

2）B 类中有效的主机 ID

下面是一个示例，用来说明如何找出 B 类网络中合法的主机地址：

（1）将所有的主机位都置为 off，所得到的地址就是网络地址 172.16.0.0。

（2）将所有的主机位都置为 on，所得到的地址就是广播地址 172.16.255.255。

（3）所谓合法的主机地址是那些介于网络地址和广播地址之间的地址，在 172.16.0.1 到 172.16.255.254 之间。

3）C 类中有效的主机 ID

下面是一个示例，说明如何在一个 C 类网络中找出合法的主机 ID：

（1）将所有的主机位都置为 off，所得到的地址就是网络地址 192.168.100.0。

（2）将所有的主机位都置为 on，所得到的地址就是广播地址 192.168.100.255。

（3）合法的主机地址将是介于网络地址和广播地址之间的地址，在 192.168.100.1 到 192.168.100.254 之间。

3.　私有 IP 地址

创建 IP 寻址方案的人也创建了我们所说的私有 IP 地址。这些地址可以被用于私有网络，只是它们不可以路由通过 Internet。这个设计主要是为了满足广泛需要的安全目的，同时也很有效地节省了宝贵的 IP 地址空间。

如果每个网络上的每台主机都必须有真正可路由的 IP 地址，我们将在几年前用尽可用的 IP 地址。但通过使用私有 IP 地址，ISP、公司和家庭用户只需要相关的很小的 IP 地址组来将他们的网络连接到 Internet 上。由于他们可以在自己的网络内部使用私有 IP 地址并运行良好，所以使用私有 IP 是很经济的。

要完成这个任务，ISP 和公司（最终用户）需要使用被称为网络地址转换（NAT）的技术，即主要负责获取私有 IP 地址并将它转换成可在 Internet 上使用的地址。许多人可以使用同一个真实的 IP 地址向 Internet 发送数据。这样做可以节省成千上万的地址空间。表 2-3 显示了被保留的 IP 地址空间。

表 2-3　私有 IP 地址

地　址　类	被保留的地址空间
A 类	10.0.0.0～10.255.255.255
B 类	172.160.0.0～172.31.255.255
C 类	192.168.0.0～192.168.255.255

4. 广播地址

许多人将广播当做一个很平常的术语，在大多数情况下，我们可以了解他们所要表达的意思。但是也有例外，比如，你可能会说："该主机通过路由器对某台 DHCP 服务器发出了广播"，但是，实际发生的情况并不是这样的。而通过使用正确的技术术语，你可能想要表达的内容是："该主机为了获得一个 IP 地址而发出了一个广播，而路由器随后以单播数据包的形式转发这个广播数据到指定的 DHCP 服务器上。"此外，需要牢记的是在 IPv4 的应用上，广播数据包是十分重要的。

在第 1 章和第 2 章的内容中已经提到过广播地址，甚至还给出了一些示例。但还没有深入讨论这些术语和应用中存在的不同。在这里，将定义 4 种不同类型的广播（即通常的广播术语）。

第 2 层广播：用于在局域网上向所有的节点发送数据。

广播（第 3 层）：用于在这个网络中向所有的节点发送数据。

单播：用于向单一目标主机发送数据。

组播：用于将来自单一源的数据包传送给不同网络上的多台设备。

首先，要知道第 2 层广播也称硬件广播，它们只在某个局域网中传播，并且它们通常不会穿越局域网的边界（即路由器）。典型的硬件地址是 6 字节（48 位），并且时常被表示成 0c.43.a4.f3.12.c2 的形式。而广播是一个二进制的全 1 或十六进制的全 F 地址，即 FF.FF.FF.FF.FF.FF。

在第 3 层也支持普通的老式广播。广播信息是指以某个广播域所有主机为目的的信息。那些被称为网络广播的所有主机位均为 on。这里有一个你可能非常熟悉的例子：对于网络地址 172.16.0.0，255.255.0.0，它的广播地址是 172.16.255.255，即所有的主机位均为 on，广播也可能表示成"所有网络和所有主机"，即被表示为 255.255.255.255。典型的广播信息的示例是地址解析协议（ARP）请求。当一台主机要发送一个数据包时，它需要知道目的方的逻辑地址（IP）。将数据包传送到目的方时，如果目的主机存在于另一个不同的 IP 网络上，则该主机需要将数据包发送给默认网关；如果目的主机在本地网络，源主机可以直接将数据包发送给目的主机。由于源主机没有它需要转发帧的 MAC 地址，它将发送一个广播，而本地广播域中的每台设备都会接收到它。基本上这个广播在说："如果你的 IP 地址是192.168.2.3，请发送你的 MAC 地址给我"，源主机会给出适当的信息。

而单播则不同，它是从 255.255.255.255 指向实际目的 IP 地址的广播，换句话说，它是直接指向某个特定主机的广播。DHCP 客户请求过程就可以很好地说明单播是如何工作的。这里有一个例子：假如在局域网中，你的主机为了查找 LAN 中的某个 DHCP 服务器，发出了一个指向第 2 层 FF.FF.FF.FF.FF.FF 地址和第 3 层 255.255.255.255 地址的广播。路由器查看这个数据包，了解到它是一个发给 DHCP 服务器的广播，因为它的目的端口指向 67（BootP server），于是它会将这个请求以目标地址为另一个 LAN 上 DHCP 服务器的 IP 地址进行转发。因此，基本过程是这样的，如果你的 DHCP 服务器的 IP 地址是 172.16.10.1，你的主机只需要发出一个 255.255.255.255 DHCP 客户端广播请求，而由路由器修改这个广播地址为指定的目标地址 172.16.10.1（由于这一服务不是路由器的默认服务，为了让该路由器可以提供这样的服务，需要使用 ip helper-address 命令来配置路由器的接口）。组播则是完全不同的另类。简单地说，它看起来像是单播和广播通信的混合物，但又不十分确切。组播允许点到多点的通信，这同广播相似，但又以不同的方式实现。组播的机理是这样的，它允许存在多个接收者来接收信息，但又不将信息泛发给广播域中的所有主机。

组播通过将信息或数据发送给 IP 组播组地址来实现。随后，路由器会转发数据包的多个副本（与那些不被转发的广播不同）到每个预订此组地址的主机接口上。这就是使用组播通信不同于广播信息的地方，在理论上，使用组播通信时，数据包的副本将只被发往已预订的主机。这里所说的理论上，是指只有这些主机才会真正接收，例如，目标地址为224.0.0.9 的组播数据包（这是 EIGRP 的数据包，只有当路由器工作在 EIGRP 时才会读取这些数据）。在广播式局域网（以太网就是一个广播式的多路访问局域网）上的所有主机，都将接收这样的组播数据帧，并读取目的地址，然后再立即丢弃该帧，除非它们属于此组播组。这样做会节省 PC 的处理工作时间，不浪费局域网的带宽。对组播的使用如果不进行认真的配置，在某些情况下，它会造成局域网的严重拥塞。

这里有几个用户或应用程序可以预定的组。组播地址起始于 224.0.0.0 并终止于239.255.255.255。正如你所看到的，这个地址范围属于 D 类 IP 地址空间。

2.4　子网划分

2.4.1　子网划分基础

在前面一节中我们学习了如何在 A 类、B 类和 C 类网络地址中，通过将主机位全部置0，然后再全部置 1，定义并查找有效的主机范围的方法。在这里必须强调：你只是定义了一个网络。如果你想拥有一个网络地址，并从中创建 6 个网络，该怎么做呢？这时，你需要进行子网划分，因为只有这样你才可以将一个大的网络分割为一系列小的网络。

这里给出了子网划分的若干个好处。

缩减网络流量。我们欢迎任何方式的流量缩减。由于网络是各不相同的，没有可以信赖的路由器，数据包流量会在整个网络中"备受磨难"，并且还可能会导致网络的停顿。使用路由器，大多数的流量将会被限制在本地网络中，而只有那些被标明发送到其他网络的数据包，才会通过路由器。路由器创建了广播域。创建的广播域越多，其广播域的规模就越小，并且在每个网络段上流量也就会越低。

优化网络性能。这将是缩减网络业务量的直接结果。

简化管理。同一个巨大的网络相比，在一组较小的互连网络中，判断并孤立网络所出现的故障会容易得多。

可以更为灵活地形成大覆盖范围的网络。同局域网相比，通常广域网的连接被认为是更加缓慢而且昂贵的，因此，一个单一覆盖面很大的大网络，会出现上面所提到的各种问题。而完成对多个相对小的网络的互连，会使系统更为有效。

2.4.2　如何创建子网

要创建子网，就需要从 IP 地址的主机部分借出一定的位，并且保留它们用来定义子网地址。这意味着用于主机的位减少，所以子网越多，可用于定义主机的位越少。

在本节的后面，你将从 C 类地址开始学习如何创建子网。但在开始真正实现子网划分之前，首先需要明确的是当前的需求和将来的计划。

下面就是实现这一过程的操作步骤。

1）确认所需要的网络 ID 数
（1）每个子网需要有一个网络号。
（2）每个广域网连接需要有一个网络号。

2）确认每个子网中所需要的主机 ID 数
（1）每台 TCP/IP 主机需要一个主机地址。
（2）路由器的每个接口需要一个主机地址。

3）基于以上需要，创建如下内容
（1）为整个网络设定一个子网掩码。
（2）为每个物理网段设定一个不同的子网 ID。
（3）为每个子网确定主机的合法地址范围。

2.4.3　子网掩码

为了保证所配置的子网地址可以工作，网络中的每台计算机都必须知道自己主机地址中的哪一部分是被用来表示子网地址的。这可以通过在每台计算机上指定一个子网掩码来完成。子网掩码是一个 32 位的值。通过它，接收 IP 数据包的一方可以从 IP 地址的主机号部分中区分出子网 ID 号地址。

网络管理员使用 1 和 0 的组合来创建一个 32 位的子网掩码。子网掩码中 1 的位置表示网络或子网的地址部分。

不是所有的网络都需要子网掩码，有一些主机使用默认的子网掩码。这基本上与认为一个网络不需要子网地址是相同的。表 2-4 给出了 A 类、B 类和 C 类地址默认的子网掩码。这些默认的掩码是不可以被改变的。换句话说，不能将 B 类子网掩码配置为 255.0.0.0。如果这么做了，主机将认为这个地址是无效的，所以，通常在配置时，是不会允许配置这样的子网掩码的。对于 A 类网络，不能在子网掩码的第一字节中做任何修改，这个子网掩码的最小值必须是 255.0.0.0。同样，也不能将子网掩码指定为 255.255.255.255，因为这是一个全 1 的地址，即广播地址。一个 B 类网络必须起始于 255.255.0.0，而一个 C 类网络则必须起始于 255.255.255.0。

表 2-4　默认的子网掩码

子 网 类 型	格　　式	默认子网掩码
A	网络.节点.节点.节点	255.0.0.0
B	网络.网络.节点.节点	255.255.0.0
C	网络.网络.网络.节点	255.255.255.0

2.4.4　无类的内部域路由

另外一个你需要熟悉的术语是无类的内部域路由（CIDR）。它也是 ISP（Internet 服务提供商）为公司、家庭（客户）分配大量地址的基本方法。他们在某个成块的区域中提供地址，其他的内容将在本章的后面详细介绍。

当你从 ISP 处得到了一个成块的地址，如 192.168.10.32/28，这就是在告诉你，你的子网掩码是多少。这个斜线符（/）指示的是有多少位被设置为 1。显然，由于 IP 地址有 4 字节，而且每字节有 8 位，因而这个最大值只能是/32（4×8=32）。但是，必须牢记最大的可用（不考虑地址的类）子网掩码只能是/30，因为你必须为主机位保留至少 2 位。

例如，A 类地址默认的子网掩码是 255.0.0.0。它意味着子网掩码的第一字节是全 1。在使用斜线符时，你需要计算出所有 1 的个数，以指出你的掩码长度。由于 255.0.0.0 有 8 个 1（即 8 位的状态是 on），因此它被表示成/8。

B 类地址的默认掩码是 255.255.0.0，它被表示为/16，因为有 16 位被设置为 1：11111111.11111111.00000000.00000000。

2.4.5　C类地址的子网划分

要划分子网有许多不同的方式。而正确的方式应该是最适合于自己的方式。在一个 C 类地址中，只有 8 位是可以用来定义主机的。记住，子网位必须是由左到右进行定义的，这中间不能跳过某些位，见表 2-5。

表 2-5　C 类子网掩码表

二　进　制	十　进　制	CIDR
10000000	128	/25
11000000	192	/26

续表

二 进 制	十 进 制	CIDR
11100000	224	/27
11110000	240	/28
11111000	248	/29
11111100	252	/30

我们不能使用/31 或/32，因为必须要保留至少 2 位主机位用于主机 IP 地址的指定。在过去，决不在 C 类网络中讨论/25 的划分。Cisco 过去一直坚持子网位应该至少有 2 位，但现在，由于 Cisco 已经将 ip subnet-zero 命令加入它的学期课程和考试目标中，我们就可以使用仅 1 位的子网位了。

在随后的小节中，将要讲授另一种可选用的子网划分的方法，它可以在更短的时间内，更简便地处理位数更多的子网掩码。

快速的方式：C 类地址的子网划分。

当要为网络选择一个可用的子网掩码，并需要推断由这个掩码所决定的子网数量、合法主机号及广播地址时，所需要做的就是回答下面的这 5 个简单的问题：

（1）这个被选用的子网掩码会产生多少个子网？

（2）每个子网中又会有多少个合法的主机号可用？

（3）这些合法的子网号是什么？

（4）每个子网的广播地址是什么？

（5）在每个子网中，哪些是合法的主机号？

在这里，理解并牢记 2 的幂值是非常重要的。下面是对以上 5 个问题给出的答案。

（1）多少个子网？2^x=子网数目。x 是掩码的位数，或是掩码中 1 的个数。例如，在 11000000 中，我们得到的是 2^2 个子网。在这个示例中，有 4 个子网。

（2）每个子网中有多少台主机？2^y-2=每个子网中主机的数目。y 是非掩码位的位数，即子网掩码中 0 的个数。在 11000000 的示例中，0 的个数决定了可以有 2^6-2 台主机。在本例中，每个子网将有 62 个主机号。需要减 2 是因为子网地址和广播地址都不能是有效的主机地址。

（3）哪些是合法的子网？256-子网掩码=块大小，即增量值。例如，256-192=64。192 掩码的块大小总是 64。从 0 开始以 64 为分块计数子网掩码数值，这样可以得到的子网为 0、64、128、192。

（4）每个子网中的广播地址是什么？这是目前真正最容易的部分。由于在前面一小节中我们已经计算出子网应该是 0、64、128 和 192，那么这个广播地址将总是紧邻下个子网的地址。例如，0 子网的广播地址是 63，因为下一个子网号是 64。而 64 子网的广播地址是 127，因为它的下一个子网是 128 等。同时还要记住，最后子网的广播地址将总是 255。

（5）哪些是合法的主机号？合法主机号是那些介于各个子网之间的取值，并要减去全 0 和全 1 的主机号。例如，64 是子网号码，而 127 是广播地址，那么 65~126 就是有效的主机范围，即它总是那些介于子网地址和广播地址之间的地址。

下面是对刚刚学过的子网划分方法进行实践的机会，我们将完成对 C 类地址的划

分。具体的操作将从第一个可用的 C 类子网掩码开始，然后，尝试对每个可用的 C 类地址的子网掩码进行划分。在完成之后，大家将会知道，对于 A 类和 B 类网络的划分，也会同样简单。

实例 2-1：255.255.255.128 （/25）

128 在二进制中是 10000000，它只有 1 位用于子网划分，而剩下的 7 位则是用于主机地址分配的。我们将对 C 类网络地址 192.168.10.0 进行子网划分。

192.168.10.0＝网络地址

255.255.255.128＝子网掩码

下面我们来回答前面提出的 5 个问题。

（1）多少个子网？由于 128 表示为二进制时只有 1 位为 1（10000000），因此这个答案就是 $2^1 = 2$。

（2）每个子网有多少台主机？这里有 7 个 0 表示的主机位（10000000），因此计算式为 $2^7 - 2 = 126$，即有 126 台主机。

（3）有多少个合法子网？256-128＝128。记住，这里是从 0 开始的，并且是使用块大小来进行计算的，因此得到的子网是 0、128。

（4）每个子网的广播地址是什么？这个地址就是下一个子网地址前面的那个地址，或将本子网中所有主机位置 1 就可得到这个广播地址。对于子网 0，其下一个子网地址为 128，这样，0 子网的广播地址就是 127。

（5）哪些是合法的主机号？就是那些介于子网地址和广播地址之间的地址。找出这些合法主机地址的最简单的方法，就是写出该子网的子网地址和广播地址。这样，这些合法的主机地址范围就很明显了。下面的列表就给出了 0 和 128 子网中合法主机地址的范围，同时也给出了两个子网的广播地址：

子网地址	0	128
第一个主机号	1	129
最后一个主机号	126	254
广播地址	127	255

在继续下面的示例之前，来看一下图 2-12。注意，这里是将一个 C 类网络进行了/25 的子网划分，很显然它被划分为两个子网。但是，这样做有什么意义？实际应用中并不会使用这样的设计，但这并不是问题的重点。真正需要了解的是，做这样的设计可以传达出的信息。

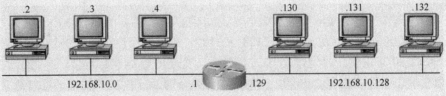

图 2-12　实现 C 类网络/25 划分的逻辑网络

```
Router#show ip route
[output cut]
C 192.168.10.0 is directly connected to Ethernet 0.
C 192.168.10.128 is directly connected to Ethernet 1.
```

实例 2-2：255.255.255.192 （/26）

在这个例子中，我们将对于网络地址 192.168.10.0 进行子网划分，所使用的子网掩码是 255.255.255.192。

192.168.10.0=网络地址

255.255.255.192=子网掩码

下面，我们就来回答那 5 个问题。

（1）多少个子网？由于 192 有 2 位被设置为 on（11000000），这样，这个结果应该是 $2^2=4$ 个子网。

（2）每个子网中有多少个主机号？这里有 6 个主机位被设置为 off（11000000），于是将有 $2^6-2=62$ 个主机号。

（3）哪些是合法的子网？256-192=64。记住，这里是从 0 开始的，并且是使用块大小来进行计算的，因此得到的子网是 0、64、128 和 192。

（4）每个子网的广播地址是什么？这个地址的后边是下一个子网的头，它是将所有主机位都置为 on 的地址，这就是广播地址。对于零子网，下一个子网地址是 64，因此这个零子网的广播地址是 63。

（5）哪些是合法的主机？它们是介于子网和广播地址之间的地址。找出这个主机地址的最为简单的方法是，写出这个子网的地址和广播地址。这样，合法的主机地址就被显现出来了。下面的列表给出了 0、64、128 和 192 子网中，每个子网的合法主机范围及广播地址：

子网地址	0	64	128	192
第一个主机号	1	65	129	193
最后一个主机号	62	126	190	254
广播地址	63	127	191	255

在进入下一个示例之前，再来看一下目前这个子网/26。对于已有的成果你会做些什么？应用它。我们就用图 2-13 来实践/26 网络的划分。

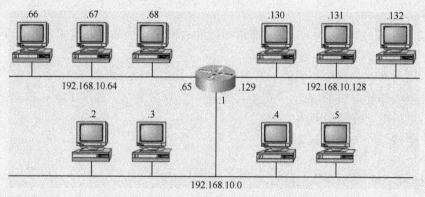

图 2-13　实现 C 类网络/26 划分的逻辑网络

```
Router#show ip route
[output cut]
C 192.168.10.0 is directly connected to Ethernet 0
```

C 192.168.10.64 is directly connected to Ethernet 1
C 192.168.10.128 is directly connected to Ethernet 2

这个/26 掩码提供了 4 个子网络，而我们需要为每个路由器接口提供一个子网地址。本例中，使用这个掩码，就实际上有了空间来添加另外的路由器接口。

实例 2-3：255.255.255.224（/27）

这次，我们将划分网络 192.168.10.0，使用的子网掩码为 255.255.255.224。在这里不再重复以上过程，请大家自己思考，完成 5 个问题。

2.4.6 B类地址的子网划分

在我们深入讨论这一部分之前，首先来看一下 B 类网络中所有可能的子网掩码。注意，在这里比起 C 类网络我们有了更多可用的子网掩码：

255.255.0.0	（/16）		
255.255.128.0	（/17）	255.255.255.0	（/24）
255.255.192.0	（/18）	255.255.255.128	（/25）
255.255.224.0	（/19）	255.255.255.192	（/26）
255.255.240.0	（/20）	255.255.255.224	（/27）
255.255.248.0	（/21）	255.255.255.240	（/28）
255.255.252.0	（/22）	255.255.255.248	（/29）
255.255.254.0	（/23）	255.255.255.252	（/30）

我们知道 B 类网络地址有 16 位可用的主机地址。也就是说，我们可以最多用到 14 位来进行子网划分（因为必须至少保留两位用于子网中的主机寻址）。使用/16 意味着对 B 类地址并没有进行子网划分，但它仍是可以使用的掩码。

说明：此外，你是否注意到在这个子网值的列表中有某个规律？这就是为什么在本单元的开始部分要求你记忆二进制到十进制数值转换的原因。由于子网掩码位起始于左侧，结束于右侧，中间不允许有跳过的位，所以这些数对于所有的地址分类都是一样的。请牢记这个规律。

划分 B 类子网的过程同 C 类是非常相似的，所不同的只是在这里将拥有更多的主机位，而且要从第 2 个八位位组开始。

可以使用与 C 类网络中相同的子网数，但是在网络号部分增加了 0，并且在广播地址的第 4 个八位位组部分增加了 255。下面给出了在一个 B 类网络中使用 240（/20）子网掩码时两个子网的主机地址范围的实例：

第 1 个子网　　16.0　　31.255
第 2 个子网　　32.0　　47.255

要在这些数字间添加合法主机号，你是可以做到的。

说明：当掩码位达到/24 时这个示例才有意义。而这之后的操作，就如同对待 C 类地址一样。

在这一部分将给你一些划分 B 类子网的实践练习。不得不再次说明的是，划分 B 类子网与划分 C 类子网是一样的，除了要从第 3 个八位位组开始以外，具有完全相同的数字。

实例 2-4：255.255.128.0（/17）

172.16.0.0=网络地址

255.255.128.0=子网掩码

（1）子网数？2^1=2（与 C 类相同）。

（2）主机数？$2^{15}-2$=32766（第 3 个八位位组的 7 位，和第 4 个八位位组的 8 位）。

（3）合法子网号？256-128=128。0，128。记住这个子网划分是在第 3 个八位位组中进行的，于是子网号应该是 0.0 和 128.0。这些是与 C 类划分完全相同的号码；我们在第 3 个八位位组使用它们，并在第 4 个八位位组中添加 0 用于网络地址。

（4）每个子网中的广播地址？将子网 0.0 和 128.0 的主机号全部置为 1，所以广播地址分别为 172.16.127.255 和 172.16.255.255。

（5）合法主机号？合法主机号为子网号的后 1 个地址至此子网广播地址的前一个地址，所以为 172.16.0.1 ~ 172.16.127.254 以及 172.16.128.1 ~ 172.16.255.254。

下面给出了这两个可用的子网、每个子网中的合法主机号范围及广播地址：

子网	0.0	128.0
首个主机	0.1	128.1
最后主机	127.254	255.254
广播	127.255	255.255

注意：我们只添加了第 4 个八位位组的最低和最高位的取值，就得到了答案。可见，它与 C 类子网的划分是非常相似的，我们只使用了第 3 个八位位组里同样的数字，并在第 4 个八位位组中添加了 0 和 255。数字根本不变，只是在不同的八位位组中使用。

实例 2-5：255.255.192.0 （/18）

172.16.0.0=网络地址

255.255.192.0=子网掩码

这次要你自己独立完成，不再做任何提示。

头脑中的子网划分：B 类地址。

看错了吗？在我们的头脑中划分 B 类地址的子网？实际上，在头脑中划分要比在纸上进行更容易。

问题 1：IP 地址 172.16.10.33　255.255.255.224（/27）的子网号和广播地址是什么？

回答：有趣的是八位位组是第 4 个八位位组。256-224=32，32+32=64。33 是介于 32 和 64 之间的。然而，记住，这里的第 3 个八位位组被认为是子网部分，所以，这个答案是 10.32 子网。其广播地址是 10.63，因为 10.64 是下一个子网的地址。

问题 2：IP 地址 172.16.66.10　255.255.192.0（/18）子网的地址和广播地址是什么？

回答：有趣的是第 3 个八位位组而不是第 4 个八位位组。256-192=64。0，64，128。这个子网是 172.16.64.0。这个广播地址一定是 172.16.127.255，因为 128.0 是下一个子网的地址。

问题 3：IP 地址 172.16.50.10　255.255.224.0（/19）的子网号和广播地址各是什么？

回答：256-224=32。0，32，64（注意，我们是从 0 开始计数的）。这个子网地址是172.16.32.0，并且这个广播地址一定是 172.16.63.255，因为 64.0 是下一个子网的地址。

问题 4: IP 地址 172.16.46.255　255.255.240.0（/20）的子网号和广播地址各是什么？

回答: 256-240=16。我们对第 3 个八位位组很感兴趣。0，16，32，48。这个子网地址一定属于子网 172.16.32.0，并且它的广播地址一定是 172.16.47.255，因为 48.0 是下一个子网的地址。172.16.46.255 是合法主机。

问题 5: IP 地址 172.16.45.14　255.255.255.252（/30）的子网号和广播地址各是什么？

回答: 是哪个有趣的八位位组？256-252=4。0，4，8，12，16（第 4 个八位位组）。这个子网是 172.16.45.12，它的广播地址是 172.16.45.15，因为下一个子网是 172.16.45.16。

问题 6: 主机 172.16.88.255/20 的子网号和广播地址各是什么？

回答: /20 代表 255.255.240.0，它在第 3 个八位位组中给出的分块大小是 16，由于在第 4 个八位位组中没有子网位，则在第 4 个八位位组中可选的答案将总是 0 和 255。0、16、32、48、64、80、96……可见 88 正是介于 80 和 96 之间的，因此，这个子网是 80.0，而这个广播地址是 95.255。

问题 7: 某台路由器在其接口上接收到一个目标地址为 172.16.46.191/26 的数据包。对这个数据包路由器将做些什么？

回答: 丢弃它。172.16.46.191/26 的掩码是 255.255.255.192，它给出的分块大小为 64。这样得到的子网为 0、64、128、192。191 是 128 子网的广播地址，而对于路由器，在默认时是要丢弃任何一个广播数据包的。

2.4.7　A类地址的子网划分

A 类网络的子网划分与 B 类和 C 类并没有任何不同，只是在这里有 24 位可以使用，而在 B 类网络地址中只有 16 位，在 C 类网络地址中只有 8 位。

让我们首先列出 A 类网络的所有子网掩码：

255.0.0.0	（/8）		
255.128.0.0	（/9）	255.255.240.0	（/20）
255.192.0.0	（/10）	255.255.248.0	（/21）
255.224.0.0	（/11）	255.255.252.0	（/22）
255.240.0.0	（/12）	255.255.254.0	（/23）
255.248.0.0	（/13）	255.255.255.0	（/24）
255.252.0.0	（/14）	255.255.255.128	（/25）
255.254.0.0	（/15）	255.255.255.192	（/26）
255.255.0.0	（/16）	255.255.255.224	（/27）
255.255.128.0	（/17）	255.255.255.240	（/28）
255.255.192.0	（/18）	255.255.255.248	（/29）
255.255.224.0	（/19）	255.255.255.252	（/30）

这样，你必须至少保留两位来定义主机。并且希望你现在就能理解这个规则。记住，在这里将做与 B 类和 C 类子网划分中同样的工作。不同的只是我们有了更多的主机位，同时我们可以只使用与 B 类和 C 类中相同的子网号，但我们开始使用的这些数字在第 2 个八位位组中。

关于 A 类子网划分实例，大家可以自己举出例子自己练习。

实验 3　TCP 会话的建立和终止

TCP 是一种面向连接的协议。对等计算机之间必须先建立连接，然后才可以交换信息，例如网页。连接通过三次握手建立，在三次握手中，将会发送和确认对等计算机的序列号。当交换完成时，对等计算机交换 TCP 数据段并正常终止会话。下面着重说明交换之前的连接建立以及交换之后的会话终止（图 2-14）。

图 2-14　实验 1 拓扑图

1. 学习目标

（1）设置并运行模拟。

（2）检查结果。

2. 设置并运行模拟

1）进入模拟模式

要验证连通性，请在逻辑工作空间中单击 PC。在 Desktop（桌面）上打开 Web Browser（Web 浏览器）。在 URL 框中输入 192.168.1.2，然后单击 Go（转到）按钮。应会显示一个网页。单击 Simulation（模拟）选项卡进入模拟模式。

2）设置事件列表过滤器

我们只需要捕获 TCP 事件。在 Event List Filters（事件列表过滤器）区域中，单击 Edit Filters（编辑过滤器）按钮。只选择 TCP 事件。TCP 事件包括基于 TCP 的应用协议，例如 HTTP 和 Telnet。

3）从 PC 请求网页

恢复 Web 浏览器窗口。在 Web Browser（Web 浏览器）中，单击 Go（转到）按钮请求重新发送该网页。最小化模拟浏览器窗口。

4）运行模拟

单击 Auto Capture/Play（自动捕获/播放）按钮。将会播放 PC 与服务器之间的数据交换动画，并且事件会添加到 Event List（事件列表）中。此事件代表 TCP 会话建立，PC 请求网页，服务器在两个网段中发送网页，PC 确认网页以及 TCP 会话终止。将会显示一个对话框，表示没有更多事件。单击 OK（确定）按钮。

3. 检查结果

1）访问特定的 PDU

在 Simulation Panel Event List（模拟面板事件列表）区域，最后一列包含一个彩色框，可用于访问事件的详细信息。单击第一个事件最后一列中的彩色框。将会打开 PDU Information（PDU 信息）窗口。

2）研究 PDU 信息窗口的内容

本练习只关注第 4 层的事件信息。PDU Information（PDU 信息）窗口中的第一个选项卡包含与 OSI 模型相关的入站和出站 PDU 信息。单击入站层和出站层的 Layer 4（第 4 层）框，阅读各层中的内容和说明。请注意 TCP 数据段的类型。单击 Outbound PDU Details（出站 PDU 详细数据）选项卡。在 TCP 数据段中，记下初始序列号。

以相同的方式研究前 4 个 TCP 事件的 PDU 信息。这些事件显示了建立会话的三次握手。注意 TCP 数据段的类型和序列号的变化。

以相同的方式研究主要 HTTP 交换之后的 TCP 事件的 PDU 信息。这些事件显示了会话的终止。注意 TCP 数据段的类型和序列号的变化。

请注意，如果使用 Event List（事件列表）窗口中的 Reset Simulation（重置模拟）按钮，则必须返回 Web 浏览器窗口，然后单击 Go（转到）按钮发出新请求。

实验 4　UDP和TCP端口号

UDP 和 TCP 是与 OSI 模型第 4 层，即传输层对应的 TCP/IP。UDP 和 TCP 的 UDP 有本质上的不同，但它们使用同样的端口号表示法。数据段中既包含用于标识客户端向服务器所请求服务的端口号，也包含客户端生成的供服务器应向其发送回复的端口号。除了端口号之外，TCP 数据段中还包含序列号。序列号提供可靠性，它可以识别缺少的数据段，并且允许按正常顺序重新组合数据段（图 2-15）。

图 2-15　拓扑图

1. 学习目标

（1）设置并运行模拟。

（2）检查结果。

2. 设置并运行模拟

1）进入模拟模式

单击 Simulation（模拟）选项卡进入模拟模式。

2）设置事件列表过滤器

我们只需要捕获 DNS 和 HTTP 事件。在 Event List Filters（事件列表过滤器）区域中，单击 Edit Filters（编辑过滤器）按钮，并且确保只选择 DNS 和 HTTP 事件。

3）在 PC 上从服务器请求网页

单击逻辑工作空间中的 PC。在 Desktop（桌面）上打开 Web Browser（Web 浏览器）。在 URL 框中输入 udptcpexample.com，然后单击 Go（转到）按钮。最小化模拟浏览器窗口。

4）运行模拟

单击 Auto Capture/Play（自动捕获/播放）按钮，将会播放 PC 与服务器之间的交换动画，并且事件会添加到 Event List（事件列表）中。这些事件代表：客户端 PC 请求 DNS 服务，然后请求网页。服务器在两个网段中发送网页，然后 PC 确认网页。将会显示一个对话框，表示没有更多事件要捕获。单击 OK（确定）按钮。

3. 检查结果

1）访问特定的 PDU

在 Simulation Panel Event List（模拟面板事件列表）区域，最后一列包含一个彩色框，可用于访问事件的详细信息。单击第一个事件最后一列中的彩色框。将会打开 PDU Information（PDU 信息）窗口。

2）研究 PDU 信息窗口的内容

本练习只关注第 4 层和第 7 层的事件信息。PDU Information（PDU 信息）窗口中的第一个选项卡包含与 OSI 模型相关的入站和出站 PDU 信息。单击入站层和出站层的 Layer 4（第 4 层）和 Layer 7（第 7 层）框，阅读各层中的内容和说明。请注意，DNS 使用 UDP，而 HTTP 使用 TCP。

注意端口号。端口 53 代表 DNS——将域名与 IP 地址关联的应用协议。端口 80 代表 HTTP——支持网页的应用协议。客户端 PC 从大于 1023 的端口号范围中生成。单击 Outbound PDU Details（出站 PDU 详细数据）选项卡。在 TCP 数据段中，记下初始序列号。

以相同的方式研究其他事件的 PDU 信息。传输下一个数据段时，注意源端口号和目的端口号（UDP 和 TCP）的变化以及序列号（仅限 TCP）的变化。

请注意，如果使用 Reset Simulation（重置模拟）按钮，还必须返回浏览器窗口，然后再按 Enter 键重新发出网页请求。这样可以重新捕获 DNS 和 HTTP 生成的数据包并播放其动画。

实验 5　地址解析协议（ARP）

TCP/IP 使用地址解析协议 （ARP） 将第 3 层 IP 地址映射到第 2 层 MAC 地址。当帧进入网络时，必定有目的 MAC 地址。为了动态发现目的设备的 MAC 地址，系统将在 LAN 上广播 ARP 请求。拥有该目的 IP 地址的设备将会发出响应，而对应的 MAC 地址将记录到 ARP 缓存中。LAN 上的每台设备都有自己的 ARP 缓存，或者利用 RAM 中的一小块区域来保存 ARP 结果。 ARP 缓存定时器将会删除在指定时间段内未使用的 ARP 条目。具体时间因设备而异。例如，有些 Windows 操作系统存储 ARP 缓存条目的时间为 2 分钟，但如果该条目在这段时间内被再次使用，其 ARP 定时器将延长至 10 分钟。

ARP 是性能折中的极佳示例。如果没有缓存，每当帧进入网络时，ARP 都必须不断请求地址转换。这样会延长通信的延时，可能会造成 LAN 拥塞。反之，无限制的保存时间可能导致离开网络的设备出错或更改第 3 层地址。

网络工程师必须了解 ARP 的工作原理，但可能不会经常与协议交互。ARP 是一种使网络设备可以通过 TCP/IP 进行通信的协议。如果没有 ARP，就没有建立数据报第 2 层目的地址的有效方法。但 ARP 也有潜在的安全风险。例如，ARP 欺骗或 ARP 中毒就是攻击者用来将错误的 MAC 地址关联放入网络的技术。攻击者伪造设备的 MAC 地址，致使帧发送到错误的目的地。手动配置静态 ARP 关联是预防 ARP 欺骗的方法之一。也可以在 Cisco 设备上配置授权的 MAC 地址列表，只允许认可的设备接入网络（图 2-16）。

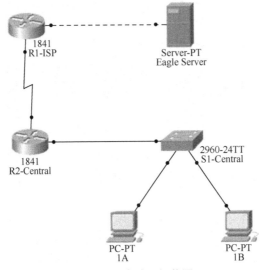

图 2-16　实验 3 拓扑图

1. 学习目标

（1）使用 Packet Tracer 的 arp 命令。

（2）使用 Packet Tracer 检查 ARP 交换。

2. 使用 Packet Tracer 的 arp 命令

1）访问命令提示符窗口

单击 PC 1A 的 Desktop（桌面）中的 Command Prompt（命令提示符）按钮。arp 命令只显示 Packet Tracer 中可用的选项。

2）使用 ping 命令在 ARP 缓存中动态添加条目

ping 命令可用于测试网络连通性。通过访问其他设备，ARP 关联会被动态添加到 ARP 缓存中。在 PC 1A 上 ping 地址 255.255.255.255，并发出 arp -a 命令查看获取的 MAC 地址。

3. 使用 Packet Tracer 检查 ARP 交换

1）配置 Packet Tracer 捕获数据包

进入模拟模式。确认 Event List Filters（事件列表过滤器）只显示 ARP 和 ICMP 事件。

2）准备 Pod 主机计算机以执行 ARP 捕获

在 PC 1A 上使用 Packet Tracer 命令 arp -d。然后 ping 地址 255.255.255.255。

3）捕获并评估 ARP 通信

在发出 ping 命令之后，单击 Auto Capture/Play（自动捕获/播放）按钮捕获数据包。当

Buffer Full（缓冲区已满）窗口打开时，单击 View Previous Events（查看以前的事件）按钮。

实验 6　研究ICMP数据包

Wireshark 可以捕获和显示通过网络接口进出其所在 PC 的所有网络通信。Packet Tracer 的模拟模式可以捕获流经整个网络的所有网络通信，但支持的协议数量有限。我们使用的网络中包含一台通过路由器连接到服务器的 PC，并且可以捕获从 PC 发出的 ping 命令的输出（图 2-17）。

图 2-17　实验 4 拓扑图

1. 学习目标

（1）了解 ICMP 数据包的格式。

（2）使用 Packet Tracer 捕获并研究 ICMP 报文。

2. 使用 Packet Tracer 捕获和研究 ICMP 报文

1）捕获并评估到达 Eagle Server 的 ICMP 回应报文

进入 Simulation（模拟）模式。Event List Filters（事件列表过滤器）设置为只显示 ICMP 事件。单击 Pod PC。从 Desktop（桌面）打开 Command Prompt（命令提示符）。 输入命令 ping eagle-server.example.com 并按 Enter 键。最小化 Pod PC 配置窗口。单击 Auto Capture/Play（自动捕获/播放）按钮以运行模拟和捕获事件。收到 No More Events（没有更多事件）消息时单击 OK（确定）按钮。

在 Event List（事件列表）中找到第一个数据包，即第一条回应请求，然后单击 Info（信息）列中的彩色正方形。单击事件列表中数据包的 Info（信息）正方形时，将会打开 PDU Information（PDU 信息）窗口。单击 Outbound PDU Details（出站 PDU 详细数据）选项卡以查看 ICMP 报文的内容。请注意，Packet Tracer 只显示 TYPE（类型）和 CODE（代码）字段。

要模拟 Wireshark 的运行，请在其中 At Device（在设备）显示为 Pod PC 的下一个事件中，单击其彩色正方形。这是第一条应答。单击 Inbound PDU Details（入站 PDU 详细数据）选项卡以查看 ICMP 报文的内容。

查看 At Device（在设备）为 Pod PC 的其余事件。完成时单击 Reset Simulation（重置模拟）按钮。

2）捕获并评估到达 192.168.253.1 的 ICMP 回应报文

使用 IP 地址 192.168.253.1 重复步骤 1。观看动画，注意哪些设备参与交换。

3）捕获并评估超过 TTL 值的 ICMP 回应报文

Packet Tracer 不支持 ping -i 选项。在模拟模式中，可以使用 Add Complex PDU（添加复杂 PDU）按钮（开口的信封）设置 TTL。

单击 Add Complex PDU（添加复杂 PDU）按钮，然后单击 Pod PC（源）。将会打开 Create Complex PDU（创建复杂 PDU）对话框。在 Destination IP Address（目的 IP 地址）字段中输入 192.168.254.254。将 TTL 字段中的值改为 1。在 Sequence Number（序列号）字段中输入 1。在 Simulation Settings（模拟设置）下选择 Periodic（定期）选项。在 Interval（时间间隔）字段中输入 2。单击 Create PDU（创建 PDU）按钮。此操作等同于从 Pod PC 上的命令提示符窗口发出命令 ping -t -i 1 192.168.254.254。

重复单击 Capture/Forward（捕获/转发）按钮，以在 Pod PC 与路由器之间生成多次交换。

在 Event List（事件列表）中找到第一个数据包，即第一个回应请求。然后单击 Info（信息）列中的彩色正方形。单击事件列表中数据包的 Info（信息）正方形时，将会打开 PDU Information（PDU 信息）窗口。单击 Outbound PDU Details（出站 PDU 详细数据）选项卡以查看 ICMP 报文的内容。

要模拟 Wireshark 的运行，请在其中 At Device（在设备）为 Pod PC 的下一个事件中，单击其彩色正方形。这是第一条应答。单击 Inbound PDU Details（入站 PDU 详细数据）选项卡以查看 ICMP 报文的内容。查看 At Device（在设备）为 Pod PC 的其余事件。

思考与练习题 2

（1）FTP 协议位于 TCP/IP 模型的____。

    A．应用层   B．传输层   C．网络层   D．数据链路层

（2）TCP/IP 模型的特征是____。

    A．合并了主机层和媒介层   B．合并了会话层和传输层

    C．合并了数据链路层和物理层   D．合并了网络层和数据链路层

（3）下面____协议用来获取本地设备的硬件地址。

    A．RARP   B．ARP   C．IP   D．ICMP

（4）最多只能提供 254 台主机 IP 地址的是____网络。

    A．A 类   B．B 类   C．C 类

    D．D 类   E．E 类

（5）Telnet 使用的传输层协议是____。

    A．IP   B．TCP   C．TCP/IP   D．UDP

（6）B 类地址的二进制范围是____。

    A．01×××××   B．0××××××   C．10×××××   D．110×××××

（7）下面____协议既可以使用 TCP 也可以使用 UDP。

    A．FTP   B．SMTP   C．Telnet   D．DNS

（8）给定地址 192.168.15.19/28，下面 IP 地址中____在同一个子网内并且可以分配给主

机使用。

  A．192.168.15.17　　　　　B．192.168.15.14　　　　　C．192.168.15.29

  D．192.168.15.16　　　　　E．192.168.15.31

（9）地址 172.16.210.0/22 在子网____内。

  A．172.16.107.0　　　　　B．172.16.208.0　　　　　C．172.16.252.0

  D．172.16.254.0

（10）公司申请的地址是 172.12.0.0/16，根据公司网络规划，要求每个子网内至少容纳 459 台计算机。以下的子网掩码中可以满足要求并使子网数量最大化的是____。

  A．255.255.0.0　　　　　　　　　　B．255.255.128.0

  C．255.255.224.0　　　　　　　　　D．255.255.254.0

（11）在点到点链路上，使用掩码____规划地址最节约。

  A．255.255.255.0　　　　　　　　　B．255.255.255.240

  C．255.255.255.248　　　　　　　　D．255.255.255.252

（12）地址 83.121.178.93/27 所在子网的可用地址范围是____。

（13）TCP 的开销和 UDP 的开销哪个大？TCP 适用于什么样的通信？UDP 适用于什么样的通信？

第3章

思科路由器操作与配置

路由器（Router）又称网关设备（Gateway），用于连接多个逻辑上分开的网络，逻辑网络是一个单独的网络或者一个子网。当数据从一个子网传输到另一个子网时，可通过路由器的路由功能来完成。因此，路由器具有判断网络地址和选择 IP 路径的功能，它能在多网络互连环境中建立灵活的连接，可用完全不同的数据分组和介质访问方法连接各种子网，路由器只接受源站或其他路由器的信息，属于网络层的一种互连设备。

我们在选择路由器时，除了考虑端口功能外，还需要考虑访问控制列表、地址转换、路由协议等方面的功能，这些功能影响着网络的安全性和灵活性。另外，路由器的性能指标也是选择路由器时应该考虑的重要因素，比较重要的性能指标有：报文转发的速度、报文转发的延迟、缓冲区的空间大小等，这些性能指标对网络性能有重大的影响。目前路由器主流品牌有思科、友讯、华为、中兴、TP-LINK、ALPHA 等，而思科路由器更具代表性。

本章主要介绍思科路由器的硬件组成、启动顺序、操作系统、命令行接口、管理配置等。

3.1 路由器的主要硬件

为了配置 Cisco（思科）互连网络和排除故障，需要了解 Cisco 路由器的主要组件并理解这些组件的作用。表 3-1 描述了 Cisco 路由器的主要组件。

表3-1 Cisco 路由器的主要组件

组 件	解 释
Bootstrap	存储在 ROM 中的微代码，Bootstrap 用于在初始化阶段启动路由器。它将启动路由器然后装入 IOS
POST（开机自检）	存储在 ROM 中的微代码，POST 用于检测路由器硬件的基本功能并确定哪些接口当前可用
ROM 监控程序	存储在 ROM 中的微代码，ROM 监控程序用于手动测试和故障诊断
微型 IOS	Cisco 调用 RXBOOT 或 bootloader（引导装入程序），微型 IOS 是一个在 ROM 中可以启动接口并将 Cisco IOS 加载到闪存中的小型 IOS。微型 IOS 也可以执行一些其他的维护操作
RAM（随机存取存储器）	用于保存数据包缓冲、ARP 高速缓存、路由表，以及路由器运行所需的软件和数据结构。running-config 文件存储在 RAM 中，并且有些路由器也可以从 RAM 运行 IOS
ROM（只读存储器）	用于启动和维护路由器。存储 POST 和 Bootstrap 程序，以及微型 IOS
Flash Memory（闪存）	用于保存 Cisco IOS。当路由器重新加载时并不擦除闪存中的内容。它是一种由 Intel 开发的 EEPROM（电可擦除只读存储器）
NVRAM（非易失性 RAM）	用于保存路由器或交换机配置。当路由器或交换机重新加载时并不擦除 NVRAM 中的内容。NVRAM 中未存储 IOS，配置寄存器存储在 NVRAM 中
Configuration register（配置寄存器）	用于控制路由器如何启动。配置寄存器的值可以在 show version 命令输出结果的最后一行中找到，通常为 0x2102，这个值意味着路由器从闪存加载 IOS，并告诉路由器从 NVRAM 调用配置

3.2 路由器启动顺序

当路由器启动时，执行一系列步骤，称为启动顺序（boot sequence），以测试硬件并加载所需的软件。启动顺序包括下列步骤。

（1）路由器执行 POST（开机自检）。POST 检查硬件，以验证设备的所有组件目前是可运行的。例如，POST 检查路由器的不同接口。POST 存储在 ROM（只读存储器）中并从 ROM 运行。

（2）Bootstrap 查找并加载 Cisco IOS 软件。Bootstrap 是位于 ROM 中的程序，用于执行程序。Bootstrap 程序负责找到每个 IOS 程序的位置，然后加载该文件。默认情况下，所有 Cisco 路由器都从闪存加载 IOS 软件。

提示：IOS 默认的启动顺序是闪存、TFTP 服务器，然后是 ROM。

（3）IOS 软件在 NVRAM 中查找有效的配置文件。此文件称为 startup-config，只有当管理员将 running-config 文件复制到 NVRAM 中时才产生该文件。正如你已经了解到的，新的 ISR 路由器中有一个预先加载的小型 startup-config 文件。

（4）如果 NVRAM 中有 startup-config 文件，路由器将此文件复制到 RAM 中并调用 running-config。路由器将使用此文件运行路由器。路由器目前是可操作的。如果 NVRAM 中没有 startup-config 文件，路由器将向所有进行载波检测（Carrier Detect，CD）的接口发送广播，查找 TFTP 主机以便寻找配置，如果没有找到（一般情况下都不会找到，大部分人不会意识到路由器会尝试这个过程），路由器将启动 setup mode（设置模式）进行配置。

3.3 思科路由器的操作系统IOS

Cisco 的 IOS 是一个可以提供路由、交换、网络互连以及远程通信功能的专有内核。第一版 IOS 是由 William Yeager 在 1986 编写的，它推动了网络应用的发展。Cisco 的 IOS 运行在绝大多数的 Cisco 路由器上，Cisco 路由器的 IOS 软件将负责完成一些重要的工作，包括：

（1）加载网络协议和功能；

（2）在设备间连接高速流量；

（3）在控制访问中添加安全性，防止未授权的网络使用；

（4）为简化网络的增长和冗余备份提供可伸缩性；

（5）为连接到网络中的资源提供网络的可靠性。

可以通过路由器的控制台接口、MODEM 到辅助端口，甚至通过 Telnet 来访问 Cisco IOS。通常，将访问到 IOS 命令行的操作称为 EXEC（执行）会话。

3.4 连接到思科路由器

可以通过连接到 Cisco 路由器来进行路由器的设置、配置验证及统计数据审核。要做到这一点可以有不同的方式，通常，连接路由器的首选方式是通过控制台端口进行连接。控制台端口一般是一个 RJ-45 的连接器（8 针的模块），它位于路由器的背面，在默认时，连接到这个端口可能有也可能没有口令要求。而新型的 ISR 路由器在默认时使用 Cisco 作为用户名和口令。

第二种方式可以通过辅助端口连接到 Cisco 路由器上，由于辅助端口与控制台端口基本上是一样的，因此，可以像使用控制台端口一样使用它。但是，在可以使用辅助端口前，需要配置好相关的 MODEM 命令，这样，MODEM 才可以同此路由器相互通信。这是一个非常好的功能，假如有一台路由器出了问题，而你又需要去配置它，这个功能允许你通过连接到它的辅助端口，远程拨号到这个 out-of-band（即脱离网络）的路由器上。

第三种连接到 Cisco 路由器的方式是 in-band，即通过应用程序 Telnet（in-band 是指可以通过网络来配置路由器，它是与 out-of-band 相对应的）。Telnet 是一个仿真终端程序，它运行起来就像一个哑终端。这样，你可以使用 Telnet 连接到路由器上的任何一个活动接口上，如以太网或串行端口。

图 3-1 给出了 Cisco 的 2600 系列标准组件路由器的图示，Cisco 2600 系列路由器比那些通用的 2500 系列更为出色，因为它拥有更快的处理器以及更多的连接接口。2500 系列和 2600 系列的路由器已经过时了，当然它们也还可以用。由于在实际应用中有许多 2600 系列的路由器还在使用，因此了解它们的工作方式仍然是很重要的事情。特别是要注意学习所有不同种类的接口和连接器。

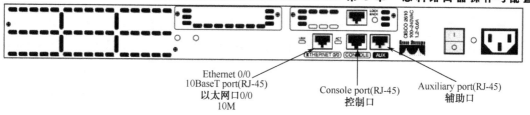

Ethernet 0/0
10BaseT port(RJ-45)
以太网口0/0
10M

Console port(RJ-45)
控制口

Auxiliary port(RJ-45)
辅助口

图 3-1 Cisco 2610 路由器的接口

2600 系列路由器可以有多个串行接口，通过使用串行的 V.35WAN 连接器可以将这些接口连接到 T1 和帧中继线路上。根据型号的不同，路由器上可以有多个以太网或者快速以太网端口。此类路由器也都各有一个使用 RJ45 连接器的控制台和辅助控制台连接端口。

在这里介绍另一种路由器，即 2800 系列的路由器，如图 3-2 所示。这类路由器是 2600 系列路由器的替代产品，它们被称为综合服务路由器（ISR）。之所以将它称为综合服务路由器，是因为它能提供众多的服务，如内置的安全服务。同 2600 系列一样，它也是一种标准组件化的设备，但它运行得更快，同时性能也更为优良，良好的设计为它提供了更为多样化的网络连接能力。

串口   快速以太网口

图 3-2 Cisco 2800 路由器

前面介绍过，所提供的安全服务是内置的，即 2800 系列路由器已经预先安装了安全设备管理器（SDM）。SDM 是为 Cisco 路由器设计的基于 Web 的设备管理工具，它可以通过 Web 控制台来配置路由器。

3.5 启动路由器

当初次启动一台 Cisco 路由器时，它将运行开机自检（POST）过程。如果通过了，它将从闪存中查找 Cisco IOS，如果有 IOS 文件存在，则执行装载操作（闪存是一个可电子擦写、可编程的只读存储器——EEPROM）。然后，IOS 将继续加载并查找一个合法的配置文件（启动配置），它默认存储在非易失 RAM（或 NVRAM）中。

当路由器被首次引导或重新装载时，会显示如下信息（这里使用的是 2811 路由器）：

```
System Bootstrap, Version 12.1 (3r) T2, RELEASE SOFTWARE  (fc1)
Copyright  (c)  2000 by cisco Systems, Inc.
cisco 2811  (MPC860)  processor  (revision 0x200)  with 60416K/5120K bytes of memory
Self decompressing the image :
#################################################################################### [OK]
               Restricted Rights Legend
Use, duplication, or disclosure by the Government is
subject to restrictions as set forth in subparagraph
(c)  of the Commercial Computer Software - Restricted
```

Rights clause at FAR sec. 52.227-19 and subparagraph

(c) (1) (ii) of the Rights in Technical Data and Computer

Software clause at DFARS sec. 252.227-7013.

cisco Systems，Inc.

170 West Tasman Drive

San Jose，California 95134-1706

Cisco IOS Software，2800 Software （C2800NM-ADVIPSERVICESK9-M），Version 12.4（15）T1，RELEASE SOFTWARE （fc2）

Technical Support: http://www.cisco.com/techsupport

Copyright （c） 1986-2007 by Cisco Systems，Inc.

Compiled Wed 18-Jul-07 06:21 by pt_rel_team

Image text-base: 0x400A925C, data-base: 0x4372CE20

This product contains cryptographic features and is subject to United

States and local country laws governing import，export，transfer and

use. Delivery of Cisco cryptographic products does not imply

third-party authority to import，export，distribute or use encryption.

Importers，exporters，distributors and users are responsible for

compliance with U.S. and local country laws. By using this product you

agree to comply with applicable laws and regulations. If you are unable

to comply with U.S. and local laws，return this product immediately.

A summary of U.S. laws governing Cisco cryptographic products may be found at:

http://www.cisco.com/wwl/export/crypto/tool/stqrg.html

If you require further assistance please contact us by sending email to

export@cisco.com.

cisco 2811 （MPC860） processor （revision 0x200） with 60416K/5120K bytes of memory

Processor board ID JAD05190MTZ （4292891495）

M860 processor: part number 0，mask 49

2 FastEthernet/IEEE 802.3 interface（s）

239K bytes of non-volatile configuration memory.

62720K bytes of ATA CompactFlash （Read/Write）

Cisco IOS Software，2800 Software （C2800NM-ADVIPSERVICESK9-M），Version 12.4（15）T1，RELEASE SOFTWARE （fc2）

Technical Support: http://www.cisco.com/techsupport

Copyright （c） 1986-2007 by Cisco Systems，Inc.

Compiled Wed 18-Jul-07 06:21 by pt_rel_team

--- System Configuration Dialog ---

Continue with configuration dialog? [yes/no]:

这些内容只需要大概了解，能获取一些需要的信息即可。

3.6 命令行接口（CLI）

有时将命令行接口 CLI 称为"现金行接口"，因为如果能在 Cisco 路由器和交换机上使用 CLI 来创建高级配置，那么就会得到酬劳。

3.6.1　路由器工作模式

启动路由器后，通常路由器进入用户模式，它的符号如下所示：

```
Router>
```

如果要进入特权模式，输入 enable 即可。进入特权模式后，你拥有的权利比用户模式下大了很多（可以在用户模式下和特权模式下输入"?"，查看能使用的命令，比较其差别）。进入特权模式的命令如下：

```
Router>enable
Router#
```

要从 CLI 上进行配置，需要通过输入 configure terminal（或其快捷方式 config t）来修改路由器的某些全局配置，这时将进入全局配置模式，并将修改当前运行配置文件中的内容。所谓全局命令（在全局配置模式下运行的命令）是指一旦被设置就会影响整个路由器的命令。

也可以在特权模式提示符下输入 configure terminal，然后通过按 Enter 键以默认方式来进入全局模式，如下所示：

```
Router#configure terminal
```

知道了从用户模式到特权模式只需要输入 enable，从特权模式到全局配置模式只需要输入 configure terminal，但需要注意的是：不能从用户模式直接进入全局配置模式。那么如何从全局配置模式进入其他的模式呢？最方便的方法就是使用 exit。下面的命令说明了模式之间的转换关系。

```
Router（config）#exit
Router#
Router#exit
Router>
```

有些配置不需要在全局上起作用，就像你在家中取个小名不需要让所有认识你的人都知道，只需要你的家人知道即可。在路由器上，有些配置只需要在接口上起作用，那么只需要进入"接口配置模式"进行配置，所做的配置仅仅作用于此接口。进入"接口配置模式"的命令如下：

```
Router（config）#interface fastEthernet 0/0
```

只有在全局配置模式下才能进入接口配置模式。可以尝试在特权模式下输入 interface fastEthernet 0/0，看看效果如何。下面显示了这一操作的结果。

```
Router#
Router#interface fastEthernet 0/0
              ^
% Invalid input detected at '^' marker.
```

很遗憾，我们看到了错误信息，所以请记住只有在全局配置模式下才能进入接口配置模式。可以为路由器创建逻辑子接口，也可以通过命令进入此接口进行配置，我们将在介绍 VLAN 的内容时详细讲解。

3.6.2 线路命令

要配置用户模式口令，可以使用 line 命令。这时提示符将改变为 Router （config-line）#。

```
Router>
Router>enable
Router#conf te
Enter configuration commands，one per line.  End with CNTL/Z.
//当输入 line 时忘记后面的命令单词，可以输入？来提示
Router（config）#line ?
  <2-499>  First Line number
  aux         Auxiliary line
  console  Primary terminal line   //设置 console 口
  tty          Terminal controller
  vty          Virtual terminal          //设置虚拟终端
  x/y/z       Slot/Subslot/Port for Modems
Router（config）#line console 0
Router（config-line）#
```

line console 0 命令被认为是一个重要的命令（也称全局命令），而所有的在（config-line）提示符下输入的命令都称为子命令。

3.6.3 编辑和帮助功能

可以使用 Cisco 高级编辑功能来帮助配置路由器。如果在任意提示符下输入一个问号"？"，都将会得到一个在当前提示符下所有可用命令的列表。

下面列出了用户模式和特权模式下的命令，从一个侧面证明了特权模式的权力高于用户模式，因为其能使用的命令比用户模式能使用的命令多得多。

```
//用户模式下输入问号
Router>?
Exec commands:
  <1-99>      Session number to resume
  connect      Open a terminal connection
  disable      Turn off privileged commands
  disconnect   Disconnect an existing network connection
  enable       Turn on privileged commands
  exit         Exit from the EXEC
  logout       Exit from the EXEC
  ping         Send echo messages
  resume       Resume an active network connection
  show         Show running system information
  ssh          Open a secure shell client connection
  telnet       Open a telnet connection
```

terminal	Set terminal line parameters
traceroute	Trace route to destination

//特权模式下输入问号

<1-99>	Session number to resume
auto	Exec level Automation
clear	Reset functions
clock	Manage the system clock
configure	Enter configuration mode
connect	Open a terminal connection
copy	Copy from one file to another
debug	Debugging functions　（see also 'undebug'）
delete	Delete a file
dir	List files on a filesystem
disable	Turn off privileged commands
disconnect	Disconnect an existing network connection
enable	Turn on privileged commands
erase	Erase a filesystem
exit	Exit from the EXEC
logout	Exit from the EXEC
mkdir	Create new directory
more	Display the contents of a file
no	Disable debugging informations
ping	Send echo messages
reload	Halt and perform a cold restart
resume	Resume an active network connection
rmdir	Remove existing directory
send	Send a message to other tty lines
setup	Run the SETUP command facility
show	Show running system information
ssh	Open a secure shell client connection
telnet	Open a telnet connection
terminal	Set terminal line parameters
traceroute	Trace route to destination
undebug	Disable debugging functions　（see also 'debug'）
vlan	Configure VLAN parameters
write	Write running configuration to memory，network，or terminal

　　在特权模式下，你想使用 telnet 这个命令，但忘记了它的拼写，只记得前两个字符，则可以这样输入：

```
Router#te?
telnet   terminal
```

　　这时候，系统给出两个提示，一个是 telnet，另外一个是 terminal，我想你已经找到了自己想要的东西。当然，在输入命令的时候，还可以简写命令，如上面的例子，输入 tel 和输入 telnet 效果是一样的。我们可以得出如下结论：只要输入的前几个字符能唯一标示此命令单词，那么输入省略的单词和输入整个单词的效果是一样的。

3.7　路由器的管理配置

3.7.1　主机名的配置

可以通过 hostname 命令来设置路由器的标识。它只在局部起作用，也就是说，它并不会影响路由器的名称查找操作或路由器在互连网络上的工作。下面的命令将路由器命名为"R1"。

```
Router（config）#
Router（config）#hostname R1
R1（config）#    //可以看到此名称变为 R1 了
```

3.7.2　设置口令

有 5 个口令可以用来保护 Cisco 路由器，它们是：控制台口令、辅助口令、远程登录口令（VTY）、启用口令和启用加密口令。启用加密口令和启用口令用于设置保护特权模式的口令。在使用 enable 命令时，它会提示用户输入一个口令。其他 3 个用于配置通过控制台端口、辅助端口或通过 Telnet 访问用户模式的口令。辅助口令在实际的应用中基本不使用，在这里就不做介绍了。

1. 启用口令和启用加密口令

```
R1（config）#enable ?
password    Assign the privileged level password//启用口令
secret      Assign the privileged level secret//启用加密口令
```

目前较新的思科路由器使用 secret 代替了 password，因为 password 是不加密的，进入特权模式后通过 show 命令可以显示此口令密码。目前的路由器都使用 secret 命令进行加密，如果同时设置了启用口令和启用加密口令，那么当启用加密口令后启用口令将失效，启用口令和启用加密口令的用法如下：

```
R1（config）#enable password abc    //abc 就是进入特权模式的口令
//jsit 就是进入特权模式的加密口令，如果这两个口令同时设置，则口令 abc 无效
R1（config）#enable secret jsit    //jsit 就是进入特权模式的加密口令
```

我们回到用户模式下，输入 enable，效果如下：

```
R1>
R1>enable
Password:              //这里要求我们输入加密口令 jsit，在界面中是不显示此口令的
//正确输入口令后，就可以进入特权模式，如果有错误，会出现后面的情况
R1#        Password:    //假设输入 ABC
% Bad secrets           //提示错误的口令
```

如果要取消这些 password 或 secret 的设置，可按照如下步骤操作：

//进入全局配置模式下，输入如下命令即可

R1（config）#no enable password（或 secret）//取消了刚刚的口令设置

2. 控制台口令

要设置控制台口令，可使用 line console 0 命令。然后使用 password 命令输入口令，用法如下：

R1（config）#line console 0
R1（config-line）#password route　　//设置进入 console 口的口令
R1（config-line）#login //此命令务必要输入，不然输入的口令不起作用
R1（config-line）#

当有 PC 通过串口连接到路由器的 Console 口时，要求输入 route 口令才能操作路由器。如果想取消此设置，可按照下面的步骤操作。

R1（config）#line console 0
R1（config-line）#no password

3. Telnet 口令

要为 Telnet 访问路由器设置用户模式口令，可使用 line vty 命令。没有运行 Cisco IOS 企业版的路由器默认有 5 条 VTY 线路，由 0 到 4。但是如果使用的是企业版，会拥有更多线路。想要发现可以使用多少条线路，最佳方式是使用问号：

R1（config）#line vty ?
　<0-15>　First Line number　//此路由器（2811）有 16 条 VTY 线路
R1（config）#line vty 0 15
R1（config-line）#password telnet_word//设置 telnet 口令为 telnet_word
R1（config-line）#login

思考：如何取消此 telnet 口令呢？请大家尝试。

3.7.3　查看/保存/删除/验证配置

1. 查看配置

使用 R1#show running-config 查看路由器配置，效果如下：

```
R1#show running-config
Building configuration...
Current configuration : 557 bytes
!
version 12.4
no service timestamps log datetime msec
no service timestamps debug datetime msec
no service password-encryption
!
hostname R1
!
```

```
spanning-tree mode pvst
!
interface FastEthernet0/0
 no ip address
 duplex auto
 speed auto
 shutdown
!
interface FastEthernet0/1
 no ip address
 duplex auto
 speed auto
 shutdown
!
interface Vlan1
 no ip address
 shutdown
!
ip classless
!
!
line con 0
 login
!
line aux 0
!
line vty 0 4
 password telnet_word
 login
line vty 5 15
 password telnet_word
 login
!
End
```

2. 保存配置

可以通过使用 copy running-config startup-config 命令将配置从 DRAM 中手工保存到 NVRAM 中（当然也可以使用其快捷命令 copy run start），效果如下：

```
R1#copy running-config startup-config
Destination filename [startup-config]?    //按 Enter 键
Building configuration...        //开始建立配置信息并保存到 startup-config 文件中
[OK]   //保存完毕
```

3. 删除配置

删除配置使用 erase startup-config 命令，效果如下：

```
R1#erase startup-config
Erasing the nvram filesystem will remove all configuration files! Continue? [confirm]
```

[OK]

Erase of nvram: complete

%SYS-7-NV_BLOCK_INIT: Initialized the geometry of nvram

如果在使用 erase startup-config 命令之后重新加载路由器，将会进入设置模式，因为在 NVRAM 中没有配置文件被保存。可以在任一时刻通过按 Ctrl+C 组合键来退出设置模式（reload 命令只可以在特权模式中调用）。

4. 验证配置

显然，使用 show running-config 命令是验证配置的最好方式，而使用命令 show startup-config 是验证下次重新加载路由器时启动配置的最好方式。

3.7.4　接口配置

接口配置是一个路由器最重要的配置，因为如果没有接口，路由器就是个完全无用之物。另外，要能够与其他设备通信，接口的配置必须是十分精确的。网络层地址、媒体类型、带宽和其他管理员命令都是用于接口配置的。我们在 Cisco Packet Tracer 上使用路由器 2811，它默认有两个快速以太网口，下面进行配置。

1. 进入接口

R1（config）#interface fastEthernet 0/0

fastEthernet 表示快速以太网，如果是 Ethernet 则表示普通以太网，0/0 的第一个 0 表示路由器上的槽位号，第二个 0 表示接口编号，一般情况下，一个槽位上有多个接口。

2. 启动接口

R1（config-if）#no shutdown

R1（config-if）#

%LINK-5-CHANGED: Interface FastEthernet0/0，changed state to up

3. 在接口上配置 IP 地址

R1（config-if）#ip address 192.168.1.2 255.255.255.0

其中，192.168.1.2 表示此接口的 IP 地址，255.255.255.0 表示子网掩码。

实验 7　PC连接路由器的Console口

PC 连接路由器 Console 口的步骤如下（见图 3-3）。

图 3-3　PC 连接路由器 Console 口

（1）PC0 连接 RS232 端口，路由器 R1 连接 Console 口。

（2）单击 PC0 图标，弹出如图 3-4 所示的对话框。

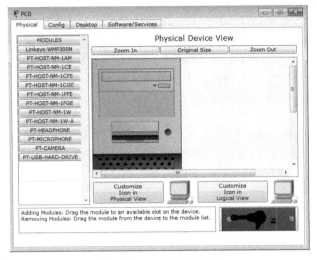

图 3-4　PC 设置对话框

（3）选择 Desktop 选项卡，单击 Terminal 图标，弹出如图 3-5 所示的对话框，单击 OK 按钮即可。

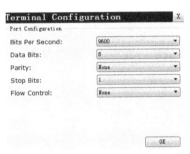

图 3-5　Terminal 设置

（4）此时可以通过 PC0 操作路由器 R1 了，如图 3-6 所示。

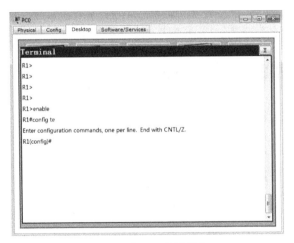

图 3-6　通过 PC0 终端操作 R1

思考：PC0 如何 telnet 到路由器 R1 上，如何设置？

实验 8　练习路由器的配置命令

实验拓扑图如图 3-3 所示。

进入特权模式：

```
R1>enable
```

进入全局配置模式：

```
R1#config te
R1（config）#
```

进入接口配置模式：

```
R1（config）#interface fastEthernet 0/0
R1（config-if）#
```

从接口配置模式退回到特权模式：

```
R1（config-if）#^Z
R1#
```

从特权模式退回到用户模式：

```
R1#exit
R1>
```

你可以练习在各个模式之间的转换，通过 "？" 提示符来查看其他命令。

为 PC0 设置 IP 地址和子网掩码：单击 PC0 图标，在弹出的对话框中选择 Config 选项卡，选择 FastEthernet0 标签，输入 IP 地址 192.168.1.2 和子网掩码 255.255.255.0，如图 3-7 所示。

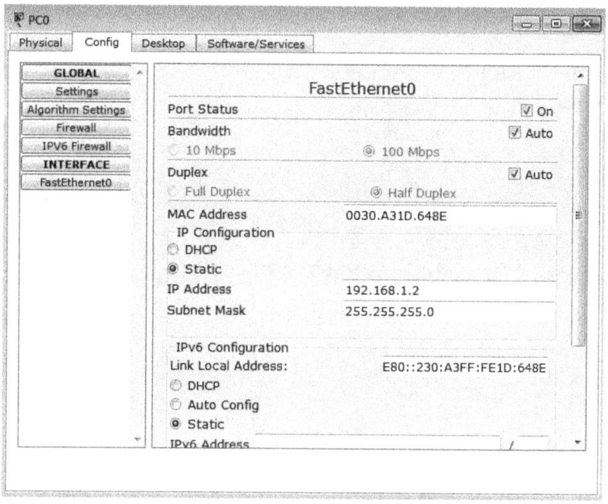

图 3-7　计算机的 Config 设置

也可以为路由器 R1 的 FastEthernet0/0 接口设置 IP 地址 192.168.1.150 和子网掩码 255.255.255.0，命令如下：

```
R1（config）#inter fa0/0
R1（config-if）#ip address 192.168.1.150   255.255.255.0
R1（config-if）#no shutdown
```

现在要求如图 3-8 所示，使用交叉线把 PC0 的 FastEthernet0 口和 R1 的 FastEthernet0/0 口连接起来，然后单击 PC0 图标，在弹出的对话框上选择 Desktop 选项卡，最后选择 Command Prompt 图标，输入 ping 192.168.1.1，如果前面没有输入错误，那么结果会是这样的：

PC-PT
PC0

2811
R1

图 3-8 PC0 和 R1 通过交叉线相连

```
PC>ping 192.168.1.150
Pinging 192.168.1.150 with 32 bytes of data:
Reply from 192.168.1.150: bytes=32 time=1ms TTL=255
Reply from 192.168.1.150: bytes=32 time=0ms TTL=255
Reply from 192.168.1.150: bytes=32 time=0ms TTL=255
Reply from 192.168.1.150: bytes=32 time=0ms TTL=255
Ping statistics for 192.168.1.150:
    Packets: Sent = 4，Received = 4，Lost = 0  （0% loss），
Approximate round trip times in milli-seconds:
    Minimum = 0ms，Maximum = 1ms，Average = 0ms
```

说明 PC0 通过这样连接和设置后，能和路由器 R1 完成通信。如果把 PC0 的 IP 地址设置成 192.168.1.2/25（/25 的子网掩码是什么请仔细考虑），把路由器 R1 的 IP 地址设置成 192.168.1.150/25，再次使用上面的 ping 命令，看看效果。你能回答这其中的原因吗？

```
PC>ping 192.168.1.150
Pinging 192.168.1.150 with 32 bytes of data:
Request timed out.
Request timed out.
Request timed out.
Request timed out.
Ping statistics for 192.168.1.150:
    Packets: Sent = 4，Received = 0，Lost = 4  （100% loss），
```

思考与练习题 3

（1）IOS 存储在____中。

　　A．ROM　　　　B．NVRAM　　　C．RAM　　　D．Flash

（2）路由器的配置文件保存在____中。

    A. ROM   B. NVRAM   C. RAM   D. Flash

（3）路由器的某个接口显示 line protocol down，意味着____。

    A. 接口电缆没插   B. 接口是关闭的

    C. 可能没有时钟信号   D. 对方接口也是 down

（4）从用户模式进入特权模式的命令是____。

    A. enable   B. configure terminal

    C. line console 0   D. enable secret ***

（5）从全局配置模式退回到特权模式的命令是____。

    A. login out   B. exit   C. Ctrl+Z   D. goback

（6）如果要设置路由器的 FastEthernet0/1 接口的 IP 地址为 192.168.0.2/24，并开启此接口，请填写下面的内容。

    R1（config）#_____

    R1（config-if）#_____

    R1（config-if）#_____

（7）将配置信息保存到 startup-config 文件中，如何配置，请在下面的横线上填写。

_____

（8）思科路由器启动过程的顺序是什么？

第4章

IP 路 由

本章将讨论 IP 路由选择的实现过程。这是理解所有路由器的工作原理和 IP 配置的重要内容。IP 路由是使用路由器从一个网络到另一个网络传送数据包的过程。

本章首先从两台计算机通过路由器连接后的路由选择，分析每个过程的具体实现；而后通过实例分别介绍静态路由和默认路由的应用；最后引出动态路由，详细分析 RIP 路由的原理与应用。

4.1 路由基础

4.1.1 IP 路由选择过程

一旦通过使用路由器将 WAN 网络和 LAN 网络连接成一个互连网络，接下来需要做的就是为此互连网络上的所有主机配置逻辑网络地址（如 IP 地址），这样，这些主机就可以通过互连网络进行相互通信了。

路由这个术语用来说明将数据包从一台设备通过网络发往另一台处在不同网络上的设备。路由器并不关心这些主机，它们只关心网络和通向每个网络的最佳路径。目的主机的逻辑网络地址是用来保证数据包可以通过路由网络到达目标网络的，接着，主机的硬件地址用来将数据包从路由器投递到目的主机。

如果你的网络没有路由器，那么就不能在网络中进行路由。路由器可以在你的互连网络中将数据流路由到所有网络。要完成对数据包的路由，路由器必须至少了解以下内容：

（1）目的地址；

（2）相邻路由器，并可以从那里获得远程网络的信息；

（3）到所有远程网络的可能路由；

（4）到达每个远程网络的最佳路由；

（5）如何维护并验证路由信息。

路由器可以从相邻的路由器或从管理员那里认识远程网络。之后，路由器需要建立一个描述如何寻找远程网络的路由表（一张网络地图）。如果网络是直接与路由器相连的，那么路由器自然就知道如何达到这个网络了。

如果网络没有直接与它相连，路由器必须通过学习来了解如何到达这个远程网络，所采用的方法只有两种：静态路由方式（即必须由人来手动输入所有网络位置到路由表中）和动态路由方式。

在动态路由中，在一台路由器上运行的协议将与相邻路由器上运行的相同协议之间进行通信。然后，这些路由器会更新各自对整个网络的认识并将这些信息加入路由表中。如果在网络中有一个改变出现，动态路由协议会自动将这个改变通知给所有的路由器。如果使用的是静态路由，则管理员将负责通过手工方式在所有的路由器上更新所有的改变。在一个大型网络中，同时使用动态和静态路由是很典型的方式。

在了解 IP 路由选择过程之前，先来看一下路由器如何使用路由表将数据包在一个接口上路由出去的简单示例。在下一节中会更加详细地研究这个过程。

图 4-1 给出了一个简单的只有两台路由器的网络。Lab_A 有一个串行接口和 3 个 LAN 接口。

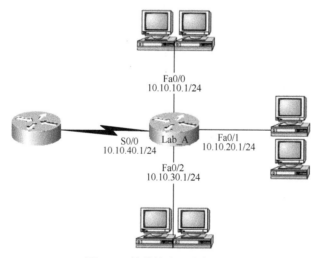

图 4-1　简单的路由选择示例

从图 4-1 中，你可以看出 Lab_A 使用哪个接口向 IP 地址为 10.10.10.10 的主机转发数据包吗？

通过使用命令 show ip route，可以看到 Lab_A 用于做出转发决定的路由表（对互连网络的映射）：

```
Lab_A#sh ip route
```

```
[output cut]
Gateway of last resort is not set
C 10.10.10.0/24 is directly connected，FastEthernet0/0
C 10.10.20.0/24 is directly connected，FastEthernet0/1
C 10.10.30.0/24 is directly connected，FastEthernet0/2
C 10.10.40.0/24 is directly connected，Serial 0/0
```

在路由表输出中，C 表示这些被列出的网络是"直接连接的"，除非将某个路由选择协议（如 RIP）加到网络中此路由器上（或使用静态路由），否则该路由器的路由表中将会只出现直接连接的网络。

还是让我们回到原来的问题：根据网络图和路由表输出，你认为 IP 将对接收到的目的 IP 地址为 10.10.10.10 的数据包做什么？此数据包将会被路由器包交换到 FastEthernet 0/0 接口，然后这个接口将这一数据包封装成帧，并把它发送到该网络段中。

我们来看另外一个示例：基于下面路由表的输出，哪个接口会将目的地址为 10.10.10.14 的数据包转发出去？

```
Lab_A#sh ip route
[output cut]
Gateway of last resort is not set
C 10.10.10.16/28 is directly connected，FastEthernet0/0
C 10.10.10.8/29 is directly connected，FastEthernet0/1
C 10.10.10.4/30 is directly connected，FastEthernet0/2
C 10.10.10.0/30 is directly connected，Serial 0/0
```

首先，应该看到此网络已进行了子网划分，它的每个接口均带有不同的掩码。并且要提醒你，如果你还不会进行子网划分，就回答不了这个问题。10.10.10.14 是一个在 10.10.10.8/29 子网中的主机，它连接在 FastEthernet 0/1 的接口上。

下面将深入这一过程，展开更详尽的讲解。

IP 的路由处理是一个相当简单并没有多少变化的过程，它与网络的大小无关。作为示例，我们可以使用图 4-2 来一步一步地描述当主机 A 需要与不同网络上的主机 B 进行通信时会发生什么。

图 4-2　使用两台主机和一台路由器进行 IP 路由的示例

在这个示例中，主机 A 上的某个用户 ping 主机 B 的 IP 地址。路由的过程将不会变得比这里更为简单，但它将会涉及许多步骤。

（1）Internet 控制报文协议（ICMP）将创建一个回应请求数据包（在它的数据域中只包含字母）。

（2）ICMP 将把这个有效负荷交给 Internet 协议（IP），然后 IP 会创建一个数据包。这时，这个数据包将包含源 IP 地址、目的 IP 地址和值为 1 的协议字段（通常使用十六进制来表示，即 0x01）。在本例中，当数据包到达目的地时，所有这些内容会告诉接收方主机，它应该将这个有效负荷交给 ICMP 处理。

（3）一旦数据包被创建，IP 将判断目的 IP 地址是处在本地网络中，还是处在一个远程网络上。

（4）由于 IP 断定这是一个远程请求，这个数据包需要被发送到默认网关，这样，这个数据包才会被路由到远程网络。Windows 注册表将被使用，以查找配置的默认网关。

（5）主机 172.16.10.2（主机 A）的默认网关被配置为 172.16.10.1。要能够发送这个数据包到默认网关，必须要知道路由器的 Ethernet0 接口（其 IP 地址被配置为 172.16.10.1）的硬件地址。为什么？因为只有这样，数据包才可以被下传给数据链路层并生成帧，然后发送给与 172.16.10.0 网络连接的路由器接口。在本地局域网上，主机只可以通过硬件地址来进行通信。主机 A 要与主机 B 通信，它必须将数据包发送到本地网络中默认网关的 MAC 地址处，这一点是非常重要的。

说明：MAC 地址永远都应用于 LAN 本地，而决不会穿过或通过路由器。

（6）接下来，检查 ARP 缓存，查看一个默认网关的 IP 地址是否已经解析为硬件地址。如果已经被解析，数据包将被释放、传送到数据链路层并生成帧（目的方的硬件地址也将同数据包一起下传至数据链路层）。要查看主机上的 ARP 缓存，可以使用下列命令：

```
C:\>arp -a
Interface: 172.16.10.2 --- 0x3
Internet Address Physical Address Type
172.16.10.1 00-15-05-06-31-b0 dynamic
```

如果这个硬件地址在主机的 ARP 缓存中尚未被解析，一个 ARP 广播将被发送到此本地网络，以搜索 172.16.10.1 的硬件地址。路由器会响应这个请求并提供 Ethernet0 的硬件地址，接着，这一主机将缓存这个地址。

（7）一旦这个数据包和目的方的硬件地址被交付给数据链路层，局域网驱动器将用来提供媒体访问，以通过所用类型的局域网（在本例中，即以太网）。一个数据帧将产生，使用控制信息来封装此数据包。在这个帧中包含有目的方和源方的硬件地址，以及以太网类型字段（这个字段里描述的是交付此数据包到数据链路层的网络层协议），在本例中，这个协议为 IP。在这个帧的结尾处是被称为帧校验序列（FCS）的字段，它是装载循环冗余校验（CRC）计算值的区域。正如在图 4-3 中介绍的，此时数据帧还需要查找一些信息，即主机 A 的硬件（MAC）地址，以及作为目的方的默认网关的硬件地址。注意，这里并不包含远端主机的 MAC 地址。

Destination MAC（routers E0 MAC address）目的MAC地址，即路由器 E0口的MAC地址	Source MAC（Host_A MAC address）源MAC地址，即主机A 的MAC地址	Ether-Type field 以太网类型字段	Packet 数据包	FCS（CRC）帧校验序列

图 4-3　当 ping 主机 B 时主机 A 发给 Lab_A 路由器的数据帧

（8）一旦完成帧的封装，这个帧将被交付到物理层，以一次一位的方式发往物理媒体（在本示例中，是双绞线对）。

（9）此冲突域中的每台设备将接收这些位并重建成帧。它们都将运行 CRC 并核对保存在 FCS 字段中的内容。如果这两个值不匹配，此帧将被丢弃。如果这个 CRC 值相吻合（在这个示例中，指的是路由器的 Ethernet0 接口），那么就核查目的方的硬件地址，检查它们是否也匹配。如果它们是匹配的，那么路由器将查看以太网类型字段，以了解在网络层上使用的协议。

（10）数据包从帧中抽出，然后这个帧剩下的部分被丢弃。再把数据包传送给在以太网类型字段中列出的上层协议，在这里是传递给 IP。

（11）IP 会接收这个数据包，并检查其 IP 目的地址。由于数据包的目的地址与接收路由器所配置的任一地址不匹配，路由器将会在路由表中查看目的 IP 网络的地址。

（12）此路由表中必须包含网络 172.16.20.0 的表项，否则此数据包将被立即丢弃，然后一个携带有 destination network unavailable 信息的 ICMP 包将被发送回源方设备。

（13）如果路由器的确在它的路由表中查找到了目的方的网络，数据包将被交换到输出接口，在本示例中为 Ethernet 1 接口。下面的输出给出了 Lab_A 路由器的路由表。C 表示"直接连接"。由于在这个网络中所有的网络（总共有两个网络）都是直接连接的，因此没有必要使用主动路由协议。

```
Lab_A>sh ip route
Codes:C - connected，S - static，I - IGRP，R - RIP，M - mobile，B –
BGP，D - EIGRP，EX - EIGRP external，O - OSPF，IA - OSPF inter
area，N1 - OSPF NSSA external type 1，N2 - OSPF NSSA external
type 2，E1 - OSPF external type 1，E2 - OSPF external type 2，
E – EGP，i - IS-IS，L1 - IS-IS level-1，L2 - IS-IS level-2，ia
- IS-IS intearea * - candidate default，U - per-user static
route，o – ODR P - periodic downloaded static route
Gateway of last resort is not set
172.16.0.0/24 is subnetted，2 subnets
C 172.16.10.0 is directly connected，Ethernet0
C 172.16.20.0 is directly connected，Ethernet1
```

（14）路由器将交换此数据包到 Ethernet 1 的缓冲区内。

（15）Ethernet1 的缓冲区需要了解目的方主机的硬件地址，它首先检查 ARP 缓存。

如果主机 B 的硬件地址已经被解析并被保存在路由器的 ARP 缓冲中，则这个数据包和这个硬件地址将被传递到数据链路层以便组成帧。下面是使用 show ip arp 命令得到的在路由器 Lab_A 上的 ARP 缓冲：

```
Lab_A#sh ip arp
Protocol Address Age（min）  Hardware Addr Type Interface
Internet 172.16.20.1 - 00d0.58ad.05f4 ARPA Ethernet0
Internet 172.16.20.2 3 0030.9492.a5dd ARPA Ethernet0
Internet 172.16.10.1 - 00d0.58ad.06aa ARPA Ethernet0
Internet 172.16.10.2 12 0030.9492.a4ac ARPA Ethernet0
```

连接线（-）表示它是路由器上的物理接口。从上述的输出可以看出，路由器了解 172.16.10.2（主机 A）和 172.16.20.2（主机 B）的硬件地址。Cisco 路由器会将 ARP 表中的表项保留 4 小时。

如果硬件地址没有被解析，路由器将从 E1 发送一个 ARP 请求，查找 172.16.20.2 的硬件地址。主机 B 会使用它的硬件地址来进行响应，然后这个包和硬件地址都会被发送到数据链路层以组成帧。

（16）数据链路层将使用这个目的方和源方的硬件地址，以及以太网的类型字段和处于帧尾部的 FCS 字段来创建一个帧。这个帧将被传送到物理层，并以一次一位的方式发送到物理媒体上。

（17）主机 B 会接收到此帧并立即运行 CRC。如果运算结果与 FCS 字段中的内容相匹配，这个目的方的硬件地址将被检查。如果主机发现是匹配的，随后将检查以太网类型字段中的值，以判断应该将数据包上传给网络层的什么位置（在本示例中，为 IP）。

（18）在网络层，IP 会接收这个数据包，并检查其目的方的 IP 地址。由于终归它们是匹配的，数据包的协议字段将被检查，以了解此有效负荷应该交付给谁。

（19）此有效负荷会交付给 ICMP，它将知道这是一个回应请求。ICMP 会应答这个请求，通过即刻丢弃这个数据包并随后产生一个新的有效负荷来作为回应。

（20）随后创建的数据包中将包含有源方和目的方的地址、协议字段和有效负荷。现在，目的方设备为主机 A。

（21）然后，IP 将检查了解这个目的方的 IP 地址是属于本地局域网上的设备，还是位于远程网络上的设备。由于这个目的方的设备位于远程网络，此数据包将需要发送到默认网关上。

（22）在此 Windows 设备的注册表上，可以找到默认网关的 IP 地址，之后将查看 ARP 缓存，以了解是否已经完成了从 IP 地址到硬件地址的解析。

（23）一旦默认网关的硬件地址找到，此数据包和目的方的硬件地址都将被送往数据链路层，以完成帧的封装。

（24）数据链路层会封装数据包的内容，并在帧报头中包含以下内容：

① 目的方和源方的硬件地址；

② 在以太网类型字段中填入 0x0800（IP）；

③ 将 CRC 结果填入 FCS 字段。

（25）这时，帧将被下传给物理层，并以一次一位的方式发送到网络媒体上。

（26）路由器的 Ethernet1 接口会接收到这些位并重建为一个帧。CRC 校验被运行，帧的 FCS 字段被校验，以确认两个结果是相符的。

（27）一旦 CRC 校验通过，硬件目的地址将被检查。由于路由器的接口与这个地址是相匹配的，数据包将被从这个帧中取出，然后以太网类型字段将被检查，以了解此数据包应该投递给网络层上的哪一个协议。

（28）由于协议被判断为 IP，于是 IP 将得到这个数据包。首先 IP 将对 IP 报头运行 CRC 校验，然后检查目的方的 IP 地址。

说明： IP 并没有像数据链路层那样使用完整的 CRC 校验，它只校验报头的错误。

由于 IP 目的地址与路由器的各个接口的 IP 地址并不相匹配，路由器将会查看路由表，以了解是否存在一个通往 172.16.10.0 的路由。如果不存在一个路由可以到达目的网络，该数据包将被立即丢弃（这是一个令许多管理员困惑的点，当一次 ping 失败时，许多人会认为这个数据包没有到达目的主机。但是，正如我们在这里所看到的，事情并不总是这样的。上面所有造成这一现象的原因，仅仅是由于远端路由器缺乏返回源方主机网络的路由并将数据包丢弃。数据包被丢弃在返回源方的旅途中，并不是丢弃在它前往目的主机的过程中）。

说明： 有一点需要提示一下，当数据包在返回源主机的途中被丢弃时，由于这是一个未知的错误，通常你将会看到 "request timed out" 的信息。如果出现的错误是一个已知的错误，如假设在去往目的设备的路途中路由表内没有可用的路由，你将会得到 "destination unreachable" 的信息。根据这些信息，你可以判断问题是发生在去往目的的路上，还是在返回的途中。

（29）在这种情况下，路由器确实知道到达网络 172.16.10.0 的方式，这一输出的接口是 Ethernet0，于是数据包将被交换到接口 Ethernet0 上。

（30）路由器检查 ARP 缓存，确定 172.16.10.2 的硬件地址是否已经被解析。

（31）由于在将数据包传送到主机 B 的过程中，172.16.10.2 的硬件地址已经被缓存起来了，因此，这一硬件地址和数据包将被传递到数据链路层。

（32）数据链路层会使用这个目的方的硬件地址和源方的硬件地址，然后，将 IP 放入以太网类型字段中，并对这个帧进行 CRC 运算，将此运算结果放入 FCS 字段中。

（33）然后这个帧被传送到物理层，以一次一位的方式发送到本地网络。

（34）目的方的主机将接收这个帧，运行 CRC 算法，检验目的方的硬件地址，并查看以太网类型字段中的内容，以断定谁来处理这个帧。

（35）由于 IP 是被指定的接收者，随后这个数据包被传递给网络层的 IP，它将检查包的协议字段，以确定进一步的操作。IP 发现要将此有效负荷交给 ICMP 的指示，接着 ICMP 将确定此数据包是一个 ICMP 的应答回复包。

（36）ICMP 通过发送一个惊叹号（!）到用户接口来表明它已经接收到一个回复。这之后，ICMP 会尝试继续发送 4 个应答请求到目的方的主机。

这里只经历了 36 个简单的步骤来了解 IP 路由的过程。在这里要理解的关键问题是，即使对于一个非常大的网络，这个处理过程也是同样的。在一个较大的互连网络中，数据包在找到目的主机之前，需要通过更多的路由器。

需要牢记的一个重要的问题是，当主机 A 发送数据包到主机 B 时，所使用的目的方硬件地址是默认网关的以太网接口。这里，因为数据帧是不可以被直接发往远程网络的，它只有首先发送到本地网络上，而且去往远程网络的数据包必须要通过默认网关转发。

现在来看一下 Host_A 上的 ARP 缓存：

```
C:\>arp -a
Interface: 172.16.10.2 --- 0x3
Internet Address Physical Address Type
172.16.10.1 00-15-05-06-31-b0 dynamic
172.16.20.1 00-15-05-06-31-b0 dynamic
```

是否注意到主机 A 用于到达主机 B 的硬件（MAC）地址是 Lab_A E0 接口的地址呢？硬件地址将总是本地的，它们决不会跨过路由器的接口。理解这个过程是至关重要的。

4.1.2　测试题

因为路由的重要性，本小节列出习题来测试你对上一节路由选择过程的理解，如果这些测试题你都能回答出来，说明你真正掌握了路由的基础知识。

图 4-4 给出了一个连接到路由器 A 的 LAN，这个路由器通过一个 WAN 连接到路由器 B。而路由器 B 连接到了一个带有 HTTP 服务器的 LAN 上。

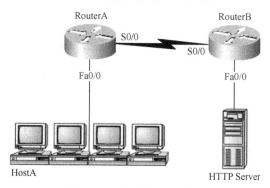

图 4-4　IP 路由选择示例 1

从这个网络结构图中所需要收集的重要信息是，在这个示例中 IP 路由选择是如何发生的。这可能要费些周折。下面会给出答案，不过你应该回过头去仔细研究这个图，并且考验自己是否能够在不参考答案的情况下解决示例 2 中的问题。

（1）来自主机 A 的帧中的目的地址将是路由器 A 的 F0/0 接口的 MAC 地址。

（2）数据包中的目的地址将是 HTTP 服务器上的网络接口卡（NIC）的 IP 地址。

（3）在数据段头中的目的端口号是 80。

这个示例虽然相当简单，但是也非常基础。需要记住的一件事是，如果有多台主机同时使用 HTTP 与这台服务器进行通信，那么它们必须全部使用各不相同的源端口号。这就是该台服务器如何在其传输层上保持数据分离的方式。

下面我们来增加一些难度，在这个网络中加入一些其他设备，看一下你是否可以得出答案。图 4-5 给出了一个只带有一台路由器但带有两台交换机的网络。

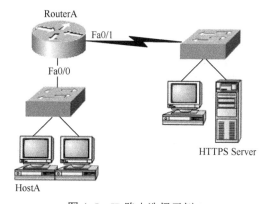

图 4-5　IP 路由选择示例 2

对于这个 IP 路由选择过程你需要理解的是，当主机 A 发送数据给 HTTPS 服务器时这里发生了什么：

（1）来自主机 A 的帧中的目的地址，将是路由器 A 的 F0/0 接口的 MAC 地址。

（2）数据包中的目的地址将是 HTTPS 服务器上的网络接口卡（NIC）的 IP 地址。

（3）在数据段头中的目的端口号将是 443。

注意：交换机将不被用做默认网关或作为另一个中间目的地。这是因为交换机不参与路由选择过程。很奇怪，在教学过程中发现有许多人都会选择交换机作为主机 A 的默认网关（目的方）的 MAC 地址。如果你是这样，也不必难过，但是需要在头脑中对这个事实有正确的认识。记住，如果数据包指向 LAN 的外部，正如这两个示例中的后面一种情形，这个目的方的 MAC 地址将永远是路由器的接口地址，这一点很重要。网页的地址以 https:// 开始，端口是 443；网页的地址以 http:// 开始，端口是 80。

在更进一步学习 IP 路由选择的内容之前，我们来更多地讨论一下 ICMP，并了解 ICMP 是如何应用到网络互连中的。看一下在图 4-6 中给出的网络。问一下自己，如果 Lab_C 的 LAN 接口关闭，会发生什么？

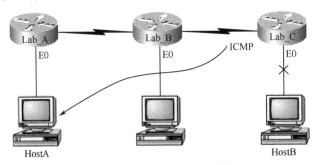

图 4-6　ICMP 错误通告示例

Lab_C 将使用 ICMP 来通告主机 A，此时主机 B 不可达，路由器是通过使用一个 ICMP 目的方不可达消息来完成这一工作的。许多人认为路由器 Lab_A 应该来发送这个消息，但是他们错了，因为发送这个消息的路由器只能是那些接口被关闭的本地路由器。下面给出了另外一个问题，注意这台 Corp（公司）路由器的路由表的输出：

```
Corp#sh ip route
[output cut]
R 192.168.215.0 [120/2] via 192.168.20.2，00:00:23，Serial0/0
R 192.168.115.0 [120/1] via 192.168.20.2，00:00:23，Serial0/0
R 192.168.30.0 [120/1] via 192.168.20.2，00:00:23，Serial0/0
C 192.168.20.0 is directly connected，Serial0/0
C 192.168.214.0 is directly connected，FastEthernet0/0
```

从中可以看到什么？如果你被告知这台 Corp 路由器接收到一个源 IP 地址为 192.168.214.20 而目的地址是 192.168.22.3 的数据包，这台 Corp 路由器将会如何处理这个数据包呢？

此数据包来自 FastEthernet 0/0 接口，但是由于在路由表中没有显示有到达 192.168.22.0 的表项（或默认路由），该路由器将会丢弃这个数据包并从 FastEthernet 0/0 接口回送一个

ICMP 目的不可达消息。路由器这样做的原因，是因为它在源 LAN 中，而源 LAN 就是数据包产生的 LAN。

现在我们仔细讨论另外的情况，并深入探讨帧和数据包的内容。这里我们并没有谈论任何新的内容，只是想确认你已经完全、彻底、全面地掌握了基本的 IP 路由的知识。我们将用图 4-7 来讨论另外一些问题。

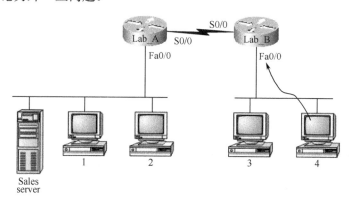

图 4-7　基本 IP 路由使用 MAC 和 IP 地址

对于图 4-7，下面给出了一个问题列表，对所有问题的解答你需要牢记在心。

（1）为了同 Sales 服务器进行通信，主机 4 将发送出一个 ARP 请求。在此拓扑中给出的设备将如何响应这个请求？

（2）主机 4 已经接收到了一个 ARP 应答。主机 4 将产生一个数据包，然后将这个数据包放入数据帧中。如果主机 4 要同 Sales 服务器通信，什么信息会被放入要离开主机 4 的数据包包头中？

（3）最后，路由器 Lab_A 已接收到这个数据包并将它从 LAN 的 Fa0/0 接口发出，送往服务器。在帧头中，数据帧将使用什么信息作为源和目的地址？

（4）主机 4 正在两个浏览器窗口中同时显示两个来自 Sales 服务器的 WWW 文档。这些数据如何找到到达正确浏览器窗口的路径？

下面就是你所要的答案。

（1）为了可以同该服务器进行通信，主机 4 发送出 ARP 请求。在此拓扑中给出的设备将如何响应这个请求？由于 MAC 地址必须限定于本地网络内，Lab_B 路由器将用 Fa0/0 接口的 MAC 地址响应这个请求，于是当主机 4 要发送数据包给 Sales 服务器时，主机 4 会将所有的数据帧发往 Lab_B 的 Fa0/0 接口的 MAC 地址。

（2）主机 4 已经接收到了一个 ARP 应答。主机 4 将产生一个数据包，然后将这个数据包放入数据帧中。如果主机 4 要同 Sales 服务器通信，什么信息会被放入要离开主机 4 的数据包包头中？由于我们正在讨论的是数据包，而不是数据帧，这个源地址将是主机 4 的 IP 地址，而这个目的地址将是 Sales 服务器的 IP 地址。

（3）最后，路由器 Lab_A 已接收到这个数据包并将它从 LAN 的 Fa0/0 接口发出，发往服务器。在帧头中数据帧将使用什么信息作为源和目的地址？这个源 MAC 地址将是 Lab_A 路由器的 Fa0/0 接口的地址，而该目的 MAC 地址将是 Sales 服务器的 MAC 地址（在 LAN 上传送的所有 MAC 地址都必须是本地的地址）。

（4）主机 4 正在两个浏览器窗口中同时显示两个来自 Sales 服务器的 WWW 文档。这些数据如何找到到达正确浏览器窗口的路径？TCP 的端口号将用于指引数据到达正确的应用程序窗口。

在真实的网络中实地配置路由之前，还为你准备了一些问题。在图 4-8 中给出了一个基本的网络，主机 4 需要接收到 E-mail。当数据帧离开主机 4 时，哪个地址会被放在目的地址域中呢？

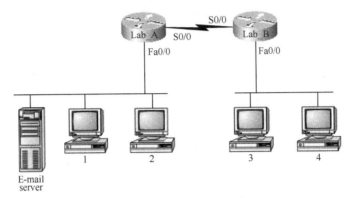

图 4-8　测试基本的路由知识

答案是，主机 4 将使用的目的地址是路由器 Lab_B 的 Fa0/0 接口的 MAC 地址。再看一下图 4-8，主机 4 需要与主机 1 进行通信。当数据包到达主机 1 时，在数据包包头中的 OSI 第 3 层的源地址将是什么？

在第 3 层，源 IP 地址将是主机 4 的地址，而数据包中的目的地址将是主机 1 的 IP 地址。当然，从主机 4 发出目的 MAC 地址将总是路由器 Lab_B 的 Fa0/0 接口地址，并且由于有不止一台路由器，我们需要使用可以在两台路由器之间进行信息交换的主动路由协议，只有这样，数据才可以以正确的方向被转发到主机 1 所在的网络上。

最后一个问题，你也可以用自己的方式成为 IP 路由选择方面的天才。再用一次图 4-8。主机 4 正在给连接到 Lab_A 路由器上的邮件服务器传送文件。数据离开主机 4 时其第 2 层的目的地址是什么？当数据帧被邮件服务器接收到时，其源 MAC 地址将是什么？

离开主机 4 时第 2 层的目的地址是路由器 Lab_B 的 Fa0/0 接口的 MAC 地址，而邮件服务器将接收到数据的第 2 层源地址是路由器 Lab_A 的 Fa0/0 接口的地址。

4.2　静态路由和默认路由

4.2.1　静态路由

当以手工方式将路由添加到每台路由器的路由表中去时，这种方式就是静态路由。同所有的路由过程一样，静态路由既有优点也有缺点。

静态路由具有以下优点：

（1）对于路由器的 CPU 没有管理性开销，它意味着如果不选择使用动态路由，可能应该购买更便宜的路由器。

（2）在路由器之间没有带宽占用，它意味着在 WAN 连接中可以节省更多的钱。

（3）它增加了安全性，因为管理员可以有选择地允许路由只访问特定的网络。

静态路由具有以下缺点：

（1）管理员必须真正了解所配置的互连网络，以及每台路由器应该如何正确连接，以正确配置这些路由。

（2）如果某个网络加入互连网络中，管理员必须在所有的路由器上（通过人工）添加对它的路由。

（3）对于大型网络来说，这几乎是不可行的，因为这时静态路由会导致巨大的工作量。

下面给出添加一个静态路由到路由表的语法：

ip route [destination_network] [mask] [next-hop_address or exitinterface] [administrative_distance] [permanent]

下面列出了命令中每个字段的描述。

ip route：用于创建静态路由的命令。

destination_network：在路由表中要放置的网络号。

mask：在这一网络上使用的子网掩码。

next-hop_address：下一跳路由器的地址，即接收数据包并转发到远程网络的下一路由器的地址。这是一个与本路由器直接相连的下一路由器的接口。在添加这个路由之前，必须能够 ping 到这个路由器的接口。如果这里输入了错误的下一跳地址，或者这个接口对于自己的路由器来说是被关闭的，那么在路由器的配置中，这个静态路由虽表现为可用，但它并不会真正出现在路由表中。

exitinterface：如果需要，它可以用来放置想要到达的下一跳地址，并且这样做可以使下一跳看上去就像是一个直接连接的路由。

administrative_distance：默认时，静态路由有一个取值为 1 的管理性距离（取值为 0 表示使用某个输出接口来替代下一跳地址）。可以通过在这个命令的尾部添加管理权重来修改这个默认值。

permanent：如果这个接口被关闭或者路由器不能与下一跳路由器进行通信，这一路由将会自动从路由表中删除。选择 permanent 选项，不管发生了什么情况都将会在路由表中保留这一路由表项。

在深入讨论静态路由的配置之前，来看一个静态路由的例子，并看看我们可以发现些什么。

Router（config）#ip route 172.16.3.0 255.255.255.0 192.168.2.4

（1）命令 ip route 简单地告诉我们这是一个静态路由。

（2）172.16.3.0 就是我们想要发送数据包的远程网络。

（3）255.255.255.0 是这个远程网络的掩码。

（4）192.168.2.4 就是我们将要发送数据包的下一跳或路由器。

然而，如果静态路由看上去如下所示：

Router（config）#ip route 172.16.3.0 255.255.255.0 192.168.2.4 150

这个末尾的 150 将默认的管理距离（AD）由 1 改为 150。别担心，当我们讲解到动态路由选择时，会更详细地阐述有关 AD 的内容。而现在，只要记住 AD 就是一条路由的可信任度，其中 0 是最好的，而 255 是最差的。

再看一个示例，然后我们开始配置：

Router（config）#ip route 172.16.3.0 255.255.255.0 s0/0/0

代替使用下一跳地址，我们使用一个发送接口，这样，路由将显示为一个直接连接的网络。从功能上讲，下一跳和发送接口的运行结果是完全一样的。

4.2.2 默认路由

使用默认路由可以转发那些不在路由表中列出的远端目的网络的数据包到下一跳路由器。在存根网络上可以只使用默认路由，因为这些网络与外界之间只有一个输出连接。

默认路由的格式如下：

Router（config）#ip route 0.0.0.0 0.0.0.0 {next-hop-ip|interface}[distance]

其中，0.0.0.0　0.0.0.0 代表任意地址和任意掩码，另外 3 个参数和静态路由中的相同。例如，在路由器 Router 上配置一条默认路由：

Router（config）#ip route 0.0.0.0 0.0.0.0 192.168.2.3

见图 4-9 和图 4-10 中的路由器 R1，请问图 4-9 中，R1 能设置默认路由吗？图 4-10 中，R1 能设置默认路由吗？

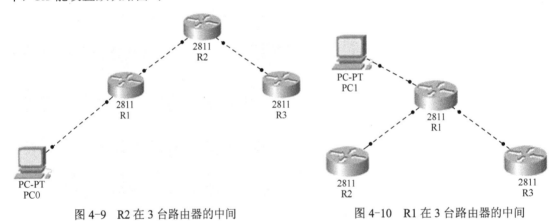

图 4-9　R2 在 3 台路由器的中间　　　　图 4-10　R1 在 3 台路由器的中间

4.3　动态路由

使用协议来查找网络并更新路由表的配置，就是动态路由。这比使用静态或默认路由容易，但它需要一定的路由器 CPU 处理时间和网络连接带宽。路由协议定义了路由器与相邻路由器通信时所使用的一组规则。

4.3.1 路由选择协议基础

在开始深入讲述 RIP 之前，有一些应该了解的关于路由选择协议的基础知识。特别是应该掌握管理距离、3 种不同的路由选择协议和路由环路等内容。在下面的小节中，将非常详细地介绍这些内容。

　　管理距离（AD）是用来衡量接收来自相邻路由器上路由选择信息的可信度的。一个管理距离是一个 0～255 的整数值，0 是最可信赖的，而 255 则意味着不会有业务量通过这个路由。

　　如果一台路由器接收到两个对同一远程网络的更新内容，路由器首先要检查的是 AD。如果一个被通告的路由比另一个具有较低的 AD 值，则那个带有较低 AD 值的路由将会被放置在路由表中。

　　如果两个被通告的到同一网络的路由具有相同的 AD 值，则路由协议的度量值（如跳计数或链路的带宽值）将被用做寻找到达远程网络最佳路径的依据。被通告的带有最低度量值的路由将被放置在路由表中。然而，如果两个被通告的路由具有相同的 AD 及相同的度量值，那么路由选择协议将会对这一远程网络使用负载均衡（即它所发送的数据包会平分到每个链路上）。

　　表 4-1 给出了 Cisco 路由器用来判断到远程网络使用什么路由的默认管理距离。

表 4-1　默认管理距离表

路 由 源	默认 AD
直连路由	0
静态路由	1
OSPF	110
RIP	120
未知	255（这个路由不会被使用）

　　如果某个网络是直接与路由器连接的，则路由器将一直使用这个接口连接到这个网络。如果管理员配置了一个静态路由，路由器将确信这个路由而忽略其他学习到的相关路由。

　　静态路由的管理距离是可以修改的，但是，默认时，它所使用的 AD 值为 1。在静态路由配置中，每个路由的 AD 值被定义为 150 或 151。这样，我们就可以在配置路由选择协议时不用再去删除这些静态路由。同时，它们也可以在某种路由选择协议出现某种问题时用做备份路由。

　　例如，如果你有一个静态路由、一个 RIP 通告的路由和一个 OSPF 通告的路由都表明可以到达同一网络，则在默认时，路由器将一直使用静态路由，除非你修改了静态路由的 AD 值。

　　有 3 类路由选择协议，它们分别是距离矢量协议、链路状态协议和混合型协议，本书不讲解混合型协议。

　　距离矢量协议通过判断距离查找到达远程网络的最佳路径。数据包每通过一台路由器，称为一跳。使用最少跳数到达网络的路由被认为是最佳路由。矢量表明指向远程网络的方向。RIP 是距离矢量路由选择协议，它发送整个路由表到直接相邻的路由器。

　　链路状态协议也称最短路径优先协议，使用它的路由器分别创建 3 个独立的表。其中，一个表用来跟踪直接相连接的邻居，另一个用来判定整个互连网络的拓扑，最后一个用于路由选择表。链路状态路由器要比任何使用距离矢量路由选择协议的路由器知道更多互连网络的情况。OSPF 完全是一个链路状态的 IP 路由选择协议。链路状态协议发送包含它们自己连接状态的更新到网络上的所有其他路由器。

混合型协议是将距离矢量和链路状态两种协议结合起来的产物，如 EIGRP。

没有一个固定的配置路由选择协议的方式可以适用于每一种应用，而是要视具体情况而定。然而，如果理解了不同的路由选择协议是如何工作的，那么就可以给出更好、更可靠的选择，以真正满足任何应用中的不同需要。

4.3.2 距离矢量路由选择协议

距离矢量路由选择算法发送完整的路由选择表到相邻的路由器，然后，相邻的路由器会将接收到的路由表项与自己原有的路由表进行组合，以完善路由器的路由表。由于路由器接收到的更新只是来自相邻路由器对于远程网络的确认信息，它并没有实地亲自去查找，所以这一方式被戏称为传言路由。

某个网络可能会有多条链路可以到达同一个远程网络。如果出现这一情况，管理距离首先将被检查。如果 AD 是相同的，协议将会使用其他量度值来决定到达远程网络的最佳路径。

RIP 只使用跳计数来决定到达某个互连网络的最佳路径。如果 RIP 发现对于同一个远程网络存在不止一条链路，并且它们又都具有相同的跳计数，则路由器将自动执行循环负载均衡。当两个到达某一远程网络的链路具有不同的带宽但又具有相同的跳计数时，使用这种类型的路由度量将会带来一定的问题。例如在图 4-11 中，就给出了两条到达远程网络172.16.10.0 的链路。

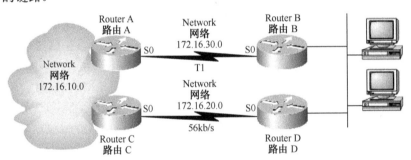

图 4-11 针孔拥塞

由于网络 172.16.30.0 是一条 T1 链路，它的带宽是 1.544 Mb/s，而网络 172.16.20.0 是一条 56kb/s 的链路，你当然希望路由器选择 T1 而不是 56kb/s 的链路。但是，由于跳计数是RIP 路由选择协议唯一使用的量度，所以，这两条链路将被视为具有相同开销的链路。这种情况就称为针孔拥塞。

理解距离矢量路由选择协议在它启动时会做些什么是很重要的。在图 4-12 中，4 台路由器在启动时它们的路由表中只有与它们直接相连网络的表项。当距离矢量路由选择协议在每台路由器上运行后，路由表将会使用从相邻路由器得到的所有路由信息来完成更新。

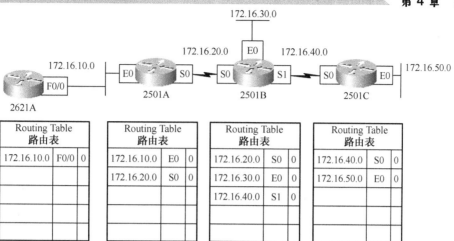

图 4-12　使用距离矢量路由选择协议的互连网络

正如在图 4-12 中所显示的，每台路由器在它们的路由表中只有直接相连网络的信息。每台路由器将从路由器上每个激活的接口发送出它的完整路由表。每台路由器的路由表都包含有网络号、输出接口和可达网络的跳计数。

在图 4-13 中，由于路由表包含了此互连网络中所有网络的信息，因此它是完整的。它们被称为收敛。当这些路由器处于收敛时，没有数据被传递。这就是为什么快速的收敛时间会被认为是好的。事实上，使用 RIP 的一个问题就是它的收敛时间太长。

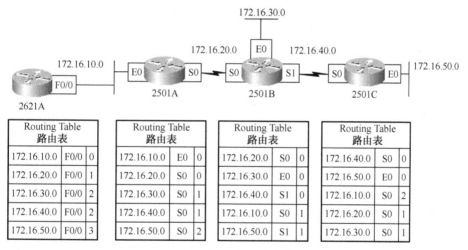

图 4-13　收敛的路由表

在每台路由器的路由表中都会保存有关远程网络的一些信息，如网络号、路由器发送数据包到达此网络的接口号和到达此网络的跳计数或量度值。

4.3.3　路由环路

距离矢量路由选择协议会通过定期广播路由更新到所有激活的接口，来跟踪互连网络中的任何变化。这个广播包含整个路由表。这样是可以正常工作的，尽管它会占用一定的 CPU 进程和链路带宽。但是，如果一个网络出现瘫痪，实质性的问题就会产生。特别是，距离矢量路由选择协议的慢收敛会造成矛盾的路由表和路由环路。

  路由环路的发生是每台路由器不能同时或接近同时地完成路由表的更新所致。作为示例，让我们来假设在图 4-14 中网络 5 发生故障。所有的路由器都知道要到达网络 5 需要通过路由器 E。在路由器 A 的路由表中，存在一个到达网络 5 的路径，它需要通过路由器 B。

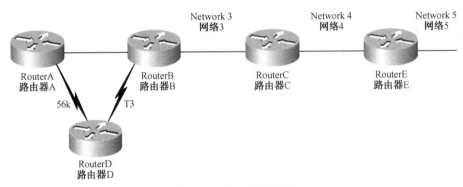

图 4-14 路由环路示例

  当网络 5 出现故障时，路由器 E 告诉路由器 C。这样，路由器 C 会停止使用通过路由器 E 到达网络 5 的路由。但是，路由器 A、路由器 B 和路由器 D 还不知道关于网络 5 的事情，于是它们照旧发送出更新的路由信息。最后，路由器 C 会送出自己的路由更新，并导致路由器 B 停止通向网络 5 的路由，但是，这时路由器 A 和路由器 D 仍然没有得到更新。对于它们来说，显然网络 5 依然是可以通过路由器 B 到达的，其度量值为 3。

  当路由器 A 常规地每 30 秒送出"喂，我还在这里，这些是我所了解的链路情况"的信息时，在这个信息中仍然包含网络 5 可达的内容，现在，路由器 B 和路由器 D 都会接收到网络 5 仍然可通过路由器 A 到达的好消息，于是路由器 B 和路由器 D 也会送出网络 5 可达的信息。任何一个以网络 5 为目的的数据包将会到达路由器 A，再到达路由器 B，然后再返回路由器 A。这就是路由环路，你如何能停止它？

1. 最大跳计数

  路由环路的问题可以简单地描述为无穷大计数，它是通告互连网络通信和传播的传言（广播）及错误信息所造成的。如果不使用一些人工干预，数据包每通过一台路由器的跳计数的增长会具有不确定性。

  解决这个问题的一个方式是定义最大跳计数。RIP 允许跳计数最大可以达到 15，所以任何需要经过 16 跳到达的网络都被认为是不可达的。换句话说，在到达 15 跳的循环后，网络 5 将被认为是不可达的。因此，最大跳计数可以控制一个路由表项在达到多大的值后变成无效或不可信的。

2. 水平分割

  另一个解决路由环路问题的方案被称为水平分割。它通过在距离矢量网络中强制信息的传送规则来减少产生不正确路由信息和路由管理的开销，具体做法是限制路由器不能按接收信息的方向去发送信息。

  换句话说，路由选择协议区分网络路由信息是哪个接口获取的，一旦这个判断被确定，它将不再把有关这一路由的信息再发送回同一接口。这将阻止路由器 A 发送有关从路由器 B 处接收的更新信息返回路由器 B。

3. 毒抑路由

另一个避免由不一致更新可能造成的问题并阻止网络环路产生的方式是毒抑路由。例如，当网络 5 出现问题时，路由器 E 可以通过输入网络 5 为 16 或不可达（有时视为是无穷大）的表项来引发一个毒抑路由。

由于这个到网络 5 的毒抑路由，路由器 C 将不再容易接收路由到网络 5 的错误更新。当路由器 C 从路由器 E 处接收了一个毒抑路由时，它会发送一个中毒反转的更新，返回路由器 E。这就保证了在这个网段中的所有路由器都可以接收到这个毒抑路由的路由信息。

4. 保持关闭

保持关闭可以阻止定期更新消息去恢复一个不断开闭（称为翻动）的路由。 通常，在串行链路上连接丢失然后又恢复是经常发生的。如果没有办法来稳定这一状况，网络将决不会到达收敛，并且翻动的接口会导致网络瘫痪。

通过为每个已关闭的路由进行回复或为提高下一个最佳路由修改前的网络稳定性而设置允许定时器，保持关闭可以阻止过于频繁的路由修改。这可以告诉路由器，任何关于近期删除路由的修改，都将被限制在某个指定的时间间隔之外。这样，可以防止在其他路由器的路由表中过早恢复某些无效路由。

4.4　RIP

路由信息协议（RIP）是一个真正的距离矢量路由选择协议。它每隔 30 秒就送出自己完整的路由表到所有激活的接口。RIP 只使用跳计数来决定到达远程网络的最佳方式，并且在默认时它所允许的最大跳计数为 15 跳，也就是说 16 跳的距离将被认为是不可达的。在小型网络中，RIP 会运转良好，但是，对于使用慢速 WAN 连接的大型网络或者对于安装有大量路由器的网络来说，它的效率就很低了。

RIP 版本 1 只使用有类路由选择，即在该网络中的所有设备必须使用相同的子网掩码。这是因为 RIP 版本 1 不发送带有子网掩码信息的更新数据。RIP 版本 2 提供了被称为前缀路由选择的信息，并利用路由更新来传送子网掩码信息。这就是所谓的无类路由选择。

4.4.1　RIP定时器

RIP 使用 4 种不同类型的定时器来管理它的性能。

路由更新定时器：用于设置定期路由更新的时间间隔（典型值为 30 秒），在这个间隔里，路由器发送一个自己路由表的完整副本到所有相邻的路由器。

路由失效定时器：用于决定一个时间长度，即路由器在认定一个路由成为无效路由之前所需要等待的时间（180 秒）。如果路由器在此期间内没有得到关于某个指定路由的任何更新消息，它将认为这个路由失效。当这一情况发生时，这台路由器将会给它所有的邻居发送一个更新消息，以通知它们这个路由已经无效。

保持失效定时器：用于设置路由信息被抑制的时间数量。当收到指示某个路由为不可达的更新数据包时，路由器将会进入保持失效状态。这个状态将会一直持续到一个带有更好度量的更新数据包被接收或者这个保持失效定时器到期。默认时，它的取值是 180 秒。

路由刷新定时器：用于设置某个路由成为无效路由并将它从路由表中删除的时间间隔（240 秒）。在将它从表中删除前，路由器会通告它的邻居这个路由即将消亡。路由失效定时器的值必须要小于路由刷新定时器的值。这就为路由器提供了足够的时间，用来在本地路由表更新前通告它的邻居有关这一无效路由的情况。

4.4.2 配置RIP路由

要配置 RIP 路由选择，只需要使用 router rip 命令设置这个协议，并告诉 RIP 路由选择协议要通告哪些网络。就这么简单，作为一个示例，让我们用 RIP 路由选择来配置有 3 台路由器的互连网络（见图 4-15）。

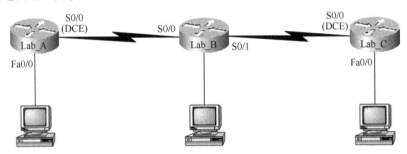

图 4-15　RIP 路由示例

为了能完成这个配置，我们将认为路由器 Lab_B 和 Lab_C 已经被配置完成，将只需要配置路由器 Lab_A。所使用的网络 ID 是 192.168.164.0/28。路由器 Lab_A 的 S0/0 接口将使用第 8 个子网中最后一个可用的 IP 地址，而 Fa0/0 接口将使用第 2 个子网中最后一个可用的 IP 地址。不考虑零子网是合法的。

由于分块大小是 16，得到的子网将是 16（记住，在这个示例中没有从 0 开始）、32、48、64、80、96、112、128、144 等。第 8 个子网（就是那个将用于 S0/0 接口的）是 128 子网。128 子网合法的主机地址范围是 129~142，143 是 128 子网的广播地址。而第 2 子网（就是那个用于 Fa0/0 接口的）是 32 子网。其合法的主机地址范围是 33~46，47 是 32 子网的广播地址。

于是，可以得到下面关于路由器 Lab_A 上的配置：

```
Lab_A（config）#interface s0/0
Lab_A（config-if）#ip address 192.168.164.142 255.255.255.240
Lab_A（config-if）#no shutdown
Lab_A（config-if）#interface fa0/0
Lab_A（config-if）#ip address 192.168.164.46 255.255.255.240
Lab_A（config-if）#no shutdown
Lab_A（config-if）#router rip
Lab_A（config-router）#network 192.168.164.0
Lab_A（config-router）#^Z
Lab_A#
```

查找子网并配置最后一个合法主机地址将是非常简单的工作。如果你感觉到这并不容易，请回去复习一下第 2 章的有关内容。然而，希望你能注意到，虽然在路由器 Lab_A 上添加了两个子网，但在 RIP 的配置中只声明了一个网络。在某些时候，很难记住为有类网络声明进行恰当的配置，声明有类网络需要将所有的主机位都置 0。

配置完毕后，可以通过下面 3 个命令检查协议运行状态。

（1）show ip protocols：检查当前路由器上配置的路由协议。

（2）show ip route：查看路由表。

（3）debug ip rip：观察路由信息的更新过程。

4.4.3　抑制RIP传播

你可能不希望在你的 LAN 和 WAN 上传播你的 RIP 网络信息。现在，在 Internet 上传播你的 RIP 网络信息并不会有任何太大的益处。

有几种不同的方法可以防止将不希望被传播的 RIP 更新扩散到你的 LAN 和 WAN 中。最为简易的方式是通过使用 passive-interface 命令。这个命令可以阻止 RIP 更新广播从指定的接口发送到外界，但是，这一接口仍可以接收 RIP 更新。

下面是一个如何在路由器上使用 CLI 来配置 passive-interface 的示例：

```
Lab_A#config t
Lab_A（config）#router rip
Lab_A（config-router）#network 192.168.10.0
Lab_A（config-router）#passive-interface serial 0/0
```

这个命令将阻止 RIP 更新从 serial 0/0 接口传播出去，但并不阻止 serial 0/0 接口继续接收 RIP 更新。使用 SDM 将更容易完成这一过程，后面将使用 R3 路由器来演示这一配置。

4.5　有类和无类路由协议

根据路由协议的运行原理划分，可以分为距离矢量型路由协议、链路状态型路由协议和综合型路由协议。根据路由更新是否携带网络掩码划分，可以把路由协议分为有类路由协议（classful）和无类路由协议（classless）。

4.5.1　有类路由协议

由于有类路由协议只发送路由条目，不携带掩码，所以运行有类路由协议的路由器在接收到路由条目后，进行如下的判断：

（1）如果路由更新信息中的路由条目与自己的接收接口地址属于同一主类网络（A类、B 类和 C 类网络号叫主网号），路由器则使用自己接口上的子网掩码作为接收到的路由条目的网络掩码。

（2）如果路由更新信息中的路由条目与自己的接收接口地址不属于同一主类网络，路由器则根据接收到的路由条目所属的地址类别采用默认的主类网络掩码（把子网归纳到主网）。

当属于同一主网的子网不连续时，如图 4-16 所示，路由器 A 和 C 都向路由器 B 通告

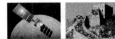

可以到达网络 172.16.0.0，路由器 B 可能做出不正确的转发决定。

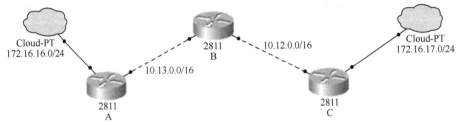

图 4-16　子网不连续的有类网络

4.5.2　无类路由协议

无类路由协议克服了有类路由协议在交换路由信息时不携带子网掩码的缺陷，无类路由协议在交换路由信息时携带子网掩码，所以可以构建更精确的路由表，不像有类路由协议那样区分 A/B/C 类。下面要介绍的 RIPv2 和 OSPF 都属于无类路由协议。

无类路由协议也克服了有类路由协议的另外一个缺陷，即在主类边界使用默认的主网掩码自动归纳路由。在无类路由环境中，路由归纳可以人工执行，并且可以在任意比特位归纳。

无类路由协议不要求属于同一主网的子网使用相同的子网掩码，子网的掩码长度可以是任意的，即可以使用可变长子网掩码（VLSM），而且即使子网不连续也不会出现路由问题。

提示：路由归纳，也叫路由总结，指把路由表中多个掩码更长的路由条目合并成一条掩码更短的路由条目的技术。合并后的路由条目称为归纳路由。执行路由归纳后，路由表里可能同时出现归纳路由和被归纳路由。路由器在使用路由条目时，总是选择掩码最长的路由条目，这个规则称为最长掩码匹配规则。

4.6　RIPv2

与 RIPv1 不同，RIPv2 是一个无类路由选择协议（即使它也可以像 RIPv1 一样被配置为有类方式），也就是说，它可以随更新一起发送子网掩码信息。通过随更新发送子网掩码信息，RIPv2 能够支持变长子网掩码（VLSM）和网络边界汇总。另外，RIPv2 还可以支持不连续网络划分。

RIPv2 的属性归纳如下：

（1）它是无类路由协议，允许同一主网内的子网有不同的掩码；

（2）通告路由信息时携带掩码；

（3）支持两种认证方式的路由更新，即明文验证和密文验证；

（4）使用组播地址 224.0.0.9 通告路由信息，使得路由信息的更新更有效；

（5）既可以自动路由总结也可以手工路由总结。

配置 RIPv2 是相当简单的。下面是一个示例：

```
Lab_C（config）#router rip
Lab_C（config-router）#network 192.168.40.0
Lab_C（config-router）#network 192.168.50.0
Lab_C（config-router）#version 2
```

就是这样，只需要在（config-router）#提示符下添加命令 version 2，即可运行 RIPv2。表 4-2 是 RIP 版本 1 和版本 2 的比较。

表 4-2 RIP 两种版本的比较

版 本 1	版 本 2
距离矢量	距离矢量
最大跳计数是 15	最大跳计数是 15
有类	无类
不支持 VLSM	支持 VLSM
不支持不连续网络	支持不连续网络

基于 RIPv2 路由在实际应用不广泛，只应用在小型网络中，而大中型网络往往不适合使用此种路由协议，主要有如下两个原因：

（1）RIPv2 存在 15 跳路由最大值的限制，超过 15 跳时数据会被丢弃，出现不可达的情况。

（2）RIPv2 是一种矢量路由协议，只根据路由节点数来计算和衡量路由的优劣，这样忽略了带宽等因素对路由选择的影响。

目前，大中型网络中主要使用 OSPF、ISIS 等动态路由协议。考虑到实用性，本节不对 RIPv2 路由做详细分析，感兴趣的读者可以参考网上的资源或 CCNA 的学习资料。

实验 9 配置静态路由或默认路由

如图 4-17 所示，在两台路由器上分别配置静态路由或默认路由，使得 PC0 能和 PC1 通信。

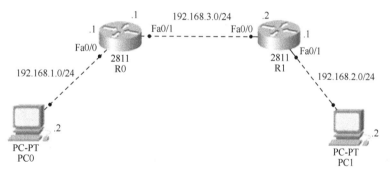

图 4-17 路由配置拓扑图

1. 学习目标

（1）学习配置静态路由的命令。

（2）学习配置默认路由的命令。

2. 实验步骤

（1）配置路由器 R0。

```
R0>en
R0#conf te
Enter configuration commands，one per line.　End with CNTL/Z.
R0（config）#interf fa0/0
R0（config-if）#ip addr 192.168.1.1 255.255.255.0
R0（config-if）#no shutdown
R0（config-if）#interf fa0/1
R0（config-if）#ip addr 192.168.3.1 255.255.255.0
R0（config-if）#no shutdown
R0（config-if）#exit
R0（config）#ip route 192.168.2.0 255.255.255.0 192.168.3.2
R0（config）#^Z
R0#
%SYS-5-CONFIG_I: Configured from console by console
R0#copy run start
Destination filename [startup-config]?
Building configuration...
[OK]
```

（2）配置路由器 R1（仿照 R0 的配置，请思考）。

（3）配置 PC0 和 PC1 的 IP 地址和网关，PC0 的网关是路由器 R0 的 fa0/0 接口，它的 IP 地址是 192.168.1.1，那么 PC1 的网关如何设置呢？

（4）通过在 PC0 的 cmd 窗口下输入 ping 192.168.2.2，验证配置和连接的正确性。

思考：请去掉你刚刚配置的静态路由，换成默认路由，看看效果如何。

实验 10　配置RIPv1

实验拓扑如图 4-17 所示。

1. 实验目的

（1）学习在路由器上配置 RIPv1 系统。

（2）练习检验路由运行状态的命令。

2. 实验步骤

（1）配置路由器 R0。

```
R0>en
R0#conf te
Enter configuration commands，one per line.　End with CNTL/Z.
R0（config）#interf fa0/0
R0（config-if）#ip addr 192.168.1.1 255.255.255.0
R0（config-if）#no shutdown
R0（config-if）#interf fa0/1
R0（config-if）#ip addr 192.168.3.1 255.255.255.0
R0（config-if）#no shutdown
```

```
R0（config-if）#exit
R0（config）#route rip
R0（config-router）#network 192.168.1.0
R0（config-router）#network 192.168.2.0
```

（2）配置路由器 R1。

（3）配置 PC 的 IP 地址和网关。

（4）验证 R0 上的路由协议。

① 检查 R0 上运行的路由协议。

```
R0#show ip protocols
Routing Protocol is "rip"
Sending updates every 30 seconds，next due in 4 seconds
Invalid after 180 seconds，hold down 180，flushed after 240
Outgoing update filter list for all interfaces is not set
Incoming update filter list for all interfaces is not set
Redistributing: rip
Default version control: send version 1，receive any version
    Interface            Send  Recv  Triggered RIP  Key-chain
    FastEthernet0/0       1     2 1
    FastEthernet0/1       1     2 1
Automatic network summarization is in effect
Maximum path: 4
Routing for Networks:
    192.168.1.0
    192.168.3.0
Passive Interface（s）:
Routing Information Sources:
    Gateway          Distance      Last Update
    192.168.3.2        120         00:00:18
Distance:（default is 120）
```

② 查看 R0 上的路由表。

```
R0#show ip route
Codes: C - connected，S - static，I - IGRP，R - RIP，M - mobile，B - BGP
       D - EIGRP，EX - EIGRP external，O - OSPF，IA - OSPF inter area
       N1 - OSPF NSSA external type 1，N2 - OSPF NSSA external type 2
       E1 - OSPF external type 1，E2 - OSPF external type 2，E - EGP
       i - IS-IS，L1 - IS-IS level-1，L2 - IS-IS level-2，ia - IS-IS inter area
       * - candidate default，U - per-user static route，o - ODR
       P - periodic downloaded static route
Gateway of last resort is not set
C    192.168.1.0/24 is directly connected，FastEthernet0/0
R    192.168.2.0/24 [120/1] via 192.168.3.2，00:00:03，FastEthernet0/1
C    192.168.3.0/24 is directly connected，FastEthernet0/1
```

③ 在路由器上观察 debug 调试信息。

R0#debug ip rip
RIP protocol debugging is on
R0#debug RIP: sending v1 update to 255.255.255.255 via FastEthernet0/0 （192.168.1.1）
    RIP: build update entries
        network 192.168.2.0 metric 2
        network 192.168.3.0 metric 1
    RIP: sending v1 update to 255.255.255.255 via FastEthernet0/1 （192.168.3.1）
    RIP: build update entries
        network 192.168.1.0 metric 1
    RIP: received v1 update from 192.168.3.2 on FastEthernet0/1
        192.168.2.0 in 1 hopsRIP: sending v1 update to 255.255.255.255 via FastEthernet0/0
（192.168.1.1）
    RIP: build update entries
        network 192.168.2.0 metric 2
        network 192.168.3.0 metric 1
    RIP: sending v1 update to 255.255.255.255 via FastEthernet0/1 （192.168.3.1）
R0#undebug all
All possible debugging has been turned off

（5）使用 ping 测试连通性（略）。

思考与练习题 4

（1）下列____支持 VLSM 以及路由总结。

    A．RIPv1   B．RIPv2

（2）RIPv2 使用____技术避免路由环路。

    A．水平分割   B．认证技术

    C．组播更新路由技术   D．更新路由时携带掩码

（3）下面的____命令为路由器设置了默认路由。

    A．Router（config）#ip default-route 0.0.0.0

    B．Router（config）#ip route 0.0.0.0 0.0.0.0 f0/1

    C．Router#ip route 0.0.0.0 0.0.0.0 s0/0

    D．Router（config）#ip default-route 0.0.0.0 0.0.0.0 s0/0

（4）在特权模式下，使用 show ip route 命令后，路由器的输出如下（部分）：

    I   172.16.0.0[100/84653]via 192.168.1.1，Fastethernet0/0

    R   192.168.10.0[120/3]via 192.168.2.1，Serial0/0

    C   192.168.2.0 is directly connected，Serial0/0

    基于上述信息，[120/3]的含义是____。

    A．120 表示路由进程占用的带宽，3 表示进程号

    B．120 表示管理距离，3 表示度量值

    C．120 表示更新时间，3 表示更新的路由数量

    D．120 表示管理距离的长度，3 表示更新次数

（5）下面的____不可能出现在邻居的路由表里。

    A．R 12.18.8.0/24[120/1]via 12.18.2.1，Serial0

    B．R 12.18.11.0/24[120/7]via 12.18.9.1，Serial1

    C．C 12.18.1.0/24 is directly connected，Ethernet0

    D．R 12.18.5.0/24[120/15]via 12.18.2.2，Serial0

（6）请说出无类路由和有类路由的区别。

（7）有路由环路时，会产生什么样的后果？

第5章

OSPF 协 议

开放最短路径优先（OSPF）是一个开放标准的路由选择协议，它被各种网络开发商所广泛使用，其中包括 Cisco。如果你的网络拥有多种路由器，而并不全都是 Cisco 的，那么你将不能使用 EIGRP（此动态协议是思科设备专有的），那你可以用什么呢？基本上剩下的选项只有 RIPv1、RIPv2 或者 OSPF。如果你的网络是一个大型网络，那么你的选择就只能是 OSPF。

OSPF 是通过使用 Dijkstra 算法来工作的。首先，构建一个最短路径树，然后使用最佳路径的计算结果来组建路由表。OSPF 收敛很快，并且它也支持到达相同目标的多个等开销路由。

5.1 OSPF 基础

OSPF 具有下列特性：
（1）由区域和自治系统组成；
（2）最小化的路由更新的流量；
（3）允许可缩放性；
（4）支持 VLSM/CIDR；
（5）拥有不受限的跳计数；
（6）允许多销售商的设备集成（开放的标准）。

OSPF 是第一个被介绍给大多数人的链路状态路由选择协议，因此，了解一下它与更为传统的距离矢量协议（如 RIPv2 和 RIPv1）之间的差异是很有意义的（表 5-1）。

表 5-1 三个协议的比较

特 性	OSPF	RIPv2	RIPv1
协议类型	链路状态	距离矢量	距离矢量
无类支持	支持	支持	不支持
VLSM 支持	支持	支持	不支持
汇总方式	手动汇总	自动汇总	自动汇总
路由计算	Dijkstra	Bellman-Ford	Bellman-Ford
不连续支持	支持	支持	不支持
路由传播	可变化的组播	周期性组播	周期性广播
路径度量	带宽	跳	跳
跳计数限制	无	15	15
收敛	快	慢	慢
对等认证	是	是	否
分层网络	是（使用区域）	否（只是平面）	否（只是平面）
更新	事件触发	路由表更新	路由表更新

OSPF 还有许多特性在表 5-1 中没有被列出，而所有这些特性都使得 OSPF 成为一个快速、可缩放、高效能的协议，进而被应用在数以千计的网络产品中。

OSPF 设计用于分层的结构，使用 OSPF 可以将大型互连网络分割成一些小的被称为区域的小互连网络。这是 OSPF 设计中的精华。

将 OSPF 创建为层次结构的原因包括：

（1）减少路由选择的开销；

（2）加速收敛；

（3）用单一的网络区域来缩小网络的不稳定性。

这样做并没有使 OSPF 的配置更容易，反而变得更烦琐和困难。

图 5-1 给出了典型的 OSPF 简易设计。注意每台路由器是如何连接到主干网上的，此主干网被称为区域 0，或主干区域。OSPF 必须要有一个区域 0。而且如果可能，所有的路由器都应该连接到这个地区。那些在一个 AS 内部连接其他区域到此主干网的路由器，被称为区域边界路由器（ABR）。这些路由器至少有一个接口必须在区域 0 中。

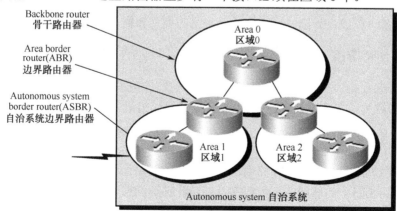

图 5-1 OSPF 的设计示例

通常 OSPF 是运行在某个自治系统内部的，但是它也可以将多个自治系统连接起来。那些连接 AS 到一起的路由器被称为自治系统边界路由器（ASBR）。

从概念上讲，你可以创建网络的其他区域来帮助保持路由更新的最小化，并且避免因穿越这个网络而导致的传播问题。而这些内容已经超出了本书的范围，了解它就行了。

5.2 OSPF术语

在开始 OSPF 的探索之前，你需要了解一长串的术语列表，这些术语可以帮助你在后续的章节中不迷失方向。在开始探索之前，让自己熟悉下面这些重要的 OSPF 的术语。

5.2.1 链路

链路就是指定任一给定网络的一个网络或路由器接口。当一个接口被加入该 OSPF 的处理中时，它就被 OSPF 认为是一个链路。这个链路或接口，将有一个指定给它的状态信息（up 或 down，即激活或失效），以及一个或多个 IP 地址。

5.2.2 路由器ID

路由器 ID（RID）是一个用来标识此路由器的 IP 地址。Cisco 通过使用所有被配置的环回接口中最高的 IP 地址，来指定此路由器 ID。如果没有带有地址的环回接口被配置，OSPF 将选择所有激活的物理接口中最高的 IP 地址为其 RID。

5.2.3 邻居

邻居可以是两台或更多的路由器，这些路由器都有某个接口连接到一个公共的网络上，如两台连接在一个点到点串行链路上的路由器。

5.2.4 邻接

邻接是两台 OSPF 路由器之间的关系，这两台路由器允许直接交换路由更新数据。OSPF 对于共享的路由选择信息是非常讲究的，不像 EIGRP 那样直接地与自己所有的邻居共享路由信息。不同的是，OSPF 只与建立了邻接关系的邻居直接共享路由信息，并且并不是所有的邻居都可以成为邻接，这将取决于网络的类型和路由器上的配置。

5.2.5 Hello协议

OSPF 的 Hello 协议可以动态发现邻居，并维护邻居关系。Hello 数据包和链路状态通告（LSA）建立并维护着拓扑数据库。Hello 数据包的发送组播地址是 224.0.0.5。

5.2.6 邻居关系数据库

邻居关系数据库是一个 OSPF 路由器的列表，这些路由器的 Hello 数据包是可以被相互看见的。每台路由器上的邻居关系数据库管理着各种详细资料，如路由器 ID 和状态。

5.2.7 拓扑数据库

拓扑数据库中包含来自所有从某个区域接收到的链路状态通告数据包中的信息。路由器使用这些来自拓扑数据库中的信息作为 Dijkstra 算法的输入，并为每个网络计算出最短路径。

说明：LSA 数据包用于更新并维护拓扑数据库。

5.2.8 链路状态通告

链路状态通告（LSA）是一个 OSPF 的数据包，它包含 OSPF 路由器中共享的链路状态和路由信息。有多种不同类型的 LSA 数据包。OSPF 路由器将只与建立了邻接关系的路由器交换 LSA 数据包。

5.2.9 指定路由器

无论什么时候，当 OSPF 路由器被连接到相同的多路访问型的网络时，都需要选择一台指定路由器（DR）。Cisco 喜欢将这些网络称为"广播"网络，的确，这些网络上都会拥有多个接收者。不要将多路访问与多连接点混淆，有时它们是不易被区分开的。一个典型的示例是以太型 LAN。为了最小化所需构成的邻接数量，被选择（挑选）的 DR 将负责分发/收集路由选择信息到/来自此广播网络或链路中的其他路由器上。这就确保了所有路由器上的拓扑表是同步的。这个共享网络中的所有路由器都将与 DR 和备用的指定路由器（BDR）建立邻接关系，对于 BDR 将在下面定义它。具有高优先级的路由器将胜出，成为 DR，当具有较高优先级的路由器都退出时，路由器的 ID 将打破平局的条件，即在具有相同优先级的路由器中选择 DR 时，拥有最高路由器 ID 的路由器将被选中。

5.2.10 备用指定路由器

备用指定路由器（BDR）是多路访问链路上跃跃欲试的待命 DR。BDR 将从 OSPF 邻接路由器上接收所有的路由更新，但并不泛发这些 LSA 更新。

5.2.11 OSPF区域

一个 OSPF 区域是一组相邻的网络和路由器。在同一地区内的路由器共享一个公共的区域 ID。由于路由器可以同时是多个地区中的成员，因此区域 ID 被指定给此路由器上特定的接口。这样，路由器上的某些接口可能属于区域 1，而剩下的接口则可能属于区域 0。所有在同一区域中的路由器拥有相同的拓扑表。在配置 OSPF 时需要记住，必须使用区域 0，在连接到网络主干的路由器上，它通常是要被配置的。区域在建立一个分级的网络组织中扮演着重要的角色，它真正强化了 OSPF 的可缩放性。

5.2.12 广播（多路访问）

广播（多路访问）网络就像以太网，它允许多台设备连接（或者访问）到同一个网络，它是通过投递单一数据包到网络中所有的节点来提供广播能力的。在 OSPF 中，每个广播多路访问网络都必须选出一个 DR 和一个 BDR。

5.2.13 非广播的多路访问

非广播的多路访问（NBMA）网络是那些像帧中继、X.25 和异步传输模式（ATM）类型的网络。这些网络允许多路访问，但不拥有如以太网那样的广播能力。因此，为实现恰当的功能，NBMA 网络需要特殊的 OSPF 配置，并且邻居关系必须详细定义。

说明： 在广播和非广播的多路访问网络上，DR 和 BDR 都是被选举出来的。选举将在本章的后面详细讨论。

5.2.14 点到点

点到点被定义为一种包含两台路由器间直接连接的网络拓扑类型，这一连接为路由器提供了单一的通信路径。点到点连接可能是物理的，如直接连接两台路由器的串行电缆；它也可以是逻辑的，如通过帧中继网络电路在两台相隔上千英里的路由器间形成的连接。无论怎样，这种类型的配置除去了对 DR 或 BDR 的需求，并且，它们邻居关系的发现也是自动完成的。

5.2.15 点到多点

点到多点也被定义为一种网络的拓扑类型，这种拓扑包含有路由器上的某个单一接口与多个目的路由器间的一系列连接。这里，所有路由器的所有接口都共享这个属于同一网络的点到多点的连接。与点到点一样，这里不需要 DR 或 BDR。

5.3 配置OSPF

配置基本的 OSPF 不像 RIP 那样简单，它实际上非常复杂，每次操作可能都会面对允许在 OSPF 中应用的许多选项。但是，本书中我们只考虑单区域 OSPF 的配置。下面将介绍如何配置单个区域的 OSPF。

下面的两个要素是 OSPF 配置中的基本元素：

（1）启用 OSPF；

（2）配置 OSPF 地区。

5.3.1 启用OSPF

配置 OSPF 最简单也是最低级的方式就是使用单一区域。完成这个工作至少需要两个命令。用于激活 OSPF 路由进程的命令是：

```
Lab_A(config)#router ospf ?
<1-65535>
```

OSPF 使用 1～65 535 范围内的数来识别进程的 ID。它是此路由器上的取值唯一的数字，在一个指定运行的进程下该路由器分组了一系列的 OSPF 配置命令。不同的 OSPF 路由器不需要使用相同的进程 ID 进行通信。它是一个纯粹的本地化数值，没有什么实际的意义，但它不能从 0 开始，它起始的最小值只能为 1。

说明：OSPF 进程 ID 用于 OSPF 数据库中不同实例的识别，它只在局部有效。

5.3.2　配置OSPF区域

在标识了 OSPF 的进程后，接下来需要标识想要进行 OSPF 通信的接口，以及路由器所在的区域。这也就配置了你将要向其他人通告的网络。OSPF 在配置中使用了通配符掩码。

下面是一个 OSPF 基本配置的实例：

```
Lab_A#config t
Lab_A(config)#router ospf 1
Lab_A(config-router)#network 10.0.0.0 0.255.255.255
area ?
<0-4294967295> OSPF area ID as a decimal value
A.B.C.D OSPF area ID in IP address format
Lab_A(config-router)#network 10.0.0.0 0.255.255.255
area 0
```

说明：这个区域可以是 0～42 亿中的任何一个数值。不要将这些数值与进程 ID 相混淆，进程 ID 的取值范围是 1～65 535。

记住，OSPF 进程 ID 的数值是互不相关的。在网络中每台路由器上的进程 ID 都可能是相同的，当然也可能是不同的，但这都没有关系。这个值只具有本地的意义，其作用是使 OSPF 能在路由器上执行路由选择。

network 命令的参数是网络号（10.0.0.0）和通配符掩码（0.255.255.255）。这两个数字的组合用于标识 OSPF 将操作的接口，并且它也将被包含在其 OSPF 的链路状态通告（LSA）中。OSPF 将使用这个命令来找出在 10.0.0.0 网络中被配置路由器上的任一接口，它会将找到的任一接口放置到区域 0 中。也可以使用 IP 地址的格式来标记地区。

通配符快速学习：在通配符掩码中，值为 0 的 8 位位组表示网络地址中相应的 8 位位组必须严格匹配。在另一方面，值为 255 则表示不必关心网络地址中相应的 8 位位组的匹配情况。网络和通配符掩码 1.1.1.1 0.0.0.0 的组合将只指定 1.1.1.1，而不包含其他地址。

如果你想在指定接口上激活 OSPF，这种方式确实很有用，并且这也是完成这一工作可采用的非常明确且简单的方式。如果你坚持要匹配网络中的某个范围，则网络和通配符掩码 1.1.0.0 0.0.255.255 的组合将指定一个范围 1.1.0.0～1.1.255.255。由此可知，使用通配符掩码 0.0.0.0 将分别标识出每个 OSPF 的接口，它的确是一个比较简单且安全的方式。

最后的参数是区域号码，它指示网络中接口被标识以及通配符掩码所限定的区域。记住，如果 OSPF 路由器的接口共享有相同地区号的网络，那么这些路由器将完全可以成为邻居。区域号可以是 1～4 294 967 295 范围内的十进制数，也可以被表示为标准的点分符号的数值。例如，区域 0.0.0.0 是一个合法的区域，它也可以同样表示为区域 0。

在开始配置网络之前，我们来快速看一下 OSPF 网络配置中稍难的部分，并了解一下如果使用子网和通配符，OSPF 网络描述将会是什么。

下面的路由器用 4 个不同的接口与 4 个子网相连接：

192.168.10.64/28

192.168.10.80/28

192.168.10.96/28

192.168.10.8/30

所有的接口都需要在区域 0 中。最简单的配置将是：

```
Test#config t
Test(config)#router ospf 1
Test(config-router)#network 192.168.10.0 0.0.0.255 area 0
```

但是，简单的并不总是最好的，虽然它更为简单，那么什么会是更好的呢？更为糟糕的是，对你来说好像这样的配置方式并没有包含在 CCNA 的目标中。我们现在来通过使用子网号和通配符为每个接口创建一个单独的网络声明。具体操作如下：

```
Test#config t
Test(config)#router ospf 1
Test(config-router)#network 192.168.10.64 0.0.0.15 area 0
Test(config-router)#network 192.168.10.80 0.0.0.15 area 0
Test(config-router)#network 192.168.10.96 0.0.0.15 area 0
Test(config-router)#network 192.168.10.8 0.0.0.3 area 0
```

需要记住的是，当配置通配符时，它们的取值总是块尺寸减 1。/28 的块尺寸为 16，因此，当我们添加网络声明时，使用了此子网号和一个在需要配置的 8 位位组中添加值为 15 的通配符。对于/30，它使用的通配符是什么呢？

5.3.3　使用OSPF配置网络

用 OSPF 来配置网络，这里只使用区域 0。如图 5-2 所示，路由器相关接口的 IP 地址按照拓扑图给出的设置。

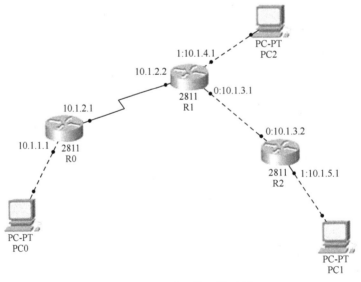

图 5-2　OSPF 网络配置示例

关于路由器接口的 IP 地址配置，以及 PC 的 IP 地址和网关的配置可以参考 4.7 节的实验 1，下面的配置只针对 OSPF。

```
//R0 的配置
R0#conf te
Enter configuration commands, one per line.   End with CNTL/Z.
R0(config)#router ospf 1
R0(config-router)#network 10.1.1.0 0.0.0.255 area 0
R0(config-router)#network 10.1.2.0 0.0.0.255 area 0
//R1 的配置
R1#conf te
Enter configuration commands, one per line.   End with CNTL/Z.
R1(config)#router ospf 2
R1(config-router)#network 10.1.2.0 0.0.0.255 area 0
R1(config-router)#network 10.1.3.0 0.0.0.255 area 0
R1(config-router)#network 10.1.4.0 0.0.0.255 area 0
//R1 的配置
R0#conf te
Enter configuration commands, one per line.   End with CNTL/Z.
R0(config)#router ospf 3
R0(config-router)#network 10.1.3.0 0.0.0.255 area 0
R0(config-router)#network 10.1.5.0 0.0.0.255 area 0
```

5.3.4　验证OSPF配置

我们已经对图 5-2 中的 3 个路由器都启用了 OSPF 协议，想要验证或查看这些配置信息，可以用以下几个命令。

1. show ip ospf 命令

show ip ospf 命令用于显示 OSPF 信息，这些信息是关于运行在该路由器上的一个或全部 OSPF 进程的信息，包括路由器 ID、区域信息、SPF 统计和 LSA 定时器（或许你不明白这两个术语，确实我们目前不要求你掌握）。

```
R0#show ip ospf
  Routing Process "ospf 1" with ID 10.1.2.1
  Supports only single TOS(TOS0) routes
  Supports opaque LSA
  SPF schedule delay 5 secs, Hold time between two SPFs 10 secs
  Minimum LSA interval 5 secs. Minimum LSA arrival 1 secs
  Number of external LSA 0. Checksum Sum 0x000000
  Number of opaque AS LSA 0. Checksum Sum 0x000000
  Number of DCbitless external and opaque AS LSA 0
  Number of DoNotAge external and opaque AS LSA 0
  Number of areas in this router is 1. 1 normal 0 stub 0 nssa
  External flood list length 0
     Area BACKBONE(0)
        Number of interfaces in this area is 2
        Area has no authentication
```

```
        SPF algorithm executed 3 times
        Area ranges are
        Number of LSA 4. Checksum Sum 0x01ed84
        Number of opaque link LSA 0. Checksum Sum 0x000000
        Number of DCbitless LSA 0
        Number of indication LSA 0
        Number of DoNotAge LSA 0
        Flood list length 0
```

其中，Routing Process "ospf 1" with ID 10.1.2.1，告诉了我们进程号，以及此路由器的 ID 号。

2. show ip ospf database 命令

使用 show ip ospf database 命令将给出在互连网络中路由器的编号（AS），以及相邻路由器的 ID（这就是在前面提到过的拓扑数据库）。这个命令将显示"OSPF 路由器"，而不是每一条和所有在 AS 中的链路。

```
    R0#show ip ospf database
            OSPF Router with ID (10.1.2.1) (Process ID 1)
            Router Link States (Area 0)
    Link ID         ADV Router      Age         Seq#           Checksum Link count
    10.1.2.1        10.1.2.1        1244        0x80000003 0x002a36 3
    10.1.4.1        10.1.4.1        1209        0x80000005 0x009d8b 4
    10.1.5.1        10.1.5.1        1209        0x80000003 0x00915e 2
            Net Link States (Area 0)
    Link ID         ADV Router      Age         Seq#           Checksum
    10.1.3.2        10.1.5.1        1209        0x80000001 0x009465
```

这里能看到所有 3 台路由器和每台路由器的 RID（即每台路由器上最高的 IP 地址）。路由器的输出还给出了链路 ID 和该链路上的 ADV 路由器（即通告路由器）的 RID，注意，接口也是一条链路。

3. show ip ospf interface 命令

show ip ospf interface 命令给出了所有与接口相关的 OSPF 信息。显示的数据是关于 OSPF 所有接口或指定接口的。

```
    R0#show ip ospf interface se0/0/0
    Serial0/0/0 is up, line protocol is up
        Internet address is 10.1.2.1/24, Area 0
        Process ID 1, Router ID 10.1.2.1, Network Type POINT-TO-POINT, Cost: 64
        Transmit Delay is 1 sec, State POINT-TO-POINT, Priority 0
        No designated router on this network
        No backup designated router on this network
        Timer intervals configured, Hello 10, Dead 40, Wait 40, Retransmit 5
            Hello due in 00:00:07
        Index 2/2, flood queue length 0
        Next 0x0(0)/0x0(0)
```

Last flood scan length is 1, maximum is 1
Last flood scan time is 0 msec, maximum is 0 msec
Neighbor Count is 1 , Adjacent neighbor count is 1
    Adjacent with neighbor 10.1.4.1
Suppress hello for 0 neighbor(s)

由这个命令显示的信息包括以下内容:

(1)接口 IP 地址;

(2)区域分配;

(3)进程 ID;

(4)路由器 ID;

(5)网络类型;

(6)开销;

(7)优先级;

(8)DR/BDR 选举信息(如果可用);

(9)Hello 和 Dead 定时器间隔;

(10)邻接邻居信息。

4. show ip ospf neighbor 命令

由于 show ip ospf neighbor 命令汇总了有关 OSPF 信息中关于邻居和邻接状态的信息,因此这是一个特别有用的命令。如果网络中有 DR 或 BDR 存在(下一节会讲到此内容),这些信息也将显示出来。下面是一个示例:

Neighbor ID	Pri	State	Dead Time	Address	Interface
10.1.4.1	0	FULL/ -	00:00:32	10.1.2.2	Serial0/0/0

5. show ip protocols 命令

无论你在路由器上配置运行 OSPF、RIP 或其他的路由选择协议,这个 show ip protocols 命令都将是非常有用的。它提供了一个关于所有当前运行协议真实操作情况的概述。

```
R0#show ip protocols
Routing Protocol is "ospf 1"
    Outgoing update filter list for all interfaces is not set
    Incoming update filter list for all interfaces is not set
    Router ID 10.1.2.1
    Number of areas in this router is 1. 1 normal 0 stub 0 nssa
    Maximum path: 4
    Routing for Networks:
        10.1.0.0 0.0.255.255 area 0
        10.1.1.0 0.0.0.255 area 0
        10.1.2.0 0.0.0.255 area 0
    Routing Information Sources:
        Gateway         Distance      Last Update
        10.1.2.1          110         00:05:41
        10.1.4.1          110         00:05:06
```

10.1.5.1	110	00:05:07

Distance: (default is 110)

从这里的输出中，你可以确定此 OSPF 的进程 ID、OSPF 的路由器 ID、OSPF 区域的类型、在 OSPF 上配置的网络和区域，以及邻居 OSPF 的路由器 ID 等内容。仔细阅读它很有用。

5.3.5 调试OSPF

对任何协议的分析而言，debug 都是一个很有力的工具，表 5-2 给出了一些可以帮助 OSPF 排错的 debug 命令。

表 5-2 有助于 OSPF 排错的 debug 命令

命　　令	描述/功能
debug ip ospf event	显示在路由器上接收的 Hello 数据包
debug ip ospf adj	显示在广播和非广播多路访问网络上的 DR 和 BDR 选举

使用 R0 的 debug ip ospf event，效果如下。

```
R0#debug ip ospf event
OSPF events debugging is on
00:46:06: OSPF: Rcv hello from 10.1.4.1 area 0 from Serial0/0/0 10.1.2.2
00:46:06: OSPF: End of hello processing
```

可以看到 R0 从 Serial0/0/0 接口接收到来自 10.1.4.1 发来的 hello 包。

5.4 OSPF的DR和BDR选举

本章之前的内容，已经对 OSPF 进行了详细讨论。然而，到目前为止对于指定路由器和备份指定路由器我们也只是进行了简单的接触，因而，在此有必要对它进行详细的介绍。为了能帮助你更好地理解 DR 选举过程，下面将对这一过程进行更深入的探究。

在正式开始前，必须要再次确认你已经完全理解术语邻居和邻接的含义，因为它们对于认识 DR 和 BDR 的选举过程至关重要。当一个广播或非广播多路访问网络（像以太网或帧中继）被连接到一台路由器并且链路已经被激活时，这一选举过程就将发生。

5.4.1 邻居

多个共享共同网络分段的路由器在这个网络分段上将成为邻居。这个邻居是通过 Hello 协议选择出来的。Hello 数据包将使用 IP 组播周期性地被发送出每个接口。

两台路由器只有同意下面的内容，它们才能成为邻居。

区域 ID：这里的原则是，在某一特定网络分段上的两台路由器的接口必须要属于同一个地区。当然，这些接口必须归属于相同的子网。

认证：OSPF 允许为特定的区域设置口令。虽然路由器间的认证并不必需，但是如果你需要就可以去设置它。但要记住，如果你使用了认证，要使路由器成为邻居，那么它们在该网络分段上的口令必须相同。

Hello 和 Dead 间隔：OSPF 在每个网络分段上交换 Hello 数据包。路由器为了在网络分段上能确认彼此的存在关系，并且在广播和非广播的多路访问网络分段上进行指定路由器（DR）的选举，它需要这样的一个存活系统。

此 Hello 间隔用于设定两个 Hello 数据包之间相隔的秒数。而 Dead 间隔是指路由器发出的 Hello 数据包没有被邻居看到而宣称此 OSPF 路由器已消失（关闭）所需要等待的秒数。OSPF 要求，两个邻居间设置的这些间隔是完全相同的。如果这两个间隔中的任何一个不相同，则这些路由器在此网络分段上将不会成为邻居。可以使用 show ip ospf interface 命令来验证这些定时器。

5.4.2　邻接

在选举过程中，邻接是成为邻居之后的下一个处理过程。邻接路由器指那些经过简单的 Hello 数据交换并进入数据库交换过程的路由器。为了减少在特定网络分段中交换信息的数量，OSPF 在每个多路访问网络分段中选举出一台指定路由器（DR）和备份指定路由器（BDR）。

BDR 是选举出来的备份路由器，以防 DR 关闭。这样做的出发点是为路由器建立一个信息交换的中心节点。这样，更新数据的交换方式便从每台路由器都需要与网络分段中其他各路由器进行交换，变化为每台路由器只需要与 DR 和 BDR 进行交换。随后，DR 和 BDR 再将这些信息中转到每台路由器上。

5.4.3　DR和BDR的选举

DR 和 BDR 的选择是通过 Hello 协议来完成的。在每个网络分段上，Hello 数据包是通过 IP 组播来交换的。然而，只有在广播和非广播的多路访问网络（如以太网和帧中继）的网络分段上才会进行 DR 和 BDR 的选举。点到点链路，如串行 WAN 连接，不会进行 DR 的选举过程。

在广播和非广播的多路访问网络上，网络分段中带有最高 OSPF 优先级的路由器将会成为本网络分段中的DR。这个优先级在默认时取值为 1，可以使用 show ip ospf interface 命令来查看它。如果所有的路由器都使用默认优先级设置，那么带有最高路由器 ID（RID）的路由器将会胜出。

正如你所了解的，RID 是在 OSPF 启动时由所有接口中最高的 IP 地址来确定的。如果将路由器一个接口的优先级设置为 0，则在这个接口上该路由器将不参加 DR 和 BDR 的选举。这个优先级为 0 的接口的状态将随后变为 DROTHER。

实验 11　配置OSPF协议

实验拓扑如图 5-3 所示，此拓扑图含有 3 台路由器和两台交换机。

1．实验目的

（1）学习在路由器上配置 OSPF 协议。

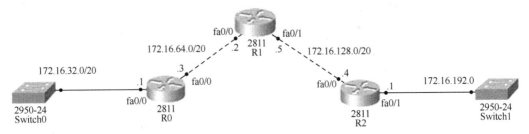

图 5-3　OSPF 配置实验拓扑图

（2）练习管理 OSPF 的常用命令。

（3）理解 OSPF 的工作过程。

（4）理解链路状态数据库。

2．实验步骤

1）初始配置路由器 R0

```
Router>enable
Router#conf te
Router(config)#hostname R0
R0(config)#interf fa0/0
R0(config-if)#ip address 172.16.32.1 255.255.255.240
R0(config-if)#no shutdown
R0(config-if)#interf fa0/1
R0(config-if)#ip addr 172.16.64.3 255.255.255.240
R0(config-if)#no shutdown
```

2）初始配置路由器 R1

```
Router>en
Router#conf te
Router(config)#hostname R1
R1(config)#interf fa0/0
R1(config-if)#ip addr 172.16.64.2 255.255.255.240
R1(config-if)#no shutd
R1(config-if)#inter fa0/1
R1(config-if)#ip addr 172.16.128.5 255.255.255.240
R1(config-if)#no shutd
```

3）初始配置路由器 R2

```
Router>en
Router#conf te
Enter configuration commands, one per line.　End with CNTL/Z.
Router(config)#inter fa0/0
Router(config-if)#ip addr 172.16.128.4 255.255.255.240
Router(config-if)#no shutd
Router(config-if)#interf fa0/1
```

```
Router(config-if)#ip addr 172.16.192.1 255.255.255.240
Router(config-if)#no shutd
```

4）在路由器 R0/R1/R2 上启动 OSPF 进程

```
R0(config)#router ospf 10
R0(config-router)#network 172.16.0.0 0.0.255.255 area 0
R1(config)#router ospf 10
R1(config-router)#network 172.16.0.0 0.0.255.255 area 0
R2(config)#router ospf 10
R2(config-router)#network 172.16.0.0 0.0.255.255 area 0
```

5）检查路由器上运行的路由协议及相关参数

```
R1#show ip protocols
Routing Protocol is "ospf 20"
    Outgoing update filter list for all interfaces is not set
    Incoming update filter list for all interfaces is not set
    Router ID 172.16.128.5
    Number of areas in this router is 1. 1 normal 0 stub 0 nssa
    Maximum path: 4
    Routing for Networks:
        172.16.0.0 0.0.255.255 area 0
    Routing Information Sources:
        Gateway          Distance      Last Update
        172.16.64.3        110         00:00:40
        172.16.128.5       110         00:00:40
    Distance: (default is 110)
```

6）查看邻居关系数据库

```
R1#show ip ospf neighbor
Neighbor ID    Pri    State    Dead Time    Address         Interface
172.16.64.3    1    FULL/DR   00:00:33     172.16.64.3     FastEthernet0/0
172.16.192.1 1   FULL/DR    00:00:37     172.16.128.4    FastEthernet0/1
```

7）查看路由表

```
R1#show ip route
Codes: C - connected, S - static, I - IGRP, R - RIP, M - mobile, B - BGP
       D - EIGRP, EX - EIGRP external, O - OSPF, IA - OSPF inter area
       N1 - OSPF NSSA external type 1, N2 - OSPF NSSA external type 2
       E1 - OSPF external type 1, E2 - OSPF external type 2, E - EGP
       i - IS-IS, L1 - IS-IS level-1, L2 - IS-IS level-2, ia - IS-IS inter area
       * - candidate default, U - per-user static route, o - ODR
       P - periodic downloaded static route
Gateway of last resort is not set
       172.16.0.0/28 is subnetted, 4 subnets
O       172.16.32.0 [110/2] via 172.16.64.3, 00:03:03, FastEthernet0/0
C       172.16.64.0 is directly connected, FastEthernet0/0
```

```
C       172.16.128.0 is directly connected, FastEthernet0/1
O       172.16.192.0 [110/2] via 172.16.128.4, 00:02:14, FastEthernet0/1
```

8）查看并分析链路状态数据库

```
OSPF Router with ID (172.16.128.5) (Process ID 20)
          Router Link States (Area 0)
```

Link ID	ADV Router	Age	Seq#	Checksum Link count
172.16.64.3	172.16.64.3	216	0x80000003	0x00571d 2
172.16.128.5	172.16.128.5	167	0x80000004	0x001526 2
172.16.192.1	172.16.192.1	167	0x80000003	0x00ea69 2

```
              Net Link States (Area 0)
```

Link ID	ADV Router	Age	Seq#	Checksum
172.16.64.3	172.16.64.3	216	0x80000001	0x007b6c
172.16.128.4	172.16.192.1	167	0x80000001	0x00e0da

9）查看特定接口的 OSPF 信息

```
R1#show ip ospf inter fa0/0
FastEthernet0/0 is up, line protocol is up
    Internet address is 172.16.64.2/28, Area 0
    Process ID 20, Router ID 172.16.128.5, Network Type BROADCAST, Cost: 1
    Transmit Delay is 1 sec, State BDR, Priority 1
    Designated Router (ID) 172.16.64.3, Interface address 172.16.64.3
    Backup Designated Router (ID) 172.16.128.5, Interface address 172.16.64.2
    Timer intervals configured, Hello 10, Dead 40, Wait 40, Retransmit 5
      Hello due in 00:00:07
    Index 1/1, flood queue length 0
    Next 0x0(0)/0x0(0)
    Last flood scan length is 1, maximum is 1
    Last flood scan time is 0 msec, maximum is 0 msec
    Neighbor Count is 1, Adjacent neighbor count is 1
      Adjacent with neighbor 172.16.64.3   (Designated Router)
    Suppress hello for 0 neighbor(s)
```

10）为 3 台路由器手工指定 ID 号

```
R0(config)#router ospf 10
R0(config-router)#router-id 10.10.10.10
R1(config)#router ospf 20
R1(config-router)#router-id 20.20.20.20
R2(config)#router ospf 30
R2(config-router)#router-id 30.30.30.30
```

11）分别清除 3 台路由器的 OSPF 进程

```
R0#clear ip ospf process
Reset ALL OSPF processes? [no]: yes
```

12）查看链路状态数据库

```
R1#show ip ospf database
        OSPF Router with ID (20.20.20.20) (Process ID 20)
            Router Link States (Area 0)
Link ID          ADV Router        Age        Seq#         Checksum Link count
172.16.64.3      172.16.64.3       678        0x80000003 0x00571d 2
172.16.192.1     172.16.192.1      629        0x80000003 0x00ea69 2
172.16.128.5     172.16.128.5      73         0x80000006 0x000733 2
10.10.10.10      10.10.10.10       19         0x80000008 0x000917 2
20.20.20.20      20.20.20.20       2          0x8000000c 0x009dce 2
            Net Link States (Area 0)
Link ID          ADV Router        Age        Seq#         Checksum
172.16.128.4     172.16.192.1      30         0x80000002 0x007aee
172.16.64.2      20.20.20.20       19         0x80000002 0x00d179
R1#
00:44:19: %OSPF-5-ADJCHG: Process 20, Nbr 30.30.30.30 on FastEthernet0/1 from LOADING to
FULL, Loading Done
```

是否已使用新的 ID 号？

13）打开 debug 程序，观察路由发现过程

```
R1#debug ip ospf ev
OSPF events debugging is on
00:45:23: OSPF: Rcv hello from 10.10.10.10 area 0 from FastEthernet0/0 172.16.64.3
00:45:23: OSPF: End of hello processing
00:45:27: OSPF: Rcv hello from 30.30.30.30 area 0 from FastEthernet0/1 172.16.128.4
00:45:27: OSPF: End of hello processing
```

思考与练习题 5

（1）如果把地址在 192.168.10.0/24 的接口运行在区域 0 里，下面配置正确的是____。

    A．Router#router ospf　0

        Router(config)#network 192.168.10.0 0.0.0.255 area 0

    B．Router(config)#router ospf 0

        Router(config-router)#network 192.168.10.0 255.255.255.0 area 0

    C．Router(config)#router ospf　9

        Router(config-router)#network 192.168.10.0 0.0.0.255 area 0

    D．Router(config-router)#router ospf　9

        Router(config-router)#network 192.168.10.0 0.0.0.255 area 0

（2）OSPF 的最大跳数限制是____。

    A．15   B．100   C．255   D．无限制

（3）关于 Hello 包的陈述，下面正确的是____。

A. OSPF 使用它动态发现邻居　　　　　B. 它的发送周期是 90 s

C. OSPF 依靠它维护邻居关系　　　　　D. 路由器使用广播地址发送它

（4）不选举 DR/BDR 也能形成邻居关系的是＿＿＿。

A. 广播型链路　　　B. 非广播型链路　　　C. 点到点链路　　　　D. 虚链路

（5）不可能作为路由器 ID 号的是＿＿＿。

A. 最低逻辑接口地址　　　　　　　　　B. 最高物理接口地址

C. 最高逻辑接口地址　　　　　　　　　D. 最低物理接口地址

（6）距离矢量路由协议和链路路由协议的共同点是＿＿＿。

A. 都使用增量更新机制　　　　　　　　B. 都使用完全更新机制

C. 都交换路由表　　　　　　　　　　　D. 都只把路由更新传递给邻居

（7）OSPF 和 RIP 各自的优缺点是什么？

第6章

交 换 技 术

交换技术用来将大的冲突域分隔为小一些的冲突域，所谓冲突域，是指用两台或多台设备对网络进行分段所形成的区域，这些区域共享同一个带宽。由集线器所构成的网络是这种技术的典型例子。但由于交换机上的每个端口实际上有它自己的冲突域，所以，只要将集线器替换为交换机，就可以构造一个性能好得多的以太网 LAN。

路由协议可以防止在网络层发生网络环路。然而，如果在交换机之间有冗余的物理链路，路由协议将不能防止在数据链路层发生的环路。正是由于这个原因，才开发了生成树协议。它可以防止在第 2 层交换式的互连网络中发生环路。生成树协议是必不可少的，它的工作原理也是非常重要的，这一章将详细讨论生成树协议的原理及其在交换式网络中的作用。

6.1　第 2 层的 3 种交换功能

第 2 层交换有 3 种不同的功能：地址学习、转发/过滤决定和避免环路。

地址学习：第 2 层交换机和网桥能够记住在一个接口上所收到的每个帧的源设备硬件地址，而且它们会将这个硬件地址信息输入被称为转发/过滤表的 MAC 数据库中。

转发/过滤决定：当在某个接口上收到帧时，交换机就查看其目的硬件地址，并在 MAC 数据库中找到其外出的接口。帧只被转发到指定的目的端口。

避免环路：如果为了提供冗余而在交换机之间创建了多个连接，网络中就可能产生环路。在提供冗余的同时，可使用生成树协议（Spanning Tree Protocol，STP）来防止产生网络环路。

6.1.1　地址学习

当交换机初次加电时，其 MAC 转发/过滤表是空的，如图 6-1 所示。

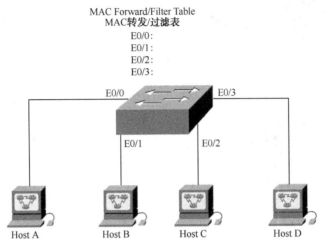

图 6-1　交换机上空的转发/过滤表

当某台设备发送帧而某个接口收到帧时，交换机就将帧的源地址放入 MAC 转发/过滤表中，这使得它能够记住发送帧的源设备位于哪个接口上。然后，交换机只能将这个帧扩散到网络中，因为它并不知道目的设备实际上在哪里。

如果某台设备响应了此广播并回送了一个帧，交换机就会从那个帧中取出源地址，将此 MAC 地址放入其数据库中，并将此地址与收到帧的接口联系起来。由于交换机现在在其过滤表中有了两个相关的 MAC 地址，所以这两台设备现在就可以实现点到点的连接了。现在，交换机不需要像第一次转发帧时那样进行广播了，因为帧现在能够只在这两台设备之间进行转发。正是由于这一点，使得第 2 层交换机比集线器的性能要好得多。在由集线器连接的网络中，所有的帧每次都被转发到所有的端口，不管这些帧要去哪里。图 6-2 显示了构建 MAC 数据库的过程。

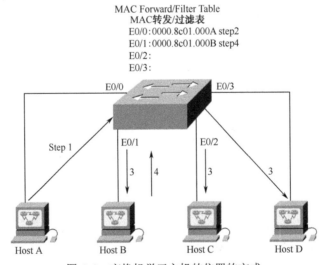

图 6-2　交换机学习主机的位置的方式

在图 6-2 中，可以看到有 4 台主机连接到交换机上。当交换机加电时，其 MAC 地址转发/过滤表是空的，如图 6-1 所示。但当主机开始通信时，交换机就将发送每个帧的源设备

的硬件地址放入地址表中，并且将与帧的地址相对应的端口也放在其中。下面举例说明转发/过滤表的形成过程。

（1）主机 A 向主机 B 发送一个帧。主机 A 的 MAC 地址是 0000.8c01.000A，主机 B 的 MAC 地址是 0000.8c01.000B。

（2）交换机在 E0/0 接口上收到帧，并将源地址放入 MAC 地址表中。

（3）由于目的地址不在 MAC 数据库中，帧就被转发到所有接口上。

（4）主机 B 收到帧并响应了主机 A。交换机在接口 E0/1 上收到此帧，并将源硬件地址放入 MAC 数据库中。

（5）主机 A 和主机 B 现在可以实现点到点的连接了，而且只有这两台设备会收到帧。主机 C 和主机 D 将不会看到帧，在数据库中也不会找到它们的 MAC 地址，因为它们还没有向交换机发送帧。

如果主机 A 和主机 B 在特定的时间之内没有再次跟交换机进行通信，交换机将刷新其数据库中的表项，以尽可能地维持当前的信息。

6.1.2　转发/过滤决定

当帧到达交换机接口时，交换机就将其目的地址与转发/过滤 MAC 数据库中的地址进行比较。如果目的硬件地址是已知的且已列在数据库中，帧就只被发送到正确的外出接口。交换机不会将帧送往除了目的地接口之外的任何其他接口，这样就保留了在其他网段上的带宽，这种方式称为帧过滤。

如果目的硬件地址没有被列在 MAC 数据库中，帧就被广播到除了发送帧的接口之外的所有其他活动的接口。如果某台设备响应了此广播，MAC 数据库就会用此设备的接口地址（位置）进行更新。

如果某台主机或服务器在 LAN 上发送了一个广播，默认时交换机就会将帧广播到所有活动端口上。记住，交换机只创建小一些的冲突域，但默认时它仍然是一个大的广播域。

在图 6-3 中，主机 A 发送一个数据帧到主机 D。当交换机接收到来自主机 A 的帧时，它将如何处理？

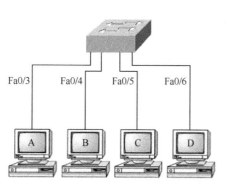

Switch#sh mac address-table
功能：查看MAC地址表

Vlan	Mac Address	Ports
1	0005.dccb.d74b	Fa0/4
1	000a.f467.9e80	Fa0/5
1	000a.f467.9e8b	Fa0/6

图 6-3　转发/过滤表

由于主机 A 的 MAC 地址不在转发/过滤表中，因此，交换机会将主机 A 的源 MAC 地址和端口添加到其 MAC 地址表中，然后将帧转发给主机 D。如果主机 D 的 MAC 地址不在转发/过滤表中，交换机就会将帧扩散到除了 Fa0/3 的所有端口上。

现在，让我们看看命令 sh mac address-table 的输出：

```
Switch#sh mac address-table
Vlan Mac Address Type Ports
---- ---------- -------- -----
1 0005.dccb.d74b DYNAMIC Fa0/1
1 000a.f467.9e80 DYNAMIC Fa0/3
1 000a.f467.9e8b DYNAMIC Fa0/4
1 000a.f467.9e8c DYNAMIC Fa0/3
1 0010.7b7f.c2b0 DYNAMIC Fa0/3
1 0030.80dc.460b DYNAMIC Fa0/3
1 0030.9492.a5dd DYNAMIC Fa0/1
1 00d0.58ad.05f4 DYNAMIC Fa0/1
```

假定前面的交换机接收到的帧的 MAC 地址如下所示：

源 MAC：0005.dccb.d74b

目的 MAC：000a.f467.9e8c

那么，交换机将如何处理这个帧呢？答案是：在 MAC 地址表中，将会找到目的 MAC 地址，因此，帧就只会被转发到 Fa0/3 端口。记住：如果在转发/过滤表中找不到目的 MAC 地址，交换机就会将帧转发到其他所有端口，以搜寻目的设备。现在我们已经看到了 MAC 地址表，也知道了交换机如何将主机的 MAC 地址添加到转发/过滤表中，那么，我们如何防止非授权用户访问交换机呢？

6.1.3　端口安全

怎样才能阻止非授权用户的主机接入交换机的端口呢？更重要的是，怎样才能防止非授权用户将集线器、交换机或接入点设备插入办公室的 Ethernet 插座上？默认时，MAC 地址只是动态地显示在 MAC 转发/过滤数据库中，通过使用端口安全，就可以阻止它们。命令如下：

```
Switch#config t
Switch(config)#int f0/1
Switch(config-if)#switchport port-security ?
  mac-address   Secure mac address
  maximum       Max secure addresses
  violation     Security violation mode
  <cr>
```

从上面的输出中大家可以清楚地看到，命令 switchport port-security 有 3 个选项可用。port-security 命令可以轻松地控制网络中的用户。大家可以使用 switchport port-security mac-address mac-address 命令，这样就可以将单个的 MAC 地址分配到交换机的每个端口中。

如果需要对交换机端口进行设置，使得一个端口只能接一台主机，而且当这个规则被违反时就关闭端口，那么可以使用如下命令：

```
Switch#config t
Switch(config)#int f0/1
Switch(config-if)#switchport port-security maximum 1
Switch(config-if)#switchport port-security violation shutdown
```

　　这些命令可能是最受欢迎的了，因为它们可以防止用户在其办公室接入交换机或接入点。maximum 设置为 1，意味着在那个端口上只能使用一个 MAC 地址。如果用户试图在那个网段上添加另一台主机，交换机端口就将被关闭。如果发生了这种情况，就需要手工地在交换机上进行配置，就是使用命令 no shutdown 来重新启用端口。

　　在 mac-address 命令下，可以看到 sticky 命令：

```
Switch(config-if)#switchport port-security mac-address sticky
Switch(config-if)#switchport port-security maximum 2
Switch(config-if)#switchport port-security violation shutdown
```

　　这个命令主要提供静态 MAC 地址安全，而无须在网络中输入每个端口的 MAC 地址。在上面的例子中，进入 sticky 端口的前两个地址是静态地址，不管在命令中设置的时间长度如何，它们将一直保持不变。为什么将它设置为 2 呢？是这样的，将其中一个用于 PC，另一个用于电话机。

6.1.4　避免环路

　　交换机之间存在冗余链路是一件好事，这是因为，万一某条链路出了故障，它们就可以用来防止整个网络失效。

　　这听起来不错，然而，尽管冗余链路可能非常有帮助，但它们所引起的问题却常常比它们能够解决的问题要多。这是因为帧可以同时被广播到所有冗余链路上，从而导致网络环路和其他的严重问题。下面列出的是最严重的问题。

　　如果网络中没有采取避免环路的措施，交换机将通过互连网络无止境地扩散广播帧。这被称为广播风暴。图 6-4 演示了广播是怎样通过互连网络传播的。可以观察到帧是怎样通过互连网络的物理网络介质不断地进行广播的。

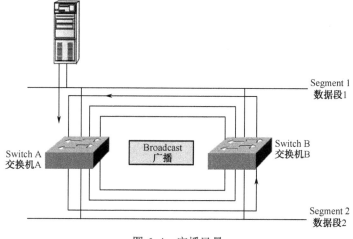

图 6-4　广播风暴

某台设备可能收到同一个帧的多个复制品，因为那个帧可能通过不同的网段同时到达。图 6-5 演示了整个帧是怎样通过多个网段同时到达的。图中的服务器向路由器 C 发送了一个单播帧。由于它是单播帧，交换机 A 就会转发该帧，交换机 B 提供同样的服务——转发广播。这样就会出现问题，因为它意味着路由器 C 会两次接收到那个单播帧，从而在网络上产生额外的开销。

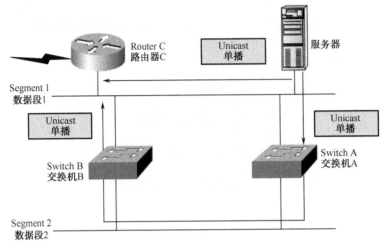

图 6-5　多帧复制

你也许会这样想：MAC 地址过滤表将被设备的位置完全弄糊涂了，因为交换机可能从多条链路接收帧。更严重的是，被弄糊涂的交换机可能更糊涂了，它不断地用源硬件地址位置更新 MAC 过滤表，这样它就没有时间来转发帧了。这就称为 MAC 地址表不稳定。

可能发生的最糟糕的事情之一，是在整个互连网络中产生了多个环路。这意味着可能在其他的环路中产生环路，如果也产生了广播风暴，在网络中就不能进行帧的转发了。

6.2　生成树协议

生成树协议（Spanning Tree Protocol，STP）最早是由数字设备公司（Digital Equipment Corporation，DEC）开发的，IEEE 后来开发了它自己的 STP 版本，称为 802.1D。默认时，Cisco 交换机运行 STP 的 IEEE 802.1D 版本。

STP 的主要任务是阻止在第 2 层网络（网桥或交换机）上产生网络环路。它警惕地监视着网络中的所有链路，通过关闭任何冗余的接口来确保在网络中不会产生环路。STP 采用生成树算法（STA），它首先创建一个拓扑数据库，然后搜索并破坏掉冗余的链路。运行了 STP 算法之后，帧就只能被转发到保险的由 STP 挑选出来的链路上。

说明：STP 是第 2 层的协议，用来维护一个无环路的交换式网络。

在如图 6-6 所示的网络中，STP 是必需的。

在图 6-6 所示的交换式网络中，存在着冗余的拓扑（交换环路）。如果没有（采取）一些第 2 层的机制来阻止网络环路，就会遇到前面讨论过的问题：广播风暴和多帧复制。

警告：要理解图 6-6 中的网络确实比较费劲，需要一些时间，但它清楚地显示了存在交换环路时的危险。更糟糕的是，一旦出现了环路，却很不容易找出它来。

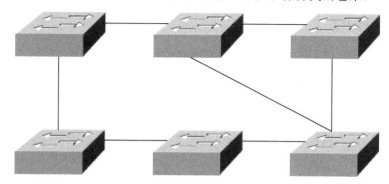

图 6-6 存在交换环路的交换式网络

6.2.1 生成树术语

根桥（Root bridge）：根桥是桥 ID 最低的网桥。对于 STP 来说，关键的问题是为网络中所有的交换机推选一个根桥，并让根桥成为网络中的焦点。在网络中，所有其他的决定，比如哪一个端口要被阻塞，哪一个端口要被置为转发模式，都是根据根桥的判断来做出选择的。

BPDU（桥协议数据单元）：所有的交换机相互之间都交换信息，并利用这些信息来选出根交换机，也根据这些信息来进行网络的后续配置。每台交换机都对桥协议数据单元（Bridge Protocol Data Unit）中的参数进行比较，它们将 BPDU 传送给某个邻居，并在其中放入它们从其他邻居那里收到的 BPDU。

桥 ID（Bridge ID）：STP 利用桥 ID 来跟踪网络中的所有交换机。桥 ID 是由桥优先级（在所有的 Cisco 交换机上，默认的优先级为 32768）和 MAC 地址的组合来决定的。在网络中，桥 ID 最小的网桥就成为根桥。

非根桥（Nonroot bridges）：除了根桥外，其他所有的网桥都是非根桥。它们相互之间都交换 BPDU，并在所有交换机上更新 STP 拓扑数据库，以防止环路并对链路失效采取补救措施。

端口开销（Port cost）：当两台交换机之间有多条链路且都不是根端口时，就根据端口开销来决定最佳路径，链路的开销取决于链路的带宽。

根端口（Root port）：根端口是指直接连到根桥的链路所在的端口，或者到根桥的路径最短的端口。如果有多条链路连接到根桥，就通过检查每条链路的带宽来决定端口的开销，开销最低的端口就成为根端口。如果多条链路的开销相同，就使用桥 ID 小一些的那个桥。如果多条链路来自同一台设备，就使用端口号最低的那条链路。

指定端口（Designated port）：有最低开销的端口就是指定端口，指定端口被标记为转发端口。

非指定端口（Nondesignated port）：非指定端口是指开销比指定端口高的端口，非指定端口将被置为阻塞状态，它不是转发端口。

转发端口（Forwarding port）：指能够转发帧的端口。

阻塞端口（Blocked port）：阻塞端口是指不能转发帧的端口，这样做是为了防止产生环

路。然而，被阻塞的端口将始终监听帧。

6.2.2 选举根桥

在网络中，桥 ID 用来选举根桥，并决定根端口。桥 ID 为 8 字节长，其中包括了设备的优先级和 MAC 地址，在运行 IEEE STP 版本的所有设备上，默认时的优先级都为 32768。

决定根桥时，需要将桥的优先级和 MAC 地址结合起来。如果两台交换机或网桥碰巧有同样的优先级值，那么就比较它们的 MAC 地址，MAC 地址最小的设备就有最低的桥 ID。举个例子，如果有两台交换机，即 A 和 B，它们都采用默认优先级 32768，那么就要用 MAC 地址来进行比较了。如果交换机 A 的 MAC 地址为 0000.0c00.1111，交换机 B 的 MAC 地址为 0000.0c00.2222，那么，交换机 A 将成为根桥。只需要记住在选举根桥时值越小越好就行了。

默认时，每 2 秒发送一次 BPDU，它被发送到网桥/交换机的所有活动端口上，桥 ID 最小的网桥就被选举为根桥。可以改变桥的 ID，以使它自动成为根桥。在大的交换式网络中，能够做到这一点是很重要的，它保证了能够选出最佳路径。在这里，需要考虑效率。

图 6-7 显示了典型的带冗余交换路径的交换式网络。首先，我们来找出哪一台交换机是根桥，通过改变交换机的默认优先级，可以让非根桥成为根桥。

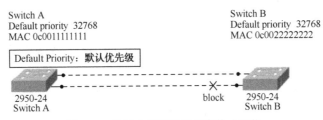

图 6-7 带冗余交换路径的交换式网络

从图 6-7 中，可以看出交换机 A 是根桥，因为它的桥 ID 最小。交换机 B 必须将其连接到交换机 A 的某个端口关闭，以防止产生交换环路。记住，尽管交换机 B 的阻塞端口不能转发帧，但它仍然可以接收帧，包括 BPDU。

在交换机 B 上，要通过 STP 确定将关闭哪个端口，首先要检查每条链路的带宽值，然后关闭带宽值最低的链路。由于在交换机 A 和交换机 B 之间的两条链路都是 100 Mbit/s 的，因此，典型情况下，STP 将关闭端口号高的一条，但并不总是这样的。在这个例子中，12 比 11 高，因此，端口 12 将被置为阻塞模式。

改变默认优先级是选举根桥的最佳方式。这一点很重要，因为希望网络中的核心交换机（离网络中心最近的交换机）成为根桥，这样 STP 就会快速收敛。

让我们来试一下，让交换机 B 成为网络中的根桥。以下是交换机 B 的输出，显示了默认优先级。这里使用的是 show spanning-tree 命令：

```
Switch B(config)#do show spanning-tree
VLAN0001
Spanning tree enabled protocol ieee
Root ID Priority 32769
```

```
Address 0005.74ae.aa40
Cost 19
Port 1 (FastEthernet0/1)
Hello Time 2 sec Max Age 20 sec Forward Delay 15 sec
Bridge ID Priority 32769 (priority 32768 sys-id-ext 1)
Address 0012.7f52.0280
Hello Time 2 sec Max Age 20 sec Forward Delay 15 sec
Aging Time 300
[output cut]
```

在这里，要注意两件事情，交换机 B 运行的是 IEEE 802.1d 协议，第一项输出（Root ID）是交换式网络中根桥的信息，但这不是交换机 B 的信息。交换机 B 到根桥的端口（称为根端口）是端口 1。桥 ID 实际上是有关交换机 B 和 VLAN 1 的生成树信息。VLAN1 被列为 VLAN0001，每个 VLAN 都可以有不同的根桥，尽管这不常见。交换机 B 的 MAC 地址也列出来了，大家可以看出，它与根桥的 MAC 地址是不同的。

交换机 B 的优先级是 32768，这是每台交换机的默认优先级。大家可以看到，它被列为 32769，由于 VLAN ID 实际上被加进来了，因此在这种情况下，对于 VLAN 1，它显示为 32769。VLAN2 将为 32770，以此类推。

正如前面提到的，你可以改动优先级，以迫使交换机成为 STP 网络中的根桥，现在我们让交换机 B 成为根桥。可使用下列命令在 Catalyst 交换机上改动桥的优先级：

```
Switch B(config)#spanning-tree vlan 1 priority ?
<0-61440> bridge priority in increments of 4096
Switch B(config)#spanning-tree vlan 1 priority 4096
```

可以将优先级设置为 0~61440 的任何值。将优先级设置为 0 意味着，交换机将始终是根桥。桥优先级的数值以 4096 递增。对于网络中的每个 VLAN，如果你想将某台交换机设置为根桥，那么必须改动每个 VLAN 的优先级，0 是可以使用的最低优先级。将所有交换机的优先级都设置为 0 并不是一件好事。

检查下面的输出，我们已经在 VIAN1 中将交换机 B 的优先级改成了 4096，因此就成功地将这台交换机变成了根桥：

```
Switch B(config)#do show spanning-tree
VLAN0001
Spanning tree enabled protocol ieee
Root ID Priority 4097
Address 0012.7f52.0280
This bridge is the root
Hello Time 2 sec Max Age 20 sec Forward Delay 15 sec
Bridge ID Priority 4097 (priority 4096 sys-id-ext 1)
Address 0012.7f52.0280
Hello Time 2 sec Max Age 20 sec Forward Delay 15 sec
Aging Time 15
[output cut]
```

现在，根桥的 MAC 地址和交换机 B 的桥 ID 是一样的了，这意味着交换机 B 已经成了根桥。

6.2.3　生成树端口状态

对于运行 STP 的网桥或交换机来说，其端口状态会在下列 5 种状态之间转变。

阻塞（Blocking）：被阻塞的端口将不能转发帧，它只监听 BPDU。设置阻塞状态的意图是防止使用有环路的路径。当交换机加电时，默认情况下所有的端口都处于阻塞状态。

侦听（Listening）：端口都侦听 BPDU，以确信在传送数据帧之前，在网络上没有环路产生。处在侦听状态的端口，在没有形成 MAC 地址表时，就准备转发数据帧。

学习（Learning）：交换机端口侦听 BPDU，并学习交换式网络中的所有路径。处在学习状态的端口形成了 MAC 地址表，但不能转发数据帧。转发延迟意味着将端口从侦听状态转换到学习状态所花费的时间，默认时设置为 15 秒，可以用命令 show spanning-tree 显示出来。

转发（Forwarding）：在桥接的端口上，处在转发状态的端口发送并接收所有的数据帧。如果在学习状态结束时，端口仍然是指定端口或根端口，它就进入转发状态。

禁用（Disabled）：从管理上讲，处于禁用状态的端口不能参与帧的转发或形成 STP。处于禁用状态下，端口实质上是不工作的。

说明： 只有在学习状态或转发状态下，交换机才能填写 MAC 地址表。

大多数情况下，交换机端口都处在阻塞或转发状态。转发端口是指到根桥的开销最低的端口，但如果网络的拓扑改变了（可能是链路失效了，或者有人添加了一台新的交换机），交换机上的端口就会处于侦听或学习状态。

正如前面提到的，阻塞端口是一种防止网络环路的策略。一旦交换机决定了到根桥的最佳路径，那么所有其他的端口将处于阻塞状态。被阻塞的端口仍然能接收 BPDU，它们只是不能发送任何帧。

如果由于网络拓扑的改变，交换机决定让一个被阻塞的端口现在成为指定端口或根端口，它将转到侦听状态，并检查它收到的所有 BPDU，以确信一旦它变为转发状态，将不会引起网络环路的出现。

6.2.4　收敛

当网桥或交换机上的所有端口都转变到转发或阻塞状态时，就产生了收敛。在收敛完成之前，交换机不能转发任何数据。在重新转发数据之前，所有的设备都必须更新。是的，STP 正在收敛时，所有主机的数据都会停止发送。因此，如果你想让网络中的用户能够继续发送数据（或者保持他们在任何时候都有可用链路），就必须保证交换式网络的实际设计确实很好，以便 STP 能够快速收敛。

图 6-8 显示了在设计和实施交换式网络时，必须引起特别重视的一些问题，以便 STP 能够有效地收敛。

收敛是重要的，它用来确保所有的设备都有同样的数据库，但它确实会花一些时间。从阻塞状态转变到转发状态通常要花 50 秒，建议你不要改变默认的 STP 定时器时间（但如果需要的话，可以调整这些定时器）。如图 6-8 所示，通过创建层次化的交换机实际设计，就可以让核心交换机成为 STP 的根桥，以便让 STP 收敛得又快又好。

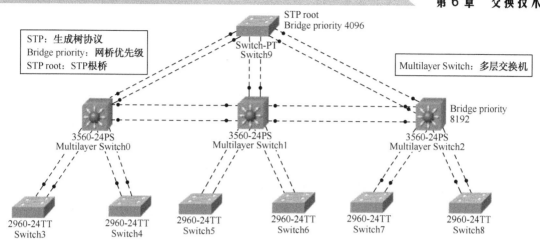

图 6-8　优化的层次化交换机设计

在交换机端口上，生成树拓扑从阻塞到转发的典型收敛时间为 50 秒，在服务器或主机上，这会引起超时问题，比如当你重新引导它们时。要解决这个问题，可以使用端口加速（PortFast）在某个端口上禁用生成树。

6.3　链路聚合

链路聚合（Link Aggregation），是指将多个物理端口捆绑在一起，成为一个逻辑端口，以实现出/入流量在各成员端口中的负荷分担，交换机根据用户配置的端口负荷分担策略决定报文从哪一个成员端口发送到对端的交换机。当交换机检测到其中一个成员端口的链路发生故障时，就停止在此端口上发送报文，并根据负荷分担策略在剩下链路中重新计算报文发送的端口，故障端口恢复后再次重新计算报文发送端口。链路聚合在增加链路带宽、实现链路传输弹性和冗余等方面是一项很重要的技术。

如果聚合的每个链路都遵循不同的物理路径，则聚合链路也提供冗余和容错。通过聚合调制解调器链路或者数字线路，链路聚合可用于改善对公共网络的访问。链路聚合也可用于企业网络，以便在吉比特以太网交换机之间构建更多比特的主干链路。

6.4　虚拟局域网

在讲述本节的内容之前，很有必要再重申一次：默认时，交换机分隔冲突域，路由器分隔广播域。

在一个纯交换式的互连网络中，怎样分隔广播域呢？通过创建虚拟局域网（VLAN），就可以做到这一点。VLAN 是两部分的逻辑组合：一是网络用户，二是在管理上连接到交换机所定义端口的资源。在创建虚拟局域网时，可以将交换机上的不同端口分派到不同的子网中，这样就可以在第 2 层交换式互连网络中创建小一些的广播域。可以像对待单独的子网和广播域一样来对待 VLAN，这意味着网络上的广播帧只在同一个 VLAN 内部的逻辑组的端口之间进行转发。

那么，这是否意味着我们不再需要路由器了呢？也许是的，也许不是，这实际上取决于你要干什么。默认时，一个 VLAN 中的所有主机都不能与另外一个 VLAN 中的任何主机进行通信，因此，如果想要在 VLAN 之间进行通信，就仍然需要路由器。

6.4.1　VLAN简介

如图 6-9 所示，典型情况下，第 2 层交换式网络被设计成平面网络，所发送的每个广播包都将被网络上的所有设备接收到，而不管这些设备是否需要接收这些数据。

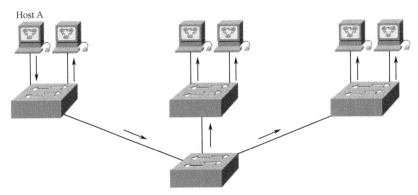

图 6-9　平面网络的结构

默认时，路由器只允许在网络内部传送广播，而交换机则将广播转发到所有网段。之所以称之为平面网络，是因为它们在一个广播域内，而不是因为其物理设计是平面的。在图 6-9 中可以看到，主机 A 发送了一个广播，所有交换机上的所有端口都转发此广播，当然，除了最早接收到广播的那个端口。

现在，我们知道了第 2 层交换式网络的最大好处是，它为插入交换机每个端口的每台设备创建了各自的冲突域。这种方案可以使我们免除对以太网距离限制的担心，因此，现在可以构建更大的网络了。但每一个新的改进通常都会引起新的问题。例如，用户和设备的数量越大，每台交换机必须处理的广播和数据包就越多。

还有另一个问题——安全性。这确实是一个问题，因为在典型的第 2 层交换式互连网络的内部，默认时所有用户都可以看见所有的设备。你不能让设备停止广播，也不能让用户不响应广播。安全性选项只能限于在服务器和其他设备上设置口令。

但是，如果创建了 VLAN，情况就可以大大改善。可以用 VLAN 来解决与第 2 层交换有关的许多问题。

用 VLAN 来简化网络管理的方式有多种：

（1）通过将某个端口配置到合适的 VLAN 中，就可以实现网络的添加、移动和改变。

（2）将对安全性要求高的一组用户放入 VLAN 中，这样，VLAN 外部的用户就无法与它们通信。

（3）作为功能上的逻辑用户组，可以认为 VLAN 独立于它们的物理位置或地理位置。

（4）VLAN 可以增强网络安全性。

（5）VLAN 增加了广播域的数量，同时减小了广播域的范围。

1. 广播控制

在每种协议中都会产生广播，但它们产生广播的频度取决于下面3项：

（1）协议的类型；

（2）运行在互连网络上的应用程序；

（3）怎样使用这些服务。

近期，由于交换机的性价比更为合理，许多公司正在用纯交换式的网络和 VLAN 环境取代平面式的集线器网络。VLAN 中的所有设备都是同一个广播域的成员，并接收所有的广播。默认时，在不是同一个 VLAN 成员的交换机上，所有的端口都会进行广播过滤。这是很重要的，因为如果所有的用户都在同一个广播域上，你就难免会心烦意乱，而交换式的网络设计就能够免除你的这种烦恼。

2. 安全性

平面网络的安全性问题通常是通过将集线器和交换机一起连接到路由器上来解决的。因此，路由器的基本工作就是维护安全性。由于下述几个原因，这种安排并不是很有效的。首先，连接到物理网络的任何人都可以访问位于那个物理 LAN 上的网络资源。其次，只要简单地往集线器中插入一个网络分析仪，任何人都可以观察到在网络上产生的任何通信流。第三，在这种情况下，用户只要将其工作站插入现有的集线器中，就可以加入某个工作组。因此基本上可以说，根本没有安全性可言。

正是由于上述原因，使得 VLAN 很流行。通过构建 VLAN 并创建多个广播组，现在，管理员就可以对每个端口和每个用户加以控制。用户只要将其工作站插入任何交换机端口，就可以对网络资源进行访问的时代已经成为历史了，因为管理员现在有了对每个端口的控制权，能够控制端口对资源的访问。

同时，由于 VLAN 的创建可以与用户所需求的网络资源相一致，所以交换机可以配置为一旦有任何对网络资源的非授权访问，就立即通知网络管理站。如果需要在 VLAN 之间进行通信，就可以通过对路由器实施限制来做到这一点。也可以对硬件地址、协议和应用程序实施限制，这样就可以保证安全性。

3. 灵活性和可扩展性

大家已经知道，第 2 层交换机在过滤时只读取帧，它们并不查看网络层的协议，而且默认时交换机转发所有的广播。但如果创建并实现了 VLAN，本质上就可以在第 2 层创建更小的广播域。

这意味着一个 VLAN 上的节点所发送的广播将不会被转发到配置在其他 VLAN 中的端口。因此，通过将交换机端口或用户分配到交换机上的 VLAN 组中，或者分配到相连的交换机组中，就可以获得灵活性，以便只添加你想要其进入广播域的用户，而不管它们的物理位置如何。这种设置也可以用来阻断因网卡失效而引起的广播风暴，并防止中间设备在整个互连网络上传播风暴。这些令人讨厌的事情也可能发生在出了问题的 VLAN 中，但可以保证它们只局限在那个有问题的 VLAN 中。

另一个好处是，当 VLAN 越来越大时，可以创建更多的 VLAN，以保证广播不会消耗掉太多的带宽，VLAN 中的用户越少，受广播影响的用户就越少。这是很好的事，但在创建 VLAN 时，你绝对需要牢牢记住网络服务，并理解用户是怎样连接到这些服务的。尝试并保持所有的网络服务是一个好的想法，除了每个人都需要的 E-mail 和 Internet 访问之外，尽可能地让所有用户都留在本地。

要理解 VLAN 是怎样依赖于交换机的，可以先看一看传统的网络，图 6-10 显示了怎样使用集线器将物理 LAN 连接到路由器而创建网络。

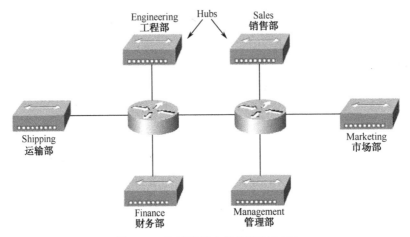

图 6-10　连接到路由器的物理 LAN

在这里，可以看到每个网络都用集线器端口连接到路由器上（每个网段也有其自己的逻辑网络号，但这一点在图中并不明显）。连接到特定物理网络的每个节点必须与那个网络号相匹配，以便能够在互连网络上进行通信。注意，每个部门都有自己的 LAN，因此，举例来说，如果需要添加一些新用户到销售部，只要将它们插入销售部 LAN 中，它们将自动成为销售部冲突域和广播域的一部分。这种设计确实使用了好些年，效果也不错。

但这里有一个主要的缺陷：如果销售部的集线器满了，而你却需要再添加一个用户到销售部 LAN，怎么办呢？或者，如果销售部所在的地方没有更多的物理空间来容下这个新用户了，该怎么办呢？假定碰巧在财务部的那一层有大量的空房间，因此，这些新的销售部人员就不得不与财务部的人员在同一层楼办公，这样，就不得不将他们的端口插入财务部的集线器中。

这样一来，这些新的用户显然就成了财务部 LAN 的一部分，并由此而带来许多问题。首先也是最重要的，现在出现了安全性问题，因为这些新用户成了财务部广播域的成员，并由此而能够像财务部的所有成员一样，访问到所有的服务器和网络服务。其次，对于这些新用户来说，他们虽然位于财务部的 LAN 上，却需要访问销售部的网络服务来进行正常的工作，他们就需要通过路由器登录到销售部的服务器，这样一来，效率显然不高。

现在，让我们看看交换机能够做什么。图 6-11 演示了交换机怎样消除了物理上的界限，从而使问题得到解决。它也显示了怎样使用 6 个 VLAN（其编号为 2～7）来为每个部门创建一个广播域。每个交换机端口在管理上被分配为一个 VLAN 成员，这取决于主机和它必须位于哪个广播域。

因此，如果现在需要向销售部 VLAN（VLAN7）中添加另一个用户，就只需要将所需的端口分配到 VLAN7，而不管这些新的销售部成员的物理位置在哪里。相对于老式的折叠

式主干设计来说，这是这种带 VLAN 的网络设计的最大优势之一。现在，每一台需要添加到销售部 VLAN 中的主机只需要被分配到 VLAN7 就行了，既清楚又简单。

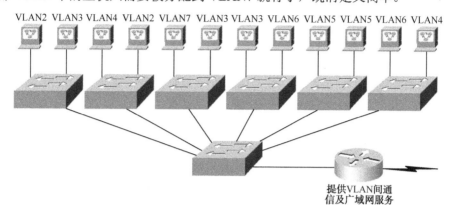

```
Marketing     VLAN2     172.16.20.0/24
Shipping      VLAN3     172.16.30.0/24
Engineering   VLAN4     172.16.40.0/24
Finance       VLAN5     172.16.50.0/24
Management    VLAN6     172.16.60.0/24
Sales         VLAN7     172.16.70.0/24
```

Marketing：市场部
Shipping：运输部
Engineering：工程部
Finance：财务部
Management：管理部
Sales：销售部

图 6-11　交换机消除了物理上的界限

注意： 从 VLAN 成员 2 开始分配 VLAN，号码其实是无关紧要的，但你可能感到奇怪：为什么不从 VLAN1 开始分配呢？因为 VLAN1 是负责管理的 VLAN，尽管它可以被用做工作组，但 Cisco 推荐这个号码只用于管理用途。你无法删除或改动 VLAN1 的名称，而且默认时，交换机上的所有端口都是 VLAN1 的成员，直到你改动了它们为止。

每个 VLAN 被认为是一个广播域，因此，它必须有它自己的子网号。如果你也使用 IPv6，那么每个 VLAN 也必须分配它自己的 IPv6 网络号。你不会感到混乱的，只需要记住 VLAN 是分隔开的子网或网络就行了。

现在，让我们回过头来看看"因为有了交换机，就不再需要路由器"的错误概念。在图 6-11 中，注意到有 7 个 VLAN 或广播域（加上 VLAN1），在每个 VLAN 内部的节点可以彼此通信，但不同的 VLAN 之间是无法彼此通信的，因为在任何给定 VLAN 中的节点，都"认为"它们实际上在如图 6-10 所示的折叠式主干结构中。

要让图 6-11 中的主机能够与不同 VLAN 上的节点或主机进行通信，需要什么样的通信工具呢？用路由器。那些节点确实需要路由器或者一些其他的第 3 层设备，就像它们被配置实现 VLAN 之间的通信时一样。这与我们试图连接不同物理网络时的情况一样。VLAN 之间的通信必须通过第 3 层设备进行，因此，我们确实需要路由器。

6.4.2　VLAN成员关系

VLAN 通常是由管理员创建的，并由管理员将交换机端口分配到每个 VLAN 中，这种类型的 VLAN 称为静态 VLAN。如果管理员想做得更多一些，将所有主机设备的硬件地址都分配到一个数据库中，那么无论什么时候主机插入交换机中，交换机都可以配置为动态地分配 VLAN，这种方式称为动态 VLAN。下面将分别讨论静态 VLAN 和动态 VLAN。

1. 静态 VLAN

创建 VLAN 时，通常都是创建静态 VLAN，原因之一是，静态 VLAN 是最安全的。这种安全性起源于这样的事实：分配了 VLAN 联系的任何交换机端口始终维护此联系，直到管理员手工改变了此端口的分配。

静态 VLAN 配置更加容易设置和监控，对于用户在网络内部的移动是受到控制的连网环境来说，其效果很好。而且，可以使用网络管理软件来帮助进行端口的配置，但不想用它也是可以的。

在图 6-11 中，由管理员根据 VLAN 成员关系手工配置每个交换机端口，这基于主机想要成为哪一个 VLAN 的成员，记住，这里并不关心设备的实际物理位置。主机将成为哪一个广播域的成员，完全取决于管理员。再强调一遍，每台主机还必须有正确的 IP 地址信息。例如，在 VLAN2 中，每台主机必须被配置到 172.16.20.0/24 网络中。重要的是，还要记住，如果将一台主机插入交换机中，就必须验证此端口的 VLAN 成员关系。如果成员关系与此主机想要的成员关系不同，主机就不能获得所需的网络服务，比如，不能到达工作组服务器。

2. 动态 VLAN

另一方面，动态 VLAN 能够自动决定一个节点的 VLAN 分配。通过使用智能化的管理软件，就可以基于硬件（MAC）地址、协议甚至应用程序来创建动态 VLAN。

例如，假定 MAC 地址已经被输入了集中化的 VLAN 管理程序，而你要查找一个新的节点。如果你将它连接到一个未被分配的交换机端口上，VLAN 管理数据库就可以查找硬件地址，并将交换机端口分配和配置到正确的 VLAN 中。不用说，这使得管理和配置更加容易，因为如果某个用户移动了，交换机可以自动地将其分配到正确的 VLAN 中。但这里也有一个问题：在开始时，管理员不得不做大量的工作来建立数据库。

这里有一些好消息：可以使用 VLAN 管理策略服务器（VLAN Management Policy Server，VMPS）的服务来建立 MAC 地址的数据库，这个数据库可以用于 VLAN 的动态寻址。VMPS 数据库能够自动将 MAC 地址映射到 VLAN。

动态接入端口可属于某个 VLAN（VLAN ID 为 1~4094），可以通过 VMPS 动态地分配 VLAN。Catalyst 2960 交换机只能是 VMPS 客户机。在同一台交换机上，可以有动态接入端口和中继端口，但必须将动态接入端口连接到终端工作站或集线器上，而不是连接到另一台交换机。

6.4.3　VLAN的识别

要知道，交换机端口只是第 2 层接口，这些接口是与物理端口相联系的。如果交换机端口是访问端口，那么它就只能属于某一个 VLAN；如果交换机端口是中继端口，那么它就可以属于所有 VLAN。可以将某个端口手工配置为访问端口或中继端口，或者让动态中继协议（Dynamic Trunking Protocol，DTP）基于每个端口操作，以设置交换机的端口模式。通过与链路另一端的端口进行协商，DTP 就能够做到这一点。

交换机肯定是非常忙碌的设备。当帧通过网络进行交换时，交换机必须能够跟踪所有不同类型的帧，而且还要知道怎样对它们进行处理，这取决于硬件地址。记住，根据帧所穿越的链路类型的不同，交换机对帧的处理方式也不同。

在交换式网络环境中，有两种不同类型的链路。

1. 访问端口

访问端口只能属于某一个 VLAN，它只能承载某一个 VLAN 的流量。流量只以本机格式（native formats）接收和发送，无论如何都不会带有 VLAN 标记（tagging）。

到达某个访问端口的任何数据，只是简单地被假定属于那个端口所分配的 VLAN。因此，如果某个访问端口接收到带有标记的数据包，如带有 IEEE 802.1Q 标记时，你认为会发生什么情况呢？是这样的：那个数据包将只是被丢弃。为什么会这样呢？因为访问端口不会查看源地址，所以带有标记的流量只能被中继端口转发和接收。

对于访问链路，可以将它称为"端口已配置好的 VIAN"。任何连接到访问链路的设备并不知道 VLAN 的成员关系，只假定它是同一个广播域的一部分，它没有整体的概念，因此，它根本不理解物理网络拓扑。

需要知道的另外一点是，在帧被转发到连接访问链路的设备之前，交换机要从帧中删除任何有关 VLAN 的信息。记住，连接到访问链路的设备不能与 VLAN 外部的设备进行通信，除非数据包是通过路由转发的。只能让交换机端口成为访问端口或中继端口，而不能既是访问端口又是中继端口。因此，只能让某个端口选择其中一种。如果你让某个端口成为了访问端口，那么那个端口就只能被分配给某一个 VLAN。

2. 中继端口

术语"中继端口"是从电话系统的中继线路引申而来的，在中继线路上，能够同时承载多个电话会话。类似地，中继端口能够同时承载多个 VLAN 的信息。

中继链路是两台交换机之间的 100 Mbit/s 或 1000 Mbit/s 的点对点链路，也可以是交换机与路由器之间的或者交换机与服务器之间的这种链路。它能够承载多个 VLAN 的通信量——同时有 1～4094 个 VLAN（除非使用扩展的 VLAN，否则实际上只能是 1005 个 VLAN）。

中继可以使单个端口同时成为多个不同 VLAN 的一部分，这是一个非常有用的优点。例如，实际上可以同时在两个广播域中设置为使用同一台服务器，这样，用户就不必跨越第 3 层设备（路由器）登录并访问它。中继的另一个好处体现在连接交换机时，中继链路可以跨链路传送各种 VLAN 信息，但如果交换机之间的链路不是中继链路，默认时就只有已配置好的 VLAN 信息能够通过此链路进行交换。

所有 VLAN 都在配置为中继的链路上发送信息，除非管理员手工清除了每个 VLAN。

图 6-12 显示了不同的链路是怎样用在交换式网络中的。连接到交换机的所有主机可以与其 VLAN 中的所有端口进行通信，因为它们之间有中继链路。记住，如果在交换机之间使用访问链路，就只允许一个 VLAN 在交换机之间进行通信。正如你可以看到的，这些主机使用访问链路连接到交换机，因此它们只能在一个 VLAN 内进行通信，这意味着如果没有路由器，主机就不能与其 VLAN 之外的设备进行通信，但它们可以通过中继链路向主机发送数据，这些主机是位于同一个 VLAN 中的不同交换机上的。

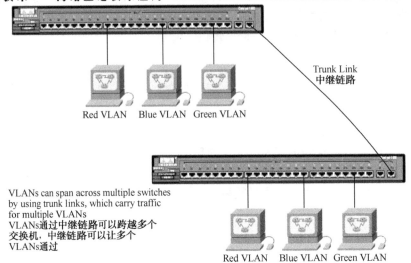

图 6-12　交换式网络中的访问链路和中继链路

3. 帧标记

正如大家所知道的，可以在多台相互连接的交换机上创建 VLAN。在图 6-11 中，来自各个不同 VLAN 的主机跨越了许多交换机。这种灵活的伸缩能力，是实现 VLAN 的主要好处。

但是这有点复杂，甚至对交换机来说也如此，当帧穿越交换机结构和 VLAN 时，需要有一种方法来让每台交换机跟踪所有的用户和帧。当提到"交换机结构"时，指的是共享相同 VLAN 信息的一组交换机。帧标记就出现在这里。这种帧标识方法独一无二地给每个帧分配一个用户定义的 ID，有时人们称它为"VLAN ID"或"颜色"。

它的工作原理是这样的：接收到帧的每台交换机必须首先识别帧标记中的 VLAN ID，然后通过查看过滤表中的信息，它就知道该对帧进行哪些处理。如果接收到帧的交换机有另一条中继链路，帧就从中继链路端口上转发出去。

一旦帧到达了由转发/过滤表决定的、与帧的 VLAN ID 相匹配的访问链路的出口，交换机就删除 VLAN 标识。这样，目的设备就可以接收该帧，而无须去理解它们的 VLAN 标识。

关于中继端口的另一件事情是，它们将同时支持有标记的和非标记的流量（我们将在下一节讨论采用 802.1Q 的中继）。对于所有非标记的流量将要穿越的 VLAN，中继端口将被分配一个默认的端口 VLAN ID（PVID）。这种 VLAN 也称本机（native）VLAN，默认时，它始终是 VLAN1（但可以改为任何 VLAN 号）。

类似地，任何带 NULL（没有分配的）VLAN ID 的标记或非标记流量，都假定属于有端口默认 PVID 的 VLAN（同样，默认时为 VLAN1）。其 VLAN ID 等于外出端口默认 PVID 的数据包将作为非标记流量发送，且只能与 VLAN1 中的主机或设备进行通信。其他所有的 VLAN 流量必须用 VLAN 标记发送，以便在与此标记相对应的特定 VLAN 中通信。

4. VLAN 的识别方法

VLAN 的识别是指当帧正在穿越交换机结构时，交换机跟踪所有这些帧的方式。它指的是交换机怎样识别哪一个帧属于哪一个 VLAN，下面是一些实现中继的方法。

1）交换机间链路（Inter-Switch Link，ISL）

交换机间链路（ISL）是一种在以太网帧上显式地标记 VLAN 信息的方法。通过一种外部封装方法（ISL），这种标记信息允许 VLAN 在中继链路上实现多路复用，从而允许交换机在中继链路上识别出帧的 VLAN 成员关系。

通过运行 ISL，可以将多台交换机互连起来，当流量在交换机之间的中继链路上传送时，仍然维持 VLAN 信息。ISL 在第 2 层起作用，并用新的报头和循环冗余校验（CRC）对数据帧进行封装。

要注意的是，这是 Cisco 交换机专用的方法，它只用于快速以太网和吉比特以太网链路。ISL 路由的用途相当广泛，可以用在交换机端口、路由器接口和服务器接口卡上。

2）IEEE 802 1.Q

它是由 IEEE 创建的，作为帧标记的标准方法，它实际上是在帧中插入一个字段，以标识 VLAN。如果你正在 Cisco 的交换式链路和不同品牌的交换机之间设置中继链路，就不得不使用 802.1Q，以便让中继链路起作用。

它的原理是这样的：首先指定准备采用 802.1Q 封装来实现中继的每个端口，必须为端口分配特定的 VLAN ID，使它们成为本机 VLAN，以便让它们通信。属于同一个中继链路的端口所创建的工作组就成为本机 VLAN，每个端口用反映其本机 VLAN 的标识号作为标记，默认时为 VLAN1。本机 VLAN 允许中继链路传送所接收到的没有任何 VLAN 标识或帧标记的信息。

2960 系列只支持 IEEE 802.1Q 中继协议，但 3560 系列能支持 ISL 和 IEEE 两种方法。

说明：ISL 和 802.1Q 帧标记方法的基本意图是，提供交换机之间的 VLAN 通信。同样要记住，如果帧是从访问链路上转发出来的，就将删除任何 ISL 或 802.1Q 帧标记。就是说，帧标记只能在中继链路上使用。

6.4.4　VLAN之间的路由

VLAN 中的主机处在自己的广播域内，并且可以自由通信。VLAN 在 OSI 模型的第 2 层创建网络分段，并分隔数据流。正如在解释为什么仍然需要路由器时提到的，如果想让主机或任何其他设备在 VLAN 之间通信，就需要第 3 层设备。

正因为如此，才需要采用对每个 VLAN 都有一个接口的路由器，或者采用支持 ISL 或 802.1Q 路由的路由器。支持 ISL 或 802.1Q 路由的最便宜的路由器是 2600 系列路由器。1600、1700 和 2500 系列不支持 ISL 或 802.1Q 路由。推荐大家至少使用 2800 系列，但它们只支持 802.1Q，Cisco 确实删除了 ISL，因此，可能你只能使用 802.1Q 了。

如图 6-13 所示，如果只有少量的 VLAN（2 个或 3 个），就可以用带 2 个或 3 个快速以太网连接的路由器。在家庭使用中，可以采用 10BaseT，但只是指家庭使用，在其他情况下，推荐使用快速以太网或吉比特以太网接口，它的性能要好得多。

我们在图 6-13 中看到的是，路由器的每个接口都插入一条访问链路中，这意味着对每个 VLAN 中的每台主机来说，路由器每个接口的 IP 地址都将变成默认网关。

如果可用的 VLAN 数量比路由器接口的数量多，就可以在某个快速以太网接口上配置中继链路，或者购买一台第 3 层交换机，如 Cisco3560，或者购买高端的交换机，如 6500。

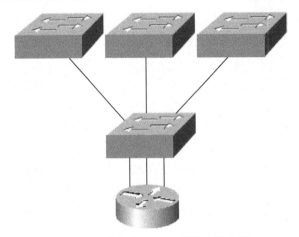

图 6-13　带各自 VLAN 连接的路由器

除了为每个 VLAN 使用路由器接口之外，还可以采用（路由器的）一个快速以太网接口，并运行 ISL 或 802.1Q 中继。图 6-14 显示了在配置 ISL 或 802.1Q 中继之后路由器上的快速以太网接口。这样就能允许所有的 VLAN 通过一个接口进行通信了。Cisco 将它称为"router on a stick"（单臂路由器）。

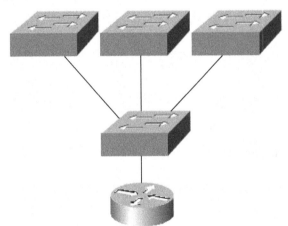

图 6-14　单臂路由器

需要指出的是，这样会产生瓶颈和单点失效，因此，主机和 VLAN 的数量会受到限制。到底为多少呢？这取决于流量情况。要想使情况正常，最好使用高端交换机，并使用背板路由，但如果你手边正好有一台路由器，那么就采用这种方法吧。

6.4.5　配置VLAN

VLAN 的配置实际上十分容易，你可能对这一点感到惊奇。但是在每个 VLAN 中，找到你想要的用户却不那么容易，这很费时间。一旦决定了想要创建的 VLAN 号，并将你想要的用户加入某个 VLAN 中，你就创建了第一个 VLAN。

要在 Cisco Catalyst 交换机上配置 VLAN，可以使用全局配置命令 vlan。在下面的例子中，将演示怎样在交换机 S1 上配置 VLAN，并为 3 个不同的部门创建 3 个不同的 VLAN。

再重申一遍，要记住默认时，VLAN1 是本机 VLAN 且是负责管理的 VLAN。

```
S1#config t
S1(config)#vlan ?
        WORD       ISL VLAN IDs 1-4094
        internal   internal VLAN
S1(config)#vlan 2
S1(config-vlan)#name Sales
S1(config-vlan)#vlan 3
S1(config-vlan)#name Marketing
S1(config-vlan)#vlan 4
S1(config-vlan)#name Accounting
S1(config-vlan)#^Z
S1#
```

从上面可以看出，可以创建的 VLAN 号是 2～4094，这只在大多数情况下是正确的。实际上可以创建的 VLAN 号只能到 1005，而且你不能使用、改动、重命名或删除 VLAN 1，以及 VLAN 1002～1005，因为它们是保留的。超过这些数字的 VLAN 号被称为"扩展 VLAN"，它们不会被保存在数据库中。

```
S1#config t
S1(config)#vlan 4000
S1(config-vlan)#^Z
% Failed to create VLANs 4000
```

在创建了想要的 VLAN 之后，可以使用 show vlan 命令来查看它们。但是要注意，默认时交换机上的所有端口都在 VLAN1 中。要改变 VLAN 跟某个端口的联系，就需要进入那个接口，并说明它是哪个 VLAN 的一部分。

说明：需要记住的是，直到所创建的 VLAN 被分配到交换机的某个或某些端口上之后，VLAN 才真正使用起来。除非将端口设置到某个 VLAN 中，否则所有的端口都将始终被分配在 VLAN1 中。

一旦创建了 VLAN，就可以用 show vlan 命令来验证配置（该命令的缩写为 sh vlan）：

```
S1#show vlan
      VLAN Name                    Status      Ports
      ---- -------------------------------------------------------
      1    default                 active      Fa0/3, Fa0/4, Fa0/5, Fa0/6
                                               Fa0/7, Fa0/8, Gi0/1
      2    Sales                   active
      3    Marketing               active
      4    Accounting              active
      [output cut]
```

这里可能会有些重复，但它太重要了，因此希望大家记住：不能对 VLAN1 进行改动、删除或重命名，因为它是默认的 VLAN，这一点是无法改变的。默认时，VLAN1 是所有交换机的本机 VLAN，Cisco 推荐使用 VLAN1 作为负责管理的 VLAN。基本上，没有特别分配到不同 VLAN 的数据包，都将被发送到本机 VLAN 中。

在上述交换机 S1 的输出中可以看到，端口 Fa0/3～Fa0/8 及 Gi0/1 上行链路都在 VLAN1 中，那么端口 1 和 2 在哪里呢？任何中继端口都不会显示在 VLAN 数据库中，必须使用命令 show interface trunk 来查看中继端口。

既然可以查看所创建的 VLAN，就可以将交换机端口分配到特定的 VLAN 中。每个端口只是某个 VLAN 的一部分。采用前面所讲到的中继链路，就可以使来自所有 VLAN 的流量都到达某一个端口。

1. 将交换机端口分配到 VLAN 中

通过分配特定端口所承载的流量类型的成员关系模式，就可以将端口配置到 VLAN 中，并加上端口所属的 VLAN 号。通过使用接口命令 switchport，可以将交换机上的每个端口都配置到指定的 VLAN（访问端口）中。通过使用命令 interface range，也可以同时配置多个端口。

记住，可以在交换机端口上配置 VLAN 静态成员或动态成员。即便如此，本书中只介绍静态 VLAN。在下面的例子中，将接口 Fa0/3 配置到 VLAN3，它是从交换机 S1 到主机 A（HostA）的连接：

```
S1#config t
S1(config)#int fa0/3
S1(config-if)#switchport ?
   access          Set access mode characteristics of the interface
   backup          Set backup for the interface
   block           Disable forwarding of unknown uni/multi cast addresses
   Host            Set port host
   mode            Set trunking mode of the interface
   nonegotiate     Device will not engage in negotiation protocol on this
                   interface
   port-security   Security related command
   priority        Set appliance 802.1p priority
   Protected       Configure an interface to be a protected port
   trunk           Set trunking characteristics of the interface
  voice Voice appliance attributes
```

现在，我们看看得到了什么。在上面的输出中，有一些新的东西。可以看到各种各样的命令，其中一些是前面讲过的，还有一些没有见过。别担心，马上就会讲到 access、mode、nonegotiate、trunk 和 voice 命令。下面我们开始在 S1 上设置访问端口，在已经配置了 VLAN 的交换机产品上，访问端口可能是应用最为广泛的端口类型：

```
S1(config-if)#switchport mode ?
    access       Set trunking mode to ACCESS unconditionally
    dynamic      Set trunking mode to dynamically negotiate access or
    trunk mode
    trunk        Set trunking mode to TRUNK unconditionally
S1(config-if)#switchport mode access
S1(config-if)#switchport access vlan 3
```

从命令 switchport mode access 开始，大家就知道交换机的端口是第 2 层端口，可以用命令 switchport access 将端口分配到 VLAN 中。记住，如果使用命令 interface range，就可以同时配置许多端口。命令 dynamic 和 trunk 分别用于中继端口。

如果将设备插入每个 VLAN 端口中，它们就只能与位于同一个 VLAN 中的其他设备进行通信。下面将讨论怎样启用 VLAN 之间的通信，但首先，需要学习一些有关中继的知识。

2. 配置中继端口

2900 交换机只运行 IEEE 802.1Q 封装方法。要在快速以太网端口上配置中继，可使用接口命令 trunk [parameter]。在 3560 交换机上，所使用的命令是不同的，下一节将讨论这一点。

下面的交换机输出显示了在接口 Fa0/8 上设置中继时的中继配置：

```
S1#config t
S1(config)#int fa0/8
S1(config-if)#switchport mode trunk
```

下面列出了当配置交换机接口时，可用的不同选项。

switchport mode access：这个命令使得接口（访问端口）成为永久性的非中继模式，并协商将链路转换为非中继链路。不管邻居接口是否是中继接口，该接口都将成为非中继端口。这种端口是专用的第 2 层端口。

switchport mode dynamic auto：这个命令使得接口将链路转换为中继链路。如果邻居接口设置为中继或需要的模式，该接口将变成中继接口。现在，在所有新型的 Cisco 交换机上，默认时所有的以太网接口都是这种模式的。

switchport mode dynamic desirable：这个命令使得接口试图动态地将链路转换为中继链路。如果邻居接口设置为中继、需要的或自动模式，该接口将变为中继接口。在一些老型号的交换机上，常常看见这个模式是默认的，但现在已经不是这样了。现在默认的选项是 dynamic auto。

switchport mode trunk：这个命令使得接口成为永久性的中继模式，并协商将邻居链路转换为中继链路。即使邻居接口不是中继端口，该接口也将变成中继端口。

switchport nonegotiate：这个命令用来防止接口产生 DTP 帧。仅当接口的 switchport mode 是 access 或 trunk 时，才能使用这个命令。必须手工地将邻居接口配置为中继接口，以建立中继链路。

说明： 动态中继协议（Dynamic Trunking Protocol，DTP）用来在两台设备之间的链路上协商中继，并协商封装类型是 802.1Q 还是 ISL。当希望专用的中继端口不再询问问题时，可以使用协商命令。

要在接口上禁用中继，可使用 switchport mode access 命令，这样就可以将端口设置回专用的第 2 层交换机端口。

3. 在 Cisco Catalyst 3560 交换机上配置中继

让我们再看看另一种交换机——Cisco Catalyst 3560。对 Cisco Catalyst 3560 的配置与

2960 基本上是一样的，所不同的是，3560 能够提供第 3 层服务，而 2960 不能提供。此外，3560 可以运行 ISL 和 IEEE 802.1Q 中继封装方法，而 2960 只能运行 802.1Q。

在记住了这些之后，让我们快速浏览一下有关 3560 交换机的 VLAN 封装。3560 交换机有命令 encapsulation，而 2960 交换机则没有：

```
Core(config-if)#switchport trunk encapsulation ?
dot1q           Interface uses only 802.1q trunking encapsulation when trunking
isl             Interface uses only ISL trunking encapsulation when trunking
negotiate       Device will negotiate trunking encapsulation with peer on   interface
Core(config-if)#switchport trunk encapsulation dot1q
Core(config-if)#switchport mode trunk
```

正如大家所看到的，这里有一个选项，可以用来在 3560 交换机上添加 IEEE 802.1Q（dot1q 封装或 ISL 封装）。在设置了封装之后，还必须将接口模式设置为中继。现在很少使用 ISL 封装方法。Cisco 正在丢弃 ISL，Cisco 的新型路由器甚至不支持 ISL。

4. 在中继端口上定义允许的 VLAN

正如前面提到的，默认时，中继端口从所有 VLAN 发送和接收信息。如果帧是非标记的，它就被发送到管理 VLAN。这也适用于扩展范围 VLAN。

但我们可以从所允许的列表中删除 VLAN，以防止来自特定 VLAN 的流量穿越中继链路。

```
S1#config t
S1(config)#int f0/1
S1(config-if)#switchport trunk allowed vlan ?
WORD        VLAN IDs of the allowed VLANs when this port is in
trunking mode
add         add VLANs to the current list
all         all VLANs
except      all VLANs except the following
none        no VLANs
remove      remove VLANs from the current list
S1(config-if)#switchport trunk allowed vlan remove ?
WORD        VLAN IDs of disallowed VLANS when this port is in trunking mode
S1(config-if)#switchport trunk allowed vlan remove 4
```

上面的命令阻止在 S1 的端口 F0/1 上配置中继链路，从而使它丢弃所有从 VLAN4 发送和接收的流量。可以试图在中继链路上删除 VLAN1，但它仍将发送和接收管理信息，比如 CDP、PAgP、LACP、DTP 和 VTP。

要删除某个范围的 VIAN，可使用连字符：

```
S1(config-if)#switchport trunk allowed vlan remove 4-8
```

如果某人不小心从中继链路上删除了一些 VLAN，需要将中继设置回默认状态，可使用如下命令：

```
S1(config-if)#switchport trunk allowed vlan all
```

或者使用下面的命令：

```
S1(config-if)#no switchport trunk allowed vlan
```

接下来，在开始讨论 VLAN 之间的路由之前，将学习怎样为 VLAN 配置修剪。

你确实不想从 VLAN1 改动中继端口本机 VLAN，但你可以这样做，有些人就出于安全的考虑而这样做。要改变本机 VLAN，可使用下面的命令：

```
S1#config t
S1(config)#int f0/1
S1(config-if)#switchport trunk ?
    allowed      Set allowed      VLAN characteristics when interface is
                 in trunking mode
    native       Set trunking native characteristics when interface
                 is in trunking mode
    pruning      Set pruning VLAN characteristics when interface is
                 in trunking mode
S1(config-if)#switchport trunk native ?
    vlan         Set native VLAN when interface is in trunking mode
S1(config-if)#switchport trunk native vlan ?
    <1-4094>     VLAN ID of the native VLAN when this port is in
                 trunking mode
S1(config-if)#switchport trunk native vlan 40
S1(config-if)#^Z
```

这样，我们就在到 VLAN 40 的中继链路上改动了本机 VLAN。使用 show running-config 命令，可以看见在中继链路下的配置：

```
interface FastEthernet0/1
switchport trunk native vlan 40
switchport trunk allowed vlan 1-3,9-4094
switchport trunk pruning vlan 3,4
```

请注意链路中的另一端。问题在于：如果所有的交换机没有在中继链路上配置相同的本机 VLAN，就会接收到下列错误：

```
19:23:29: %CDP-4-NATIVE_VLAN_MISMATCH: Native VLAN mismatch
discovered on FastEthernet0/1 (40), with Core FastEthernet0/7 (1).
19:24:29: %CDP-4-NATIVE_VLAN_MISMATCH: Native VLAN mismatch
discovered on FastEthernet0/1 (40), with Core FastEthernet0/7 (1).
```

实际上，这是一个好的、公开的错误，因此，或者我们到中继链路的另一端去改动本机 VLAN，或者将本机 VLAN 设置回默认模式。下面是相应的命令：

```
S1(config-if)#no switchport trunk native vlan
```

现在，中继链路就使用默认的 VLAN1 作为本机 VLAN 了。要记住，所有交换机必须使用相同的本机 VLAN，否则就会出现严重的问题。下面，让我们将路由器连接到交换式网络中，并配置 VLAN 之间的通信。

5. 配置 VLAN 之间的路由

默认时，在同一个 VLAN 中的主机才能彼此通信。要实现 VLAN 之间的通信，就需要路由器或第 3 层交换机。下面将用路由器来实现 VLAN 之间的通信。

要在快速以太网端口上支持 ISL 或 802.1Q 路由，路由器的接口就需要分成逻辑上的接口，每个 VLAN 都需要一个逻辑接口。这些接口称为子接口。从快速以太网或吉比特以太网接口上，可以用 encapsulation 命令将接口设置为中继：

```
ISR#config t
ISR(config)#int f0/0.1
ISR(config-subif)#encapsulation ?
dot1Q        IEEE 802.1Q Virtual LAN
ISR(config-subif)#encapsulation dot1Q ?
<1-4094>     IEEE 802.1Q VLAN ID
```

注意：2811 路由器（命名为 ISR）仅支持 802.1Q。我们需要一台老型号的路由器来运行 ISL 封装，但还有另一个问题，子接口号只是逻辑上的，因此在路由器上配置哪一个子接口号并不重要。大多数情况下，用想要路由到的 VLAN 号作为子接口号进行配置，这样记忆起来就很方便，因为子接口号只用于管理。

要理解每个 VLAN 都是独立的子网，这一点很重要。

现在，要确信你已经为配置 VLAN 之间的路由做好了充分准备，并确定了连接到交换式 VLAN 环境中的主机端口 IP 地址。还要做好排除可能出现的任何故障的准备。为了让大家能够获得成功，我们来看一些例子。

首先让我们看看图 6-15，请读一下其中所展示的路由器和交换机的配置。大家学到现在，应该能够确定出 VLAN 中每台主机的 IP 地址、掩码和默认网关。

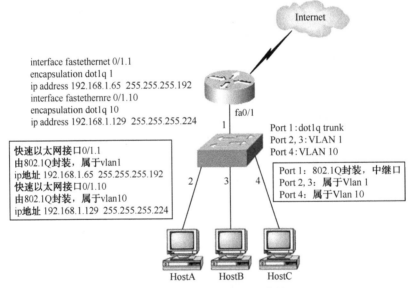

图 6-15　VLAN 之间的配置举例 1

下一步是找出所使用的子网掩码。看看图中路由器的配置，可以看到 VLAN1 的子网掩

码是 192.168.1.64/26，VLAN10 的子网掩码是 192.168.1.128/27。再看看交换机的配置，可以看到端口 2 和端口 3 在 VLAN1 中，端口 4 在 VLAN10 中。这意味着主机 A 和主机 B 在 VLAN1 中，主机 C 在 VLAN10 中。

各主机的 IP 地址应当为：

主机 A——192.168.1.66　255.255.255.192，默认网关为 192.168.1.65

主机 B——192.168.1.67　255.255.255.192，默认网关为 192.168.1.65

主机 C——192.168.1.130　255.255.255.224，默认网关为 192.168.1.129

主机的 IP 地址可以是这些范围中的任意一个，只是在默认网关地址的后面选择了第一个可用的 IP 地址。

现在，同样用图 6-15，我们看看配置交换机的端口 1 所需的命令，以建立起一条到路由器的链路，并使用 IEEE 版本进行封装，以提供 VLAN 之间的通信。要牢记的是，根据所配置的交换机类型的不同，配置命令稍微有一些变化。对于 2960 交换机来说，可使用下列命令：

```
2960#config t
2960(config)#interface fa0/1
2960(config-if)#switchport mode trunk
```

正如大家已经知道的，2960 交换机只能运行 802.1Q 封装，因此就不需要指定中继协议了，也无法指定它。对于 3560 来说，基本上是一样的，但由于它可以运行 ISL 和 802.1Q，所以就必须指定想要使用的中继协议。

说明： 记住，当创建了中继链路之后，默认时所有的 VLAN 都允许传送数据。

让我们看看图 6-16，看看在读完图之后能确定些什么。在图 6-16 中，显示了 3 个 VLAN，每个 VLAN 中有两台主机。

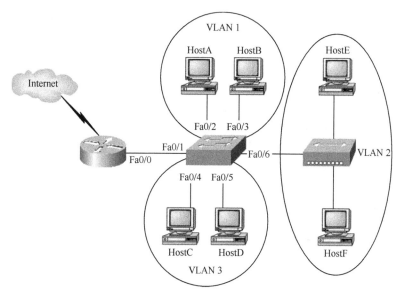

图 6-16　VLAN 之间的配置举例 2

图 6-16 中的路由器被连接到交换机的 Fa0/1 端口，端口 F0/6 配置在 VLAN2 中。看看

这个图例，下面是希望你理解的内容：

（1）连接到交换机的路由器使用了子接口。

（2）连接到路由器的交换机端口是中继端口。

（3）连接到客户机和集线器的交换机端口是访问端口，而不是中继端口。

交换机的配置如下所示：

```
2960#config t
2960(config)#int f0/1
2960(config-if)#switchport mode trunk
2960(config-if)#int f0/2
2960(config-if)#switchport access vlan 1
2960(config-if)#int f0/3
2960(config-if)#switchport access vlan 1
2960(config-if)#int f0/4
2960(config-if)#switchport access vlan 3
2960(config-if)#int f0/5
2960(config-if)#switchport access vlan 3
2960(config-if)#int f0/6
2960(config-if)#switchport access vlan 2
```

在配置路由器之前，需要设计逻辑网络。

VLAN 1: 192.168.10.16/28

VLAN 2: 192.168.10.32/28

VLAN 3: 192.168.10.48/28

路由器的配置如下所示：

```
ISR#config t
ISR(config)#int f0/0
ISR(config-if)#no ip address
ISR(config-if)#no shutdown
ISR(config-if)#int f0/0.1
ISR(config-subif)#encapsulation dot1q 1
ISR(config-subif)#ip address 192.168.10.17 255.255.255.240
ISR(config-subif)#int f0/0.2
ISR(config-subif)#encapsulation dot1q 2
ISR(config-subif)#ip address 192.168.10.33 255.255.255.240
ISR(config-subif)#int f0/0.3
ISR(config-subif)#encapsulation dot1q 3
ISR(config-subif)#ip address 192.168.10.49 255.255.255.240
```

需要从每个 VLAN 的子网范围中，为 VLAN 中的主机分配一个地址，默认网关则是在那个 VLAN 中分配给路由器子接口的 IP 地址。

现在，让我们看另一个图，看看你是否能在不看答案的情况下，确定出交换机和路由器的配置。图 6-17 显示了路由器到 2960 交换机的连接，这里有两个 VLAN，每个 VLAN 中的主机都分配了 IP 地址。根据这些 IP 地址来看，路由器和交换机的配置应该是怎样的？

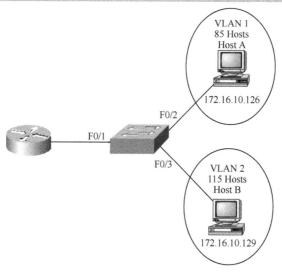

图 6-17 VLAN 之间的配置举例 3

由于主机没有列出子网掩码，就必须查看在每个 VLAN 中所使用的主机数量，以判断地址块的大小。VLAN1 有 85 台主机，VLAN2 有 115 台主机，它们都适合选用 128 的地址块，其子网掩码为/25，即 255.255.255.128。

大家现在应该知道，子网是 0 和 128，0 号子网（VLAN 1）的主机范围是 1～126，128号子网（VLAN2）的主机范围是 129～254。你可能会糊涂了，因为主机 A 的 IP 地址为126，这使得主机 A 和主机 B 看起来似乎在同一个子网中，但实际上并不在同一个子网中。以后再遇到这种情况，你就能分辨清楚了。

下面是交换机的配置：

```
2960#config t
2960(config)#int f0/1
2960(config-if)#switchport mode trunk
2960(config-if)#int f0/2
2960(config-if)#switchport access vlan 1
2960(config-if)#int f0/3
2960(config-if)#switchport access vlan 2
```

下面是路由器的配置：

```
ISR#config t
ISR(config)#int f0/0
ISR(config-if)#no ip address
ISR(config-if)#no shutdown
ISR(config-if)#int f0/0.1
ISR(config-subif)#encapsulation dot1q 1
ISR(config-subif)#ip address 172.16.10.1 255.255.255.128
ISR(config-subif)#int f0/0.2
ISR(config-subif)#encapsulation dot1q 2
ISR(config-subif)#ip address 172.16.10.254 255.255.255.128
```

在 VLAN1 中，使用主机范围中的第一个地址，在 VLAN2 中，使用主机范围中的最后一个地址。使用主机范围中的任何一个地址都是可以的，只是必须正确配置主机的默认网关，它应当跟路由器的 IP 地址一致。

现在，需要确信大家已经知道怎样在交换机上设置 IP 地址。在典型情况下，由于 VLAN 1 是管理 VLAN，我们就使用地址池中的 IP 地址。下面是怎样设置交换机的 IP 地址：

```
2960#config t
2960(config)#int vlan 1
2960(config-if)#ip address 172.16.10.2 255.255.255.128
2960(config-if)#no shutdown
```

还必须在 VLAN 接口上使用打开接口的命令 no shutdown。

6.5 VTP

VLAN 中继协议（VLAN Trunk Protocol，VTP）是 Cisco 专用协议，大多数交换机都支持该协议。VTP 负责在 VTP 域内同步 VLAN 信息，这样就不必在每个交换机上配置相同的 VLAN 信息。VTP 还提供一种映射方案，以便通信流能跨越混合介质的骨干。VTP 最重要的作用是，将进行变动时可能会出现的配置不一致性降至最低。不过，VTP 也有一些缺点，这些缺点通常都与生成树协议有关。

VLAN 中继协议（VTP）利用第 2 层中继帧，在一组交换机之间进行 VLAN 通信。VTP 从一个中心控制点开始，维护整个企业网上 VLAN 的添加和重命名工作，确保配置的一致性。

VTP 有如下优点：

（1）保持配置的一致性。

（2）提供跨不同介质类型（如 ATM FDDI 和以太网）配置虚拟局域网的方法。

（3）提供检测另一台交换机上的虚拟局域网的方法。

（4）提供在整个管理域中增加虚拟局域网的方法。

（5）提供跟踪和监视虚拟局域网的方法。

6.5.1　VTP的提出

下面是一个真实的情况，出现这种情况后，你会如何解决呢？某网吧的网管员跳槽来到了一家房地产集团任职。楼市的火爆使得这家房地产公司的规模迅速膨胀，公司新招聘的员工几乎翻了 9 倍，网络接入点从原来的 140 多个增加到 600 多个。集团采购了 30 多台交换机，加上原有的 10 多台，交换机的数量达到了 40 多台，整个网络共有 20 多个 VLAN，网管员看着半个屋子的交换机，他该怎么办呢？是手工输入 800 多条 VLAN 配置命令吗？

如果没有一种集中管理 VLAN 的方法，就需要在每个交换机上设置，工作量比较大，如果在用户接入层上修改或者添加删除 VLAN 则很费时。是不是可以让全部接入交换机都从核心交换机上自动学习 VLAN，只需要在核心交换机上修改 VLAN，接入交换机只是将端口加入相应 VLAN 就可以了呢？

解决的方案就是使用 GVRP 和 VTP，VTP 是本书需要介绍的，而 GVRP 只做简单介绍。

GVRP（GARP VLAN Registration Protocol，GARP VLAN 注册协议）是 GARP（Generic Attribute Registration Protocol，通用属性注册协议）的一种应用，它基于 GARP 的工作机制，维护交换机中的 VLAN 动态注册信息，并传播该信息到其他的交换机中。所有支持 GVRP 特性的交换机能够接收来自其他交换机的 VLAN 注册信息，并动态更新本地的 VLAN 注册信息，包括当前的 VLAN 成员、这些 VLAN 成员可以通过哪个端口到达等。而且所有支持 GVRP 特性的交换机能够将本地的 VLAN 注册信息向其他交换机传播，以便使同一交换网内所有支持 GVRP 特性的设备的 VLAN 信息达成一致。GVRP 传播的 VLAN 注册信息既包括本地手工配置的静态注册信息，也包括来自其他交换机的动态注册信息。

6.5.2 VTP 域

VTP 是一种消息协议，使用第 2 层帧，在全网的基础上管理 VLAN 的添加、删除和重命名，以实现 VLAN 配置的一致性。可以用 VTP 管理网络中 VLAN1～VLAN1005。

有了 VTP，就可以在一台交换机上集中进行配置变更，所做的变更会被自动传播到网络中所有其他的交换机上（前提是在同一个 VTP 域）。

为了实现此功能，必须先建立一个 VTP 管理域，以使它能管理网络上当前的 VLAN。在同一管理域中的交换机共享它们的 VLAN 信息，并且，一个交换机只能加入一个 VTP 管理域，不同域中的交换机不能共享 VTP 信息。交换机在域中的身份有以下 3 种：

（1）服务器模式（Server Mode）。

（2）客户机模式（Client Mode）。

（3）透明模式（Transparent Mode）。

交换机（针对思科交换机，其他交换机可能会不一样）出厂时默认工作模式为服务器模式。"域"名是由工作在服务器模式下的交换机定义的，服务器模式的交换机还可以创建、修改和删除 VLAN，可以为所属 VTP 域配置全局参数。VTP 有它自己的 NVRAM，这意味着删除配置文件不能把 VTP 信息清除。当 VLAN 的配置信息被修改，该变动会被通告到 VTP 域中的所有交换机。另外，它也能根据收到的 VTP 通告与其他交换机进行 VLAN 配置信息的同步。

工作在客户机模式下的交换机不能创建、修改和删除 VLAN，但可以根据接收到的 VTP 通告信息更新自己的 VLAN 配置，客户机也可以向域中通告自己当前的 VLAN 配置信息。

一个工作在透明模式下的交换机不会发送 VTP 通告，也不会根据接收到 VTP 信息修改自己的 VLAN 配置，但可以转发 VTP 通告信息。工作在透明模式下的交换机可以独立地创建、修改和删除自己的 VLAN。

6.5.3 VTP 运行原理

使用 VTP 时，加入 VTP 域的每台交换机在其中继端口上通告如下信息：

（1）管理域；

（2）配置版本号；

（3）它所知道的 VLAN；

（4）每个已知 VLAN 的某些参数。

这些通告数据帧被发送到一个多点广播地址（组播地址），以使所有相邻设备都能收到这些帧。新的 VLAN 必须在管理域内的一台服务器模式的交换机上创建和配置。该信息可被同一管理域中所有其他设备学到。VTP 帧是作为一种特殊的帧发送到中继链路上的。

有两种类型的通告：

（1）来自客户机的请求，由客户机在启动时发出，用以获取信息。

（2）来自服务器的响应。

有 3 种类型的消息：

（1）来自客户机的通告请求。交换机在下列情况下会发出 VTP 通告请求，即交换机重新启动后，VTP 域名变更后，交换机接到了配置修改编号比自己高的 VTP 汇总通告。

（2）汇总通告。用于通知邻接的交换机目前的 VTP 域名和配置修改编号，默认情况下，交换机每 5 分钟发送一次汇总通告。当交换机收到了汇总通告数据包时，它会对比 VTP 域名。如果域名不同，就忽略此数据包；如果域名相同，则进一步对比配置修改编号。如果交换机自身的配置修改编号更高或与之相等，就忽略此数据包；如果更小，就发送通告请求。

（3）子集通告。如果在 VTP 服务器上增加、删除或者修改了 VLAN，配置修改编号就会增加，交换机会首先发送汇总通告，然后发送一个或多个子集通告。挂起或激活某个 VLAN，改变 VLAN 的名称或者 MTU，都会触发子集通告。子集通告中包括 VLAN 列表和相应的 VLAN 信息。如果有多个 VLAN，为了通告所有的信息，可能需要发送多个子集通告。

VTP 通告中可包含如下信息：

（1）管理域名称；

（2）配置版本号；

（3）MD5 摘要，当配置了口令后，MD5 是与 VTP 一起发送的口令，如果口令不匹配，更新将被忽略；

（4）更新者身份，发送 VTP 汇总通告的交换机的身份。

VTP 修订号存储在 NVRAM 中，交换机的电源开关不会改变这个设定值。要将修订号初始化为 0，可以用下列方法：

（1）将交换机的 VTP 模式更改为透明模式，然后再改为服务器模式；

（2）将交换机 VTP 的域名更改一次，再更改回原来的域名；

（3）使用 clear config all 命令，清除交换机的配置和 VTP 信息；

（4）再次启动。

VTP 通告信息是在交换机的 Trunk 链路上传播的。在 VTP 通告信息中包含一项称为配置修订版本号（Configuration Revision）的参数，配置修订版本号的高低代表着 VLAN 配置信息的新旧程度，高版本号代表更新的 VLAN 配置信息。只要交换机接收到一个有更高配置修订本号的更新，它就用该 VTP 更新中的 VLAN 信息覆盖当前的 VLAN 信息，所以配置修订版本号在 VTP 更新中起着非常重要的作用。每当 Server 上修改了 VLAN 的配置（修改包括创建、删除 VLAN 和更改 VLAN 的名称），其配置修订版本号就会加 1，然后用新的版本号向域中通告。如果通告的配置修订版本号比收到该通告的交换机的当前配置版本号高，交换机则使用新的信息更新自己当前的配置。这种更新过程意味着：当 Server 删除了其所有 VLAN 并使用了更高配置版本号，那么域中的所有具有低配置版本号的设备也将删除它们的 VLAN。

注意：一台在其他域中的 Server 身份的交换机以 Client 身份加入另外一个 VTP 域中，如果这台交换机携带的配置修订版本号比当前要加入的域中的配置修订版本号高，则新 Client 的 VLAN 数据库将覆盖当前 Server 和 Client 数据库。为此，建议为 VTP 域设置一个口令（默认没有口令），这样只有口令匹配的交换机才可以加入域中。

6.5.4　管理VTP

VTP 的管理主要针对交换机设置 VTP 的参数以及如何将交换机加入 VTP 域中两个方面。

1. 设置 VTP 参数

（1）设置交换机的 VTP 身份。

命令如下：

```
Switch#vlan database
Switch(vlan)#vtp {server|client|transparent}
//其中 Server 表示将当前的交换机设置为 Server 身份
//Client 表示将当前交换机设置为 Client 身份
//transparent 表示将当前交换机设置为 transparent 身份
Switch(vlan)#exit
```

（2）在 Server 上定义域名。

```
Switch(vlan)#vtp domain domain_name
//domain_name 表示设置当前交换机的域名，用户使用真实的名字替代该变量
Switch(vlan)#exit
```

（3）在 Server 上设置加入 VTP 域所需的口令。

```
Switch(vlan)#vtp password your_password
//your_password 表示设置的口令，用户使用真实的口令代替该变量
Switch(vlan)#exit
```

（4）设置 VTP 版本。

```
Switch(vlan)#vtp v2-mode
//VTP 有两个版本，两者不兼容，默认运行的是版本 1，使用该命令后运行版本 2
```

我们参照上面的命令行，给一台思科 2960 的交换机进行 VTP 配置，具体配置命令如下：

```
Switch>enable     //进入特权模式
Switch#configure terminal   //进入全局配置模式
Enter configuration commands, one per line.   End with CNTL/Z.
Switch(config)#hostname switch2960   //更改主机名
switch2960(config)#exit
switch2960#
%SYS-5-CONFIG_I: Configured from console by console
switch2960#vlan database
```

```
% Warning: It is recommended to configure VLAN from config mode,
    as VLAN database mode is being deprecated. Please consult user
    documentation for configuring VTP/VLAN in config mode.
switch2960(vlan)#vtp server    //设置此交换机为 Server 身份
Device mode already VTP SERVER.
switch2960(vlan)#vtp domain jsit_dxx    //将 VTP 的域名设置为 jsit_dxx
Changing VTP domain name from NULL to jsit_dxx
switch2960(vlan)#vtp password hello    //将加入 VTP 域所需的域名设置为 hello
Setting device VLAN database password to hello
switch2960(vlan)#vtp v2-mode    //开启 VTP version2 版本
V2 mode enabled.
```

上述参数可以使用 show vtp status 命令检查，例如：

```
switch2960#show vtp status
//报告 VTP 版本号
VTP Version                        : 2
//报告当前配置修订版本号
Configuration Revision            : 1
//报告本地最大支持的 VLAN 数量
Maximum VLANs supported locally : 255
//报告当前 VLAN 数量
Number of existing VLANs          : 5
//报告交换机的 VTP 身份，这里是 Server 身份
VTP Operating Mode                : Server
//报告 VTP 的域名
VTP Domain Name                   : jsit_dxx
//报告 VTP 修建特性（本书不讨论，有兴趣的读者可以查阅 CCNA/CCNP 等资料）
VTP Pruning Mode                  : Disabled
VTP V2 Mode                       : Enabled
//报告是否产生 VTP 陷阱（本书不讨论）
VTP Traps Generation              : Disabled
//报告经过 MD5 加密后的口令字符串，可以使用 show vtp password 查看 VTP 口令
MD5 digest                        : 0x88 0x55 0x6B 0x37 0xB6 0x5F 0xC9 0x9C
Configuration last modified by 0.0.0.0 at 3-1-93 00:02:20
Local updater ID is 0.0.0.0 (no valid interface found)
```

在 Catalyst 2950/2960/3550 系列交换机上，还可以在全局模式下配置以上 VTP 参数。
设置 Server：

```
switch2960>en
switch2960#configure terminal
switch2960(config)#vtp mode serv
switch2960(config)#vtp mode server
Device mode already VTP SERVER.
switch2960(config)#vtp domain jsit
Changing VTP domain name from jsit_dxx to jsit
switch2960(config)#vtp password huawei
```

```
Setting device VLAN database password to huawei
switch2960(config)#exit
```

设置 Client：

```
switch2960#conf te
Enter configuration commands, one per line.    End with CNTL/Z.
switch2960(config)#vtp mode client
Setting device to VTP CLIENT mode.
switch2960(config)#vtp domain jsit
Domain name already set to jsit.
switch2960(config)#vtp password huawei
Password already set to huawei
switch2960(config)#exit
```

2. 交换机加入 VTP 域

当把一台交换机加入已经存在的 VTP 域时需要非常小心，操作错误将导致网络瘫痪。把交换机加入 VTP 域应该按照如下步骤操作。

步骤 1：清除现有的配置。

```
switch2960#erase startup-config
```

步骤 2：清除现存 VLAN 数据库。

```
switch2960#delete flash:vlan.dat
```

步骤 3：对交换机重新加电清除 NVRAM 并且使配置修订版本号复 0，避免该交换机通告不正确的 VLAN 信息。

提示：更改域名可以使配置修订版本号复 0。

重新启动后使用 show vtp status 命令检查，确保配置版本号为 0。如下的输出，你能找出配置版本号目前是多少吗？

```
switch2960#show vtp status
VTP Version                        : 2
Configuration Revision        : 0
Maximum VLANs supported locally : 255
Number of existing VLANs       : 5
VTP Operating Mode             : Server
VTP Domain Name
VTP Pruning Mode               : Disabled
VTP V2 Mode                    : Disabled
VTP Traps Generation           : Disabled
MD5 digest                     : 0x7D 0x5A 0xA6 0x0E 0x9A 0x72 0xA0 0x3A
Configuration last modified by 0.0.0.0 at 0-0-00 00:00:00
Local updater ID is 0.0.0.0 (no valid interface found)
```

提示：重新启动可以在特权模式下使用 reload 命令，如 switch2960#reload。

步骤 4：确定该交换机的 VTP 模式。如果要保持服务器模式，则只需要配置加入域所需要的口令（如果有的话）；如果需要运行在 Client 模式下，则修改为 Client 模式并配置所加入域的域名和口令（如果有的话）。

步骤 5：设置正确的 Trunk 端口，因为 VTP 信息是通过 Trunk 链路传播的。

步骤 6：将交换机接入网络。

厂商建议：处于控制目的，可以有几台交换机设置为 Server，而将其他交换机设置为 Client。另外，强烈建议用户设置口令，避免非授权的交换机加入域，并传送不正确的 VLAN 信息。

实验 12　单臂路由

实验拓扑如图 6-18 所示，有两台主机分别属于 VLAN1 和 VLAN2，连接交换机的是 F0/2 接口和 F0/3 接口，交换机的 F0/1 接口连接路由器。

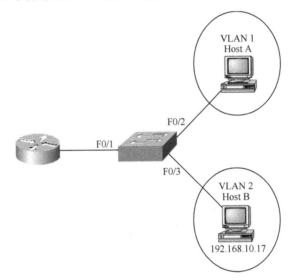

图 6-18　VLAN 之间的配置实验

1. 实验目的

（1）理解解决 VLAN 间通信的方法。

（2）掌握对交换机接口使用 Trunk 和 Access 的配置。

（3）掌握路由器子接口 VLAN 的配置。

（4）掌握路由器的路由配置。

2. 配置步骤

此实验配置步骤不列出。

实验 13　VTP配置

实验拓扑如图 6-19 所示。

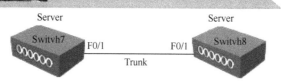

图 6-19 两台 Server 模式交换机的拓扑图

1. 实验目的

（1）了解熟悉 VTP 的配置命令。

（2）熟悉 VTP 配置步骤及过程。

（3）求证两台 Server 模式交换机之间修订号的变化。

2. 配置步骤

（1）构建物理拓扑图，注意选用的是交叉线，以及所对应的端口号。

（2）创建 Switch7、Switch8 的 Trunk 链路。

Switch7 的配置如下：

```
Switch7(config)#int f0/1
Switch7(config-if)#switchport mode trunk
Switch7(config-if)#switchport trunk en
Switch7(config-if)#switchport trunk encapsulation    dot1q
Switch7(config-if)#no shudown
```

Switch8 的配置如下：

```
Switch8(config)#int f0/1
Switch8(config-if)#switchport mode trunk
Switch8(config-if)#switchport trunk encapsulation    dot1q
Switch8(config-if)#no shutdown
```

（3）创建域和模式。

Switch7 的配置如下：

```
Switch7(config)#vtp domain zichunli
Switch7(config)#vtp mode server
```

Switch8 的配置如下：

```
Switch8(config)#vtp domain zichunli
Switch8(config)#vtp mode server
```

（4）创建 VLAN。

在 Switch7 里面创建 VLAN 10、VLAN 20，配置如下：

```
Switch7(config)#vlan 10
Switch7(config)#vlan 20
```

在 Switch8 里面创建 VLAN 30，配置如下：

```
Switch8(config)#vlan 30
```

3. 实验测试

（1）在 Switch7 里创建 VLAN 10、VLAN 20，查看 Switch8 VTP 和 VLAN 状态情况。下面命令可查看 Swtich8 的 VTP 状态信息。

```
Switch8#show vtp status
VTP Version                       : 2
Configuration Revision            : 2          //修订号学习 Switch7 修订号
Maximum VLANs supported locally : 1005
Number of existing VLANs          : 7
VTP Operating Mode                : Server
VTP Domain Name                   : zichunli
VTP Pruning Mode                  : Disabled
VTP V2 Mode                       : Disabled
VTP Traps Generation              : Disabled
MD5 digest                        : 0x50 0x30 0x57 0x39 0xE6 0xCB 0x30 0x6B
Configuration last modified by 0.0.0.0 at 3-1-93 01:35:52
Local updater ID is 0.0.0.0 (no valid interface found)
```

下面命令显示的是 Switch8 的 VLAN 状态信息。

```
switch8#show vlan brief

VLAN Name                          Status    Ports
---- ----------------------------  --------- ------------------------------
1    default                       active    Fa0/2, Fa0/3, Fa0/4, Fa0/5
                                             Fa0/6, Fa0/7, Fa0/8, Fa0/9
                                             Fa0/10, Fa0/11, Fa0/12, Fa0/13
                                             Fa0/14, Fa0/15, Fa0/16, Fa0/17
                                             Fa0/18, Fa0/19, Fa0/20, Fa0/21
                                             Fa0/22, Fa0/23, Fa0/24, Gi0/1
                                             Gi0/2
10   VLAN0010                      active    //学习到 Switch7 的 VLAN 10
20   VLAN0020                      active    //学习到 Switch7 的 VLAN 20
1002 fddi-default                  act/unsup
1003 token-ring-default            act/unsup
1004 fddinet-default               act/unsup
1005 trnet-default                 act/unsup
```

（2）当 Switch8 创建 VLAN 30 时，查看 Switch7 VTP 和 VLAN 状态情况。下面命令可查看 Swtich8 的 VTP 状态信息。

```
switch7#show vtp status
VTP Version                       : 2
Configuration Revision            : 3          //Switch7 自动学习到 Switch8 的修订号
Maximum VLANs supported locally : 1005
Number of existing VLANs          : 8
VTP Operating Mode                : Server
```

VTP Domain Name	: zichunli
VTP Pruning Mode	: Disabled
VTP V2 Mode	: Disabled
VTP Traps Generation	: Disabled
MD5 digest	: 0x50 0x30 0x57 0x39 0xE6 0xCB 0x30 0x6B
Configuration last modified by 0.0.0.0 at 3-1-93 01:35:52	

下面命令显示的是 Switch7 的 VLAN 状态信息。

```
Switch7#show vlan brief

VLAN Name                              Status    Ports
---- ------------------------------- --------- -----------------------------
1    default                           active    Fa0/2, Fa0/3, Fa0/4, Fa0/5
                                                 Fa0/6, Fa0/7, Fa0/8, Fa0/9
                                                 Fa0/10, Fa0/11, Fa0/12, Fa0/13
                                                 Fa0/14, Fa0/15, Fa0/16, Fa0/17
                                                 Fa0/18, Fa0/19, Fa0/20, Fa0/21
                                                 Fa0/22, Fa0/23, Fa0/24, Gi0/1
                                                 Gi0/2
10   VLAN0010                          active
20   VLAN0020                          active
30   VLAN0030                          active    //Switch7 自动学习 Switch8 所创建的 VLAN30
1002 fddi-default                      act/unsup
1003 token-ring-default                act/unsup
1004 fddinet-default                   act/unsup
1005 trnet-default                     act/unsup
```

4．实验小结

（1）当两台交换机配置 VTP 为 Server 模式时，修订号变化决定哪台是主导。

（2）它们能相互学习。

思考与练习题 6

（1）以下关于 VLAN 的描述正确的是____。

　　A．它扩大了碰撞域

　　B．它扩大了广播域

　　C．它增加了广播域的数量，缩小了广播域的范围

　　D．它扩大了广播域的范围，增加了广播域的数量

（2）关于 ISL 和 IEEE 802.1Q，下面陈述正确的是____。

　　A．用它们来发现正确路径

　　B．它们是不同的 STP 运行方式

　　C．用它们实现同一交换机上不同 VLAN 的通信

　　D．用它们实现不同交换机上同一 VLAN 的通信

（3）下面____是 VLAN 的优点。

    A．它可以扩大碰撞域　　　　　　　　B．它可以根据功能逻辑组织用户

    C．它可以简化交换机的管理　　　　　D．它可以增强安全性

（4）关于 Trunk 链路，以下陈述正确的是____。

    A．Trunk 端口属于多个 VLAN　　　　B．Trunk 端口不属于任何 VLAN

    C．Trunk 链路上的数据携带标签　　　D．Trunk 链路上的数据不携带标签

（5）STP 的作用是____。

    A．管理跨交换机的 VLAN　　　　　　B．在存在冗余路径的情况下避免环路

    C．避免路由环路　　　　　　　　　　D．分割碰撞域

（6）____端口状态可以学习 MAC 地址。

    A．Blocking　　　　B．Learning　　　　C．Listening　　　　D．Forwarding

（7）默认情况下，____影响 STP 计算的路径开销。

    A．链路负载　　　　B．链路带宽　　　　C．链路延迟　　　　D．链路质量

（8）在交换机的 MAC 地址表已经存储满的情况下，____。

    A．交换机不再学习新的 MAC 地址

    B．原来的地址将被新学习到的 MAC 地址覆盖

    C．交换机不再转发数据

    D．交换机把地址表中不存在的主机发送的数据向所有端口转发

（9）公司新买了一台思科交换机，并需要它使用 Trunk 链路与其他厂商的交换机相接，设置正确的是____。

    A．Switch(config)#switchport trunk encapsulation isl

    B．Switch(config)#switchport trunk encapsulation dot1q

    C．Switch(config-if)#switchport trunk encapsulation dot1q

    D．Switch(config-if)#switchport trunk encapsulation ieee

（10）使用 show vlan 命令可以列出____。

    A．所有 VLAN　　　　　　　　　　　B．当前存在的 VLAN

    C．VLAN 1～VLAN 4094　　　　　　　D．VLAN 1～VLAN 1005

（11）把 VTP 修订版本号重置为 0 的操作是____。

    A．Swtich#delete flash:config.text　　　　　Switch#reload

    B．Swtich#delete flash:vlan.dat　　　　　　Switch#reload

    C．Swtich#delete flash:vlan.text　　　　　　Switch#reload

    D．Swtich#delete flash:vlan.dat　　　　　　Switch(config)#reload

（12）提出生成树协议的目的是什么？

（13）如果一个 VTP 域中只有一台 VTP Server，当它失效掉电以后，VTP 域中的 Switch 应该仍然可以继续运行，只是无法再增、删、改 VLAN 了？VTP 域中没有 VTP Server 也可以正常运行吗？因为本书涉及的 VTP 知识相对不多，大家可以查阅资料来回答这个问题，当你回答正确了，说明也理解 VTP 了。

第7章

访问控制列表

访问控制是网络安全防范和保护的主要策略，它的主要任务是保证网络资源不被非法使用和访问，它是保证网络安全的最重要的核心策略之一。访问控制涉及的技术也比较广泛，包括入网访问控制、网络权限控制、目录级控制以及属性控制等多种手段。

访问控制列表（Access Control Lists，ACL）是应用在路由器接口的指令列表。这些指令列表用来告诉路由器哪些数据包可以接收、哪些数据包应该拒绝。至于数据包是被接收还是拒绝，可以由类似于源地址、目的地址、端口号等的特定指示条件来决定。

访问控制列表不但可以起到控制网络流量、流向的作用，而且在很大程度上起到保护网络设备、服务器的关键作用。作为外网进入企业内网的第一道关卡，路由器上的访问控制列表成为保护内网安全的有效手段。

此外，在路由器的许多其他配置任务中都需要使用访问控制列表，如网络地址转换（Network Address Translation，NAT）、按需拨号路由（Dial on Demand Routing，DDR）、路由重分布（Routing Redistribution）、策略路由（Policy-Based Routing，PBR）等场合。

下面的章节会对访问列表的分类、原则、规范等，访问列表的工作原理，访问列表的具体配置及案例做详细的分析。

7.1 访问控制列表基础

访问控制列表是一个控制网络数据的有力工具，它可以设定不同的条件，灵活地过滤数据流，在不妨碍合法通信的同时阻止非法或不必要的数据，保护网络资源。

访问控制列表的用途非常广泛，例如：

（1）出于安全目的，使用访问控制列表检查和过滤数据包；

（2）对数据流进行限制以提高网络的性能；

（3）限制或减少路由更新的内容；

（4）按照优先级或用户队列识别数据包；

（5）定义经由隧道 VPN 传输的数据（本书不讨论 VPN）；

（6）定义地址翻译的条件。

访问控制列表由一组有序的条件语句构成，每个条件语句中的关键词 permit 或 deny 决定了匹配该条件语句的数据是被允许还是被禁止通过路由器的接口。条件中的匹配参数可以是上层协议、源或目的地址、端口号及其他一些选项。访问控制列表应用在接口上，对通过该接口的数据包进行检查和过滤。

提醒：访问控制列表不检查使用该列表的路由器自身产生的数据包。

访问控制列表对进入路由器的数据（in 方向）和从路由器发出的数据（out 方向）分别进行控制。试想，如果仅仅禁止某种数据从某个接口进入，那么这种数据仍然可以从该接口发送到网络上。

访问控制列表是基于协议生成并生效的。每种协议集都有自己的访问控制列表，它们可以共存于同一台路由器上并运行，分别对各自协议的数据包进行检查过滤。目前 IP 协议集在 Internet 上使用广泛，故本章只讨论 IP 协议集的访问控制列表。

访问控制列表的条件参数都在 IP 包中，协议号和 IP 地址（源地址和目的地址）都在 IP 包头部分，端口号在 IP 包的数据部分，也就是第 4 层的包头部分。

路由器检查每一个通过应用访问控制列表接口的 IP 包，将 IP 包中的参数和访问控制列表中的条件参数进行比较，如果这两个参数相同，就意味着该 IP 包匹配了条件。根据条件语句中的关键词，路由器对 IP 包进行相应的处理——允许或禁止数据包从接口进或者出。

7.2 访问控制列表的分类

访问控制列表可以分成两种类型，分别是标准的访问控制列表和扩展的访问控制列表。

标准的访问控制列表：只使用 IP 数据包的源 IP 地址作为测试条件；通常允许或拒绝的是整个协议组；不区分 IP 流量类型，如 WWW、Telnet、UDP 等服务。

扩展的访问控制列表：可测试 IP 包的第 3 层和第 4 层报头中的其他字段；可测试源 IP 地址和目的 IP 地址、网络层的报头中的协议字段，以及位于传输层报头中的端口号。

命名的访问列表：前面说只有两种访问列表，但却出现了第三种。从技术上来说实际上只有两种，命名的访问列表可以是标准的或扩展的访问列表，并不是一种真正的新类型列表。只是对它区别对待，因为它的创建和使用同标准的和扩展的访问列表不相同，但功能上是一样的。一旦创建了访问列表，在应用之前它还没有真正开始起作用。它在路由器中存在，但还没有激活，直到你告诉那台路由器用它们做什么之后才起作用。若要使用访问列表做包过滤，需要将它应用到路由器的一个想过滤流量的接口上，并且还要为其指明应用到哪个方向的流量上。即要绑定接口，绑定的接口有两种，入口和出口。

入口访问列表：当访问列表被应用到从接口输入的包时，那些包在被路由到接口之前要经过访问列表的处理。不能路由任何被拒绝的包，因为在路由之前这些包就会被丢弃掉。

出口访问列表：当访问列表被应用到从接口输出的包时，那些包首先被路由到输出接口，然后再进入该接口的输出队列之前经过访问列表的处理。

7.3 执行ACL的过程

当数据通过使用了访问控制列表的接口时，就要对照访问控制列表进行检查，过程如图 7-1 所示。图 7-1 中描述的是当数据离开路由器时，在它的出口上遇到了访问控制列表，在入口上没有访问控制列表。

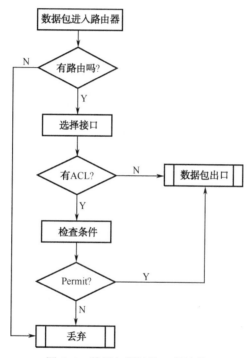

图 7-1　数据包通过接口的过程

数据包从某个接口到达后，路由器首先查阅路由表，看是否存在转发该数据的路由，若遇到任何不可路由的情况，数据包就被丢弃；若是可路由的，路由器则根据路由表选择转发该数据的接口。

在数据被送出路由器之前，路由器检查出口上是否存在访问控制列表，如果没有，就把这个数据包送出路由器；如果接口上存在访问列表，就根据访问列表中的条件语句检查数据包，判断访问列表是否允许此数据包通过，若允许，把数据包从接口送出；若不允许，数据包将被丢弃。

根据实际需要，一个访问控制列表中可以有多个条件语句，这些条件语句以合理的顺序排列，路由器按照它们的先后顺序逐条匹配数据包。

如果数据包与访问列表中的某一条件语句相匹配，这个数据包就直接按照这条语句的

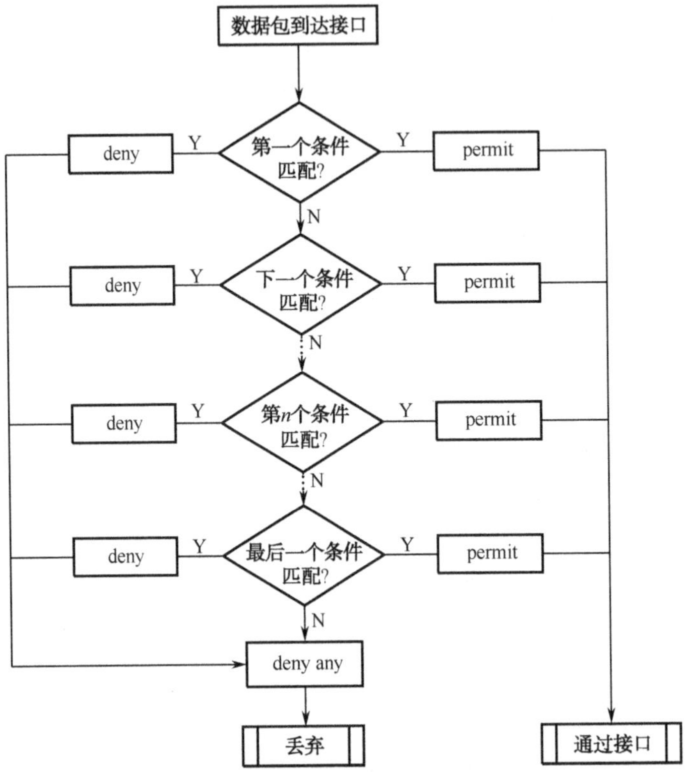

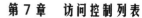

通配符掩码（Wildcard Mask）就是用来指示路由器怎样检查数据包中的 IP 地址的。通配符掩码也是 32bit，用以对应地址中的相应 bit，起到匹配和通配的作用，表现形式与子网掩码类似，也使用点分十进制，所以称为通配符掩码。

通配符掩码的定义如下：

（1）通配符掩码为 0，表示检查地址中对应的 bit；

（2）通配符掩码为 1，表示不检查地址中对应的 bit。

通过正确地设置通配符掩码，网络管理员可以让路由器检查一个或一组 IP 地址是否满足设定的地址条件。

提示：有些人称通配符掩码为反掩码，认为只要把掩码取反就是通配符掩码，其实这种取反的做法并不完全正确。

下面通过 4 个实例说明通配符掩码的使用方法。

实例 7-1：某公司的网络管理员计划使用标准访问控制列表控制某主机对 FTP 服务器的访问，目的是不允许地址为 192.168.10.30 的主机访问 FTP 服务器。

为达到目的，需要在访问控制列表中声明禁止源地址是 192.168.10.30 的数据包到达 FTP 服务器（标准访问控制列表只检查数据包的源地址），并指示路由器检查数据包的源地址。由于一个主机地址是由既定组合的 32 bit 构成的，所以必须指示路由器检查数据包中源地址的每一个 bit 是否和访问控制列表中作为地址条件的 32bit 相同，这样，根据通配符掩码的规定，需要使用 32 个 0 作为通配符掩码，十进制的表达形式是 0.0.0.0。在 ACL 中的完整写法如下：

192.168.10.30（主机地址）　　0.0.0.0（通配符）

这样写就是指示路由器检查数据包中的地址是不是 192.168.10.30。为了书写方便，网络管理员可以在访问控制列表中使用缩写词 host 来表达上面所说的这种测试条件，写法如下：

host 192.168.10.30

实例 7-2：表达任意地址。

网络管理员想要在访问控制列表中表达任意地址。任意 IP 地址用 0.0.0.0 表示，然后指示路由器忽略任意 bit 的值，相应的通配符掩码位是 1，十进制是 255.255.255.255。在 ACL 中的表达方法如下：

0.0.0.0　255.255.255.255

为书写方便，可以用"any"替换上述表达式。

实例 7-3：表达一段地址。

假设这个地址段归属为 B 类地址，并且进行了子网划分，掩码长度为 24。网络管理员想使用通配符掩码让路由器检测数据是否来自 172.30.16.0～172.30.31.0 的子网，从而决定来自这些子网的数据是被允许通过路由器还是被禁止通过路由器。

通过比较这些网络地址发现，它们的前两个字段相同，如果地址在上述范围内，前 16 bit 的十进制形式一定是 172.30，所以应该把通配符掩码的前 16 bit 都置为 0，也就是指示路由器检查前 16 bit 是否是 172.30。再看主机位，上述地址段内的所有主机地址都在这个范围内，没有一个例外，所以应该把通配符掩码的低 8 bit 都置为 1，表示这些主机位可以不检查。

接下来看地址中的第 3 个字段，也就是子网位，该字段的十进制值范围是 16～31，可把它们转换为二进制值来研究其规律，见表 7-1。

表 7-1　第 3 字段的规律表

第 3 字段十进制值	第 3 字段二进制值
16	00010000
17	00010001
18	00010010
…	…
30	00011110
31	00011111

通过观察发现，它们的高 4 bit 相同，都为 0001，低 4 位从全 0 到全 1 所有排列组合都存在，也就是说，高 4 位不变，低 4 位的全部 16 种状态都存在。这样，可以不检查低 4 位，只检查高 4 位。只要地址中的高 4 位是 0001，那么它一定在 16～31 之间。根据以上分析，通配符掩码应该为 00001111，十进制为 15。整个通配符掩码应该为 0.0.15.225，在 ACL 中的完整写法如下：

172.30.16.0　0.0.15.255

这样的表达式表示路由器检查数据包中 IP 地址的前 20 bit，确定其是否和地址 172.30.16.0 的前 20 bit 相同，如果相同表示和 ACL 中的条件匹配，如果不同则表示不匹配条件。

从这个实例我们可以得出，在表达一段地址时，最好有一些 bit 的状态连续地从全 0 到全 1 变化。如果确实不是连续的状态变化，可以先对它进行一些处理，比如，通过加入或去掉某些地址使之出现连续变化。

实例 7-4：给定地址是 192.168.20.0/24，要求表示出该网段内所有是偶数的 IP 地址。

偶数地址的特征是最低位为 0，所以满足上述要求的写法是：

192.168.20.0　0.0.0.254

提醒：在配置 ACL 时必须有通配符掩码，而且通配符掩码的正确与否直接决定了 ACL 如何工作，大家在实际应用时需要注意。

7.5　配置ACL

配置访问列表可以分为两步，第一步写出访问控制列表，第二步把访问控制列表应用到接口上。一个没有与任何接口关联的访问控制是不起作用的，同样，接口上关联了一个不存在的访问列表也是不会产生任何效果的。

配置访问控制列表的语句如下。

步骤 1，在全局配置模式下，编辑访问列表的全部条件语句，语法如下：

> Router(config)#access-list access-list-number {permit|deny} {test conditions}

其中，access-list-number 是指访问列表的代码。选择了代码就等于定义了访问控制列表的类型和它所针对的协议集，见表 7-2。

表 7-2 IP 访问控制列表代码一览表

ACL 类型	代 码	扩 展 代 码	命令 ACL	检 查 项 目
IP 标准 ACL	1～99	1300～1999	名字	源地址
IP 扩展 ACL	100～199	2000～2699	名字	源地址、目的地址、协议、端口号及其他

而 test conditions 代表具体的条件。如果一个访问控制列表中有多个条件，使用相同的代码重复使用该命令，一句写一个条件。

步骤 2，在接口配置模式下，将访问列表关联到一个接口，并指明方向。语法如下：

> Router(config-if)#{protocol} access-group access-list-number {in|out}

其中，protocol 表示哪种协议的访问列表，本章只讨论 IP 访问控制列表，所以这里应该写 IP。access-list-number 是指需要关联到该接口的访问控制列表的代码。{in|out}则声明对哪个方向的数据生效。

7.5.1 标准访问控制列表

访问控制列表分很多种，不同场合应用不同种类的 ACL。其中最简单的就是标准访问控制列表，标准访问控制列表通过使用 IP 包中的源 IP 地址进行过滤，使用的访问控制列表号 1 到 99 来创建相应的 ACL。

IP 标准访问列表只检查数据包中的源地址。建立一个标准访问列表并使用它的方法如下。

步骤 1，在全局配置模式下设置条件，命令语法如下：

> Router(config)#access-list access-list-number {permit|deny} source-address source-address-wildcard-mask

其中，access-list-number 表示标准访问控制列表代码，source-address 表示数据包中的源地址，source-address-wildcard-mask 表示源地址通配符掩码。

步骤 2，在接口配置模式下，使用如下命令与接口关联，并指明方向，语法如下：

> Router(config-if)#ip access-group access-list-number {in|out}

其中，access-list-number 表示与该接口关联的访问控制列表号码，{in|out}指明对哪个方向的数据进行检查。

提醒：使用 no access-list access-list-number 删除访问控制列表，会删除该访问控制列表中的所有条件语句。可以使用 no ip access-group access-list-number 断开访问控制列表与接口的关联，使访问控制列表暂时失去效力。

下面举例说明标准访问控制列表的用法。

实例 7-5：禁止云团内的主机访问网络 192.168.10.0/24 和 192.168.20.0/24，但允许这两个网络内的主机访问云团内的网络，类似于防火墙，拓扑结构如图 7-3 所示。

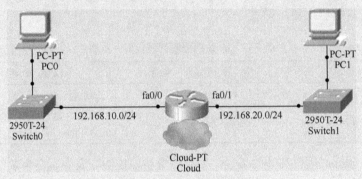

图 7-3　实例 7-5 的拓扑图

配置访问列表如下：

```
Router(config)#access-list 10 permit 192.168.10.0 0.0.0.255
Router(config)#access-list 10 permit 192.168.20.0 0.0.0.255
系统隐含的条件是：access-list 10 deny any
Router(config)#interface fa0/0
Router(config-if)#ip access-group 10 out
Router(config-if)#interface fa0/1
Router(config-if)#ip access-group 10 out
```

命令解释如下：

"10"表示访问控制列表编号，表明它是一个 IP 标准访问列表；permit 表示与条件相匹配的数据将被转发；192.168.10.0 和 192.168.20.0 表示源地址；0.0.0.255 表示通配符，0 表示需要检查该 bit 位，1 表示不需要检查该 bit 位；ip access-group 10 out 表示把访问控制列表与接口关联，并指明对从该接口出去的数据进行检查。

下面对数据的流动情况做一个分析说明。假设网络 192.168.10.0 内的主机发送数据，那么数据包中的源地址为 192.168.10.X，目标地址为 192.168.20.X。当数据包到达路由器的 Fa0/0 接口时，由于没有 in 方向的访问控制列表，所以数据包顺利进入路由器。路由器查阅路由表后该数据包从 Fa0/1 接口送出。由于在 Fa0/1 接口应用有 out 方向的访问控制列表，所以路由器对照访问控制列表中的条件语句检查数据包，确定访问控制列表是否允许该数据包从 Fa0/1 接口转发出去。访问控制列表中的第一个条件是允许来自网络 192.168.10.0 的数据从 Fa0/1 接口出去，而当前的数据包正好符合这个条件，所以来自子网 192.168.10.0 的数据可以到达 192.168.20.0 这个网络。

假设数据来自云团中的某个网络，要访问子网 192.168.10.0 或子网 192.168.20.0，数据可以从与云团相接的接口顺利进入路由器，因为该接口没有关联的访问控制列表。路由器收到数据后查阅路由表，根据路由表的指示，路由器需要把数据从 Fa0/0 或 Fa0/1 接口送出去，由于这两个接口上关联有 out 方向的访问控制列表 10，所以路由器需要对照访问控制列表检查数据包。访问控制列表中的前两个条件都不匹配，因为数据包中的源地址肯定不在子网 192.168.10.0 或子网 192.168.20.0 中。按照规则，路由器需要检查下一个条件，可是这个访问控制列表里只有两个条件，并且已经检查完毕，这样就等于所有条件都不匹配，路由器只好执行系统隐含的条件即禁止该数据从快速以太网接口送出。

按照这样的分析方法可知，在这个实例中，允许 192.168.10.0 和 192.168.20.0 这两个网段的主机相互访问，也允许来自这两个网段的数据到达云团中的网络，但不允许云团中的主机访问这两个网络，因为它们的数据不能从 Fa0/0 和 Fa0/1 接口出去。

实例 7-6：拒绝主机 192.168.20.13 访问网络 192.168.10.0，因为 ACL 禁止该主机发出的数据从 Fa0/0 接口转发出去，但允许所有其他数据从 Fa0/0 接口转发出去，拓扑如图 7-3 所示。

配置访问列表如下：

```
Router(config)#access-list 1 deny 192.168.20.13 0.0.0.0
Router(config)#access-list 1 permit 0.0.0.0 255.255.255.255
//等效于语句 Router(config)#access-list 1 permit any
Router(config)#interface fa0/0
Router(config-if)#ip access-group 1 out
```

请大家参照实例 7-5 的分析方法自行分析数据的流动情况。命令含义如下："1" 表示访问控制列表编号；deny 表示匹配条件的数据不被转发；192.168.20.13 表示数据源地址；0.0.0.0 表示源地址通配符编码，表示检查 32 bit；permit 表示匹配条件的数据被转发；0.0.0.0 表示任意源地址；255.255.255.255 表示通配符掩码，表示 32 bit 都不检查。

提示：如果本实例中没有 permit any 语句，将造成所有数据都不能从 Fa0/0 接口转发出去。

实例 7-7：拒绝来自子网 192.168.20.0 的数据通过 Fa0/0 接口转出，允许来自网络 202.108.180.0/24 的数据从 Fa0/0 接口转出；禁止其他数据从该接口转出，拓扑如图 7-3 所示。

请大家参照上面的两个实例，自己编写访问控制列表。

7.5.2　扩展ACL

标准访问控制列表只根据源地址来检查和过滤数据包，它允许或者拒绝整个 TCP/IP 协议集的数据，即不能区分一个数据包具体是由哪个上层协议形成的。在管理网络的实际环境中，可能需要一个更加精确的方式来控制网络中的数据，如只允许浏览网页和收发邮件，其他应用数据则不能通过路由器。

要想得到更加精确的数据过滤控制，可以使用扩展 IP 访问列表。扩展 IP 访问列表允许用户根据如下内容过滤数据包：源和目的地址、上层协议、源和目的端口号以及其他选项。扩展的访问控制列表的语法通式如下：

```
Router(config)#access-list-number {permit|deny} {protocol} {source-address} {source-address-mask}
[operator source-port-number] {distination-address} {destination-address-mask} [operator destination-port-number]
[established] [options]
```

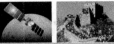

语法解释见表 7-3。

表 7-3　扩展访问控制列表语法解释表

access-list 命令参数	描　　述
access-list-number	扩展访问控制代码
permit|deny	允许/拒绝
protocol	检测待定协议的数据包，如 TCP、ICMP 等
source-address	源 IP 地址
source-address-mask	源 IP 地址通配符掩码
operator source-port-number	运算符 lt、gt、eq、neq、range（小于、大于、等于、不等于、端口区间）和源端口号
distination-address	目的地 IP 地址
destination-address-mask	目的地址通配符掩码
operator destination-port-number	运算符 lt、gt、eq、neq、range（小于、大于、等于、不等于、端口区间）和目标端口号
established	仅当协议选项为 TCP 时可用，用来控制 3 次握手，ACK 位为 1 的 TCP 数据匹配该项
options	其他一些选项

从扩展访问控制列表的语法中可以看到，扩展访问控制列表在一个条件语句中可以指定多个需要检测的参数（地址、端口号和协议等）。在一个条件语句中，只有所有的参数都匹配才算是满足了这个条件。下面通过几个实例来说明扩展访问控制列表的应用。

实例 7-8： 只允许来自网络 192.168.20.0 而且要到达网络 10.10.0.0 的数据从 Fa1/0 端口转发出去，但不允许访问主机 10.10.0.128，拓扑结构如图 7-4 所示。

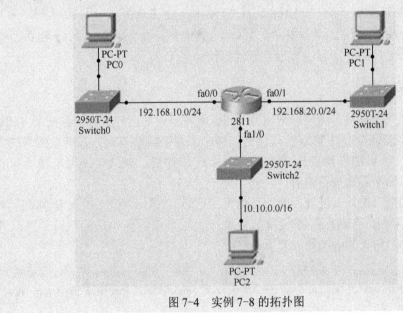

图 7-4　实例 7-8 的拓扑图

配置访问控制列表如下：

```
Router(config)#access-list 110 deny ip 192.168.20.0 0.0.0.255 host 10.10.0.128
Router(config)#access-list 110 permit ip 192.168.20.0 0.0.0.255 10.10.0.0 0.0.255.255
Router(config)#interface fa1/0
Router(config-if)#ip access-group 110 out
```

当主机 192.168.20.3 访问网络 10.10.0.0 时，数据包经过 Fa0/1 接口进入路由器，路由器查阅路由表后选择 Fa1/0 接口为数据的出口，由于 Fa1/0 接口上关联了 out 方向的访问控制列表 110，所以需要对照访问控制列表对数据进行检查。如果是一个 IP 数据（这里用 IP 代表整个协议集，因为上层数据在第 3 层都被封装成 IP 包），数据包中携带的源地址属于网络 192.168.20.0，而且目的地址是 10.10.0.128，则该数据包被丢弃，不再检查后续的条件。这 3 项参数中有任意一项不匹配就意味着不满足条件，接着检查下一个条件。

第 2 个条件是允许来自子网 192.168.20.0，目标地址是 10.10.0.0 的任何 IP 协议集的数据（无论是 TCP 还是 UDP 等）从 Fa1/0 接口出去。

当前两个条件都不匹配时，执行系统隐含的条件：禁止属于 IP 协议集的任何数据从 fa1/0 出去。

实例 7-9：拓扑如图 7-4 所示。假设主机 PC1（192.168.20.3）是一台 FTP 服务器，下面的配置能够禁止来自 192.168.10.0 子网的 FTP 数据从接口 fa0/1 转发出去，其他任何数据都可以从 fa0/1 接口送出。

具体配置访问列表如下（端口号见表 7-4）：

```
Router(config)#access-list 180 deny tcp 192.168.10.0 0.0.0.255 host 192.168.20.3 eq 21
Router(config)#access-list 180 deny tcp 192.168.10.0 0.0.0.255 host 192.168.20.3 eq 20
Router(config)#access-list 180 permit ip any any
隐含条件是 access-list 180 deny ip any any
Router(config)#interface fa0/1
Router(config-if)#ip access-group 180 out
```

表 7-4　公众常用端口号

十进制数	关键词	说　明	协　议
20	FTP-DATA	文件传输协议（数据）	TCP
21	FTP	文件传输协议	TCP
23	TELNET	终端连接	TCP
80	HTTP	超文本传输协议	TCP
110	POP3	收邮件协议	TCP

提醒：假设在 192.168.10.0 上也有一台 FTP 服务器，网络 192.168.20.0 上的主机是可以使用它的 FTP 服务的。因为在 FTP 服务器发送的回应数据中，尽管携带的源地址和目标地址匹配了第一、第二个条件的源地址和目标地址，但目标端口号不是 20 或 21，是请求该服务的主机使用的源端口号。这样，第一、第二个条件不匹配，则执行第三个条件，第三个条件是允许。

7.5.3 基于名称的访问控制列表

不管是标准访问控制列表还是扩展访问控制列表都有一个弊端，那就是当设置好 ACL 的规则后发现其中的某条有问题，希望进行修改或删除的话只能将全部 ACL 信息都删除。也就是说修改一条或删除一条都会影响到整个 ACL 列表。这个缺点影响了我们的工作，为我们带来了繁重的负担。不过我们可以用基于名称的访问控制列表来解决这个问题。

基于名称的访问控制列表的格式：

> ip access-list [standard|extended] [ACL 名称]

例如，ip access-list standard softer 就建立了一个名为 softer 的标准访问控制列表。

基于名称的访问控制列表的使用方法：

当建立了一个基于名称的访问列表后就可以进入这个 ACL 中进行配置了。

例如，我们添加三条 ACL 规则：

```
Router(config)#ip access-list standard softer
Router(config-std-nacl)#permit 1.1.1.1 0.0.0.0
Router(config-std-nacl)#permit 2.2.2.2 0.0.0.0
Router(config-std-nacl)#permit 3.3.3.3 0.0.0.0
Router(config-std-nacl)#ex
Router(config)#interface fa0/0
Router(config-if)#ip access-group softer in
```

如果我们发现第二条命令应该是 2.2.2.1 而不是 2.2.2.2，如果使用不是基于名称的访问控制列表的话，使用 no permit 2.2.2.2 0.0.0.0 后整个 ACL 信息都会被删除掉。正是因为使用了基于名称的访问控制列表，我们使用 no permit 2.2.2.2 0.0.0.0 后第一条和第三条指令依然存在。

7.5.4 基于时间的访问控制列表

上面我们介绍了标准 ACL 与扩展 ACL，实际上我们只要掌握了这两种访问控制列表就可以应付大部分过滤网络数据包的要求了。不过实际工作中总会有人提出这样或那样的苛刻要求，这时我们还需要掌握一些关于 ACL 的高级技巧。基于时间的访问控制列表就属于高级技巧之一。

基于时间的访问控制列表的用途：可能公司会遇到这样的情况，要求上班时间不能上 QQ，下班可以上，或者平时不能访问某网站只有到了周末可以。对于这种情况仅仅通过发布通知规定是不能彻底杜绝员工非法使用的问题的，这使基于时间的访问控制列表应运而生。

基于时间的访问控制列表的格式：基于时间的访问控制列表由两部分组成，第一部分是定义时间段，第二部分是用扩展访问控制列表定义规则。这里我们主要讲解下定义时间段，具体格式如下：

> time-range　时间段名称
> absolute start [小时：分钟] [日 月 年] [end] [小时：分钟] [日 月 年]

例如：

```
time-range softer
absolute start 0:00 1 may 2005 end 12:00 1 june 2005
```

意思是定义了一个时间段，名称为 softer，并且设置了这个时间段的起始时间为 2005 年 5 月 1 日零点，结束时间为 2005 年 6 月 1 日中午 12 点。我们通过这个时间段和扩展 ACL 的规则就可以定出针对自己公司时间段开放的基于时间的访问控制列表了。当然我们也可以定义工作日和周末，具体要使用 periodic 命令。

7.5.5 控制Telnet

对路由器的控制有两种方式，一种是通过本地控制台端口直接操作路由器；另外一种是在远程对路由器进行控制。在远程方式中，最常用的方法是使用 Telnet，只要知道路由器的任意一个物理接口地址和 Telnet 口令，并且存在到达路由器的路由，管理员就可以在任何地方对路由器进行操作。为了提高安全性，必须对 Telnet 进行限制，使用访问控制列表可以很容易地对 Telnet 进行限制。一种方法是在路由器的所有在线的物理接口上设置访问控制列表，这样比较烦琐；另外一种方法是在 Telnet 所使用的虚拟端口上设置访问控制列表，而把物理接口开放，这样比较简单。

下面的配置，只允许从网络 10.0.0.0/8 中发起 Telnet 会话。

```
Router(config)#access-list 50 permit 10.0.0.0 0.255.255.255
Router(config)#line vty 0 4
Router(config-line)# access-class 50 in
```

与把一个访问控制列表关联到物理接口所使用的命令不同，这里使用的是 access-class。

7.6 访问控制列表使用规则

在使用访问控制列表时，应该遵守如下规则。

（1）入站访问控制列表：将到来的分组路由到出站接口之前对其进行处理。因为如果根据过滤条件分组被丢弃，则无须查找路由选择表；如果分组被允许通过，则对其做路由选择方面的处理。

（2）出站访问列表：到来的分组首先被路由到出站接口，并在将其传输出去之前根据出站访问列表对其进行处理。

（3）任何访问列表都必须至少包含一条 permit 语句，否则将禁止任何数据流通过。

（4）同一个访问列表被用于多个接口，然而，在每个接口的每个方向上，针对每种协议的访问列表只能有一个。

（5）在每个接口的每个方向上，针对每种协议的访问列表只能有一个。同一个接口上可以有多个访问列表，但必须是针对不同协议的。

（6）将具体的条件放在一般性条件的前面，将常发生的条件放在不常发生的条件前面。

（7）新添的语句总被放在访问列表的末尾，但位于隐式 deny 语句的前面。

（8）使用编号的访问列表时，不能有选择性地删除其中的语句，但使用名称访问列表时可以。

（9）除非显式地在访问列表末尾添加一条 permit any 语句，否则默认情况下，访问列表将禁止所有不与任何访问列表条件匹配的数据流。

（10）创建访问列表后再将其应用于接口，如果应用于接口的访问列表未定义或不存在，该接口将允许所有数据流通过。

（11）访问列表只过滤经由当前路由器的数据流，而不能过滤当前路由器发送的数据流。

（12）应将扩展访问列表放在离禁止通过的数据流源尽可能近的地方。

（13）标准访问列表不能指定目标地址，应将其放在离目的地尽可能近的地方。

7.7 管理ACL的命令

使用 show access-list 和 show run 命令显示出所有访问列表的内容。

使用 Router#show access-list access-list-number 可以看到一个特定的 ACL 内容。

例如：

```
Router#show access-list
Extended IP access list 110
    deny ip 192.168.20.0 0.0.0.255 host 10.10.0.128
    permit ip 192.168.20.0 0.0.0.255 10.10.0.0 0.0.255.255
Extended IP access list 180
    deny tcp 192.168.10.0 0.0.0.255 host 192.168.20.3 eq ftp
    permit ip any any
Standard IP access list softer
    10 permit host 1.1.1.1
    20 permit host 2.2.2.2
    30 permit host 3.3.3.3
Standard IP access list 50
permit 10.0.0.0 0.255.255.255
```

show ip interface 命令显示出接口是否关联了访问列表，例如：

```
Router# show ip interface fa0/0
FastEthernet0/0 is up, line protocol is up (connected)
    Internet address is 192.168.10.1/24
    Broadcast address is 255.255.255.255
    Address determined by setup command
    MTU is 1500 bytes
    Helper address is not set
    Directed broadcast forwarding is disabled
    Outgoing access list is not set
    Inbound   access list is softer
```

实验 14　配置标准访问列表

本实验拓扑如图 7-5 所示。

图 7-5　拓扑图

1. 实验目的

（1）理解访问列表的一般用途。

（2）练习配置标准访问列表的语法。

（3）学习使用标准访问列表禁止 PC1 和 PC2 通信。

（4）观察标准 ACL 过滤数据的效果。

2. 实验步骤

1）启动路由器并为之设置 IP 地址

```
Router>enable
Router#conf te
Enter configuration commands, one per line.    End with CNTL/Z.
Router(config)#interface fa0/0
Router(config-if)#ip address 192.168.10.1 255.255.255.0
Router(config-if)#no shutdown
Router(config-if)#
%LINK-5-CHANGED: Interface FastEthernet0/0, changed state to up
%LINEPROTO-5-UPDOWN: Line protocol on Interface FastEthernet0/0, changed state to up
Router(config-if)#interface fa0/1
Router(config-if)#ip address 172.16.10.1 255.255.255.0
Router(config-if)#no shutdown
Router(config-if)#
%LINK-5-CHANGED: Interface FastEthernet0/1, changed state to up
%LINEPROTO-5-UPDOWN: Line protocol on Interface FastEthernet0/1, changed state to up
Router(config-if)#^Z
Router#
```

2）为 PC 设置 IP 地址

为 PC1 手动设置如下参数。

地址：192.168.10.2

掩码：255.255.255.0

网关：192.168.10.1

为 PC2 手动设置如下参数。

地址：172.16.10.2

掩码：255.255.255.0

网关：172.16.10.1

3）在 PC1 上测试连通性

```
PC1>ping 172.16.10.2
Pinging 172.16.10.2 with 32 bytes of data:
Reply from 172.16.10.2: bytes=32 time=2ms TTL=127
Reply from 172.16.10.2: bytes=32 time=0ms TTL=127
Reply from 172.16.10.2: bytes=32 time=0ms TTL=127
Reply from 172.16.10.2: bytes=32 time=0ms TTL=127
Ping statistics for 172.16.10.2:
    Packets: Sent = 4, Received = 4, Lost = 0 (0% loss),
Approximate round trip times in milli-seconds:
    Minimum = 0ms, Maximum = 2ms, Average = 0ms
```

4）在 PC2 上测试连通性

```
PC2>ping 192.168.10.2
Pinging 192.168.10.2 with 32 bytes of data:
Reply from 192.168.10.2: bytes=32 time=1ms TTL=127
Reply from 192.168.10.2: bytes=32 time=0ms TTL=127
Reply from 192.168.10.2: bytes=32 time=0ms TTL=127
Reply from 192.168.10.2: bytes=32 time=0ms TTL=127
Ping statistics for 192.168.10.2:
    Packets: Sent = 4, Received = 4, Lost = 0 (0% loss),
Approximate round trip times in milli-seconds:
    Minimum = 0ms, Maximum = 1ms, Average = 0ms
```

5）在路由器上配置标准访问控制列表并与接口关联

```
Router#conf te
Enter configuration commands, one per line.   End with CNTL/Z.
Router(config)#access-list 10 deny 192.168.10.2 0.0.0.0
Router(config)#access-list 10 permit any
Router(config)#access-list 20 deny 172.16.10.2
Router(config)#access-list 20 permit any
Router(config)#interface fa0/0
Router(config-if)#ip access-group 10 in
Router(config-if)#interface fa0/1
Router(config-if)#ip access-group 20 in
Router(config-if)#^Z
Router#
```

6）在 PC2 上测试 ACL 的效果

```
PC>ping 192.168.10.2
Pinging 192.168.10.2 with 32 bytes of data:
Reply from 172.16.10.1: Destination host unreachable.
```

```
Reply from 172.16.10.1: Destination host unreachable.
Reply from 172.16.10.1: Destination host unreachable.
Reply from 172.16.10.1: Destination host unreachable.
Ping statistics for 192.168.10.2:
        Packets: Sent = 4, Received = 0, Lost = 4 (100% loss),
```

7）在 PC1 上测试 ACL 的效果

```
PC>ping 172.16.10.2
Pinging 172.16.10.2 with 32 bytes of data:
Reply from 192.168.10.1: Destination host unreachable.
Reply from 192.168.10.1: Destination host unreachable.
Reply from 192.168.10.1: Destination host unreachable.
Reply from 192.168.10.1: Destination host unreachable.
Ping statistics for 172.16.10.2:
        Packets: Sent = 4, Received = 0, Lost = 4 (100% loss),
```

3. 实验调试

如果在没有应用 ACL 之前两台 PC 不能连通，请检查：

（1）双绞线的线序是否正确（应该是交叉线序列）；

（2）路由器 IP 地址是否配置正确；

（3）路由器接口是否是 UP；

（4）PC 的地址及网关配置是否正确。

4. 实验思考

如果只有一个接口关联访问列表，能达到上述实验结果吗？如果能，那么它与使用两个访问列表的区别在哪里？

实验 15　配置扩展访问列表

实验拓扑如图 7-5 所示。

1. 实验目的

（1）练习使用命令扩展访问列表的语法。

（2）观察扩展访问列表过滤数据的效果。

（3）禁止 PC1 所在的网段和 PC2 所在的网段向外网发送 ICMP 数据（包括 ping）。

2. 实验步骤

在实验 1 的基础上继续配置路由器。

1）移去接口上关联的访问列表

```
Router>en
Router#conf te
Enter configuration commands, one per line.    End with CNTL/Z.
Router(config)#inter fa0/0
```

```
Router(config-if)#no ip access-group 10 in
Router(config-if)#inter fa0/1
Router(config-if)#no ip access-group 20 in
Router(config-if)#exit
Router(config)#
```

2）配置访问列表并与接口关联

```
Router#conf te
Enter configuration commands, one per line.    End with CNTL/Z.
Router(config)#ip access-list extended deny-two-way-ping
Router(config-ext-nacl)#deny icmp 192.168.10.0 0.0.0.255 any
Router(config-ext-nacl)#deny icmp 172.16.10.0 0.0.0.255 any
Router(config-ext-nacl)#permit ip any any
Router(config-ext-nacl)#exit
Router(config)#inter fa0/0
Router(config-if)#ip access-group deny-two-way-ping in
Router(config-if)#inter fa0/1
Router(config-if)#ip access-group deny-two-way-ping in
```

3）在 PC1 上执行 ping 测试

```
PC>ping 172.16.10.2
Pinging 172.16.10.2 with 32 bytes of data:
Reply from 192.168.10.1: Destination host unreachable.
Reply from 192.168.10.1: Destination host unreachable.
Reply from 192.168.10.1: Destination host unreachable.
Reply from 192.168.10.1: Destination host unreachable.
Ping statistics for 172.16.10.2:
        Packets: Sent = 4, Received = 0, Lost = 4 (100% loss),
```

4）在 PC2 上执行 ping 测试

```
PC>ping 192.168.10.2
Pinging 192.168.10.2 with 32 bytes of data:
Reply from 172.16.10.1: Destination host unreachable.
Reply from 172.16.10.1: Destination host unreachable.
Reply from 172.16.10.1: Destination host unreachable.
Reply from 172.16.10.1: Destination host unreachable.
Ping statistics for 192.168.10.2:
        Packets: Sent = 4, Received = 0, Lost = 4 (100% loss),
```

3. 实验思考

假设 PC1 的地址配置不正确，在 PC2 上执行 ping 192.168.10.2 后报告的信息和之前的信息相同吗？为什么？

思考与练习题 7

（1）如果在接口上关联有 in 方向的访问列表，那么____。

    A．路由器把数据直接丢弃

    B．路由器先检查路由表，再检查访问列表

    C．路由器先检查访问列表再检查路由表

    D．路由器禁止数据进入

（2）访问控制列表的优点有____。

    A．访问列表能监控数据流量　　　　　　B．访问列表能过滤 IP 路由

    C．访问列表能为网络提高可靠性　　　　D．访问列表能将数据分类

（3）下列语句正确的是____。

    A．access-list 101 permit tcp any 172.17.18.252 0.0.0.0 eq 80

    B．access-list 1 permit tcp any 172.17.17.252 0.0.0.0 eq 23

    C．access-list 10 permit udp 172.17.17.252 0.0.0.0 any eq 23

    D．access-list 101 deny tcp any 0.0.0.0 172.17.18.252 0.0.0.0 eq 80

（4）设置 ACL 的模式是____。

    A．Router>　　　　　　　　　　　　　B．Router#

    C．Router(config)#　　　　　　　　　　D．Router(config-if)#

（5）命名访问列表的特点是____。

    A．可以单独删除某个条件语句　　　　　B．不可以删除某个条件语句

    C．使用 ip name-class 命令关联到接口　　D．可以在中间插入条件语句

（6）下列语句中禁止了一台主机的是____。

    A．Router(config)#access-list 1 deny 172.31.212.74 any

    B．Router(config)#access-list 1 deny 172.31.212.74 host

    C．Router(config)#access-list 1 deny 172.31.212.74　0.0.0.0

    D．Router(config)#access-list 1 deny 172.31.212.74 255.255.255.0

（7）哪个命令可以查看接口上关联的访问列表及其方向？

第8章

广 域 网

　　Cisco IOS WAN可以支持许多不同的WAN协议，可将LAN延伸到远程站点的其他LAN。将不同站点连接到一起便于信息交换，是目前经济发展的需要。然而，可能需要一大笔钱，投入本地布线或到公司所有远程连接的线路上。更好的办法是使用服务提供商提供的允许租用，或共享他们已安装的连接，这样可以节省金钱和时间。

　　接下来，本章将介绍应用于广域网中的各种不同类型的连接、技术和设备。同时还将介绍如何实现和配置HDLC、PPP和帧中继协议。

8.1 广域网的概念

　　在介绍广域网之前，首先介绍下局域网（Local Area Network，LAN）的一些概念。局域网是在一个局部的地理范围内（如一个学校、工厂和机关内），一般是方圆几千米以内，将各种计算机、外部设备和数据库等互相连接起来组成的计算机通信网。局域网严格意义上是封闭型的。

　　广域网（Wide Area Network，WAN），是一种跨越大的、地域性的计算机网络的集合。通常跨越省、市，甚至一个国家。广域网包括大大小小不同的子网，子网可以是局域网，也可以是小型的广域网。广域网（WAN）就是我们通常所说的 Internet，它是一个遍及全世界的网络。

　　一般来说，需要租借互联网服务提供商（Internet Service Provider，ISP）线路的网络称成为广域网，反之则为局域网。当然，熟悉 WAN 术语和 WAN 连接类型是理解 WAN 的关键点。

8.1.1　WAN术语

用户驻地设备（Customer Premises Equipment，CPE）：用户驻地设备是用户方拥有的设备，位于用户驻地一侧。

分界点（Demarcation Point）：分界点是服务提供商最后负责点，也是 CPE 的开始。通常是最靠近电信的设备，并且由电信公司拥有和安装。客户负责从此盒子到 CPE 的布线（扩展分界），通常是连接到 CSU/DSU 或 ISDN 接口。

本地回路（Local Loop）：本地回路连接分界到称为中心局的最近交换局。

中心局（Central Office，CO）：这个点连接用户到提供商的交换网络。中心局有时指呈现点（POP）。

长途网络（Toll Network）：这些是 WAN 提供商网络中的中继线路。长途网络是属于 ISP 的交换机和设备的集合。

8.1.2　WAN连接类型

WAN 可以使用许多不同的连接类型，这部分将介绍目前市场上常见的各种 WAN 连接类型。图 8-1 显示了不同的 WAN 连接类型，可以通过 DCE 网络将 LAN 连接在一起。下面解释 WAN 连接类型。

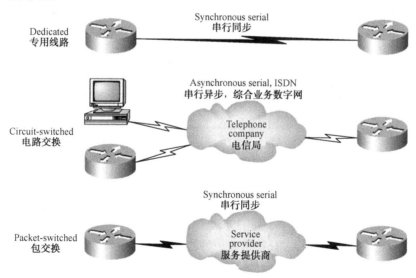

图 8-1　WAN 连接类型

租用线路（Leased Lines）：租用线路典型地指点到点连接或专线连接，租用线路是从本地 CPE 经过 DCE 交换机到远程 CPE 的一条预先建立的 WAN 通信路径。允许 DTE 网络在任何时候不用设置就可以传输数据进行通信。当不考虑使用成本时，它是最好的选择类型。它使用同步串行线路，速率最高可达 45 Mbit/s。租用线路通常使用 HDLC 和 PPP 封装类型。

电路交换（Circuit Switching）：当你听到电路交换这个术语时，就想一想电话呼叫。它最大的优势是成本低，只需要为真正占用的时间付费。在建立端到端连接之前，不能传输数据。电路交换使用拨号调制解调器或 ISDN，用于低带宽数据传输。当今，随着无线技术的发展，还有谁会使用调制解调器？实际上，还有许多用户使用 ISDN 上网，所以调制解调器还是被使用的（建议用户们现在和将来都使用调制解调器）。在一些广域网的新技术上同样可以使用电路交换。

包交换（Packet Switching）：这是一种 WAN 交换方法，允许和其他公司共享带宽以节省资金。可以将包交换想象为一种看起来像租用线路，但费用更像电路交换的一种网络。不利因素是，如果需要经常传输数据，则不要考虑这种类型，应当使用租用线路。如果是偶然的突发性的数据传输，那么包交换可以满足需要。帧中继和 X.25 是包交换技术，速率从 56 kbit/s 到 45 Mbit/s。

8.2 HDLC

高级数据链路控制协议（High-Level Data-link Control Protocol，HDLC）是流行的 ISO 标准、面向位的数据链路层协议。它使用帧特性、校验和规定数据在同步串行数据链路上的封装方法。HDLC 是一种用于租用线路的点到点协议。没有任何认证可以用于 HDLC。

在面向字节的协议中，用整个字节对控制信息进行编码。另一方面，面向位的协议可能使用单个位代表控制信息。面向位的协议包括 SDLC、LLC、HDLC、TCP、IP 等。

HDLC 是 Cisco 路由器在同步串行线路上的默认封装方式。Cisco 的 HDLC 是专用的，不能和其他厂商的 HDLC 通信。但是不要为此抱怨 Cisco，每个厂商的 HDLC 都是专用的。图 8-2 显示了 Cisco 的 HDLC 格式。

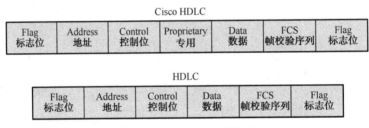

图 8-2　Cisco HDLC 帧格式

如图 8-2 所示，每个厂商都有一种专用的 HDLC 封装方式，其原因是每个厂商解决 HDLC 和网络层协议通信时采用了不同的方法。如果厂商没有办法解决 HDLC 和不同的第 3 层协议通信的问题，那么 HDLC 只能携带一种协议。这个标识协议属性的报头位于 HDLC 封装的数据字段中。

如果你只有一台 Cisco 路由器，需要连接到一台非 Cisco 的路由器（因为另一台 Cisco 路由器正在订购中），该怎么办呢？不能使用默认的 HDLC 串行封装，因为它不能正常运行。你应当使用像 PPP 这样的能识别上层协议的 ISO 标准的封装方式。另外，可以查阅 RFC1661 获取更多有关 PPP 标准的原始信息。

8.3　点到点协议

点到点协议（PPP）数据链路层协议可以用于异步串行（拨号）或同步串行（ISDN）

介质。它使用 LCP（链路控制协议）建立并维护数据链路连接。网络控制协议（NCP）允许在点到点连接上使用多种网络层协议（被动路由协议），如图 8-3 所示。

图 8-3　点到点协议栈

既然 HDLC 是 Cisco 串行链路上默认的串行封装协议，并且 HDLC 的性能非常好，那么什么时候使用 PPP 呢？PPP 的基本目标是在数据链路层点到点链路上传输第 3 层包。它不是一个专用协议，这意味着如果你的路由器并不都是 Cisco 的，在串行接口上就需要封装 PPP，由于 HDLC 是 Cisco 专用协议，所以封装 HDLC 后不会正确运行。另外，既然 PPP 可以封装多种第 3 层被动路由协议，并且提供认证、动态寻址以及回叫功能，那么这些都是放弃 HDLC 而选择 PPP 作为封装方案的理由。

PPP 包含的 4 个主要组件如下所示。

（1）EIA/TIA-232-C、V.24、V.35 和 ISDN：串行通信的物理层国际标准。

（2）HDLC：在串行链路上封装数据报的方法。

（3）LCP：一种建立、配置、维护和结束点到点连接的方法。

（4）NCP：一种建立和配置不同网络层协议的方法。NCP 设计允许同时使用多个网络层协议。例如有些协议是 IPCP（Internet Protocol Control Protocol，Internet 协议控制协议）和 IPXCP（Internetwork Packet Exchange Control Protocol，互连网络包交换控制协议）。

理解 PPP 协议栈只是物理层和数据链路层的规范非常重要。NCP 通过对 PPP 数据链路上的协议进行封装来允许在多种网络层协议之间实现通信。

提示：记住，如果当一台 Cisco 路由器和一台非 Cisco 路由器通过串行连接连接在一起时，必须配置 PPP 或另一种封装方法，像帧中继，因为默认的 HDLC 不能工作。

下面将讨论 LCP 和 PPP 会话的建立。

8.3.1　链路控制协议

链路控制协议（Link Control Protocol，LCP）提供各种 PPP 封装选项，包括如下内容。

Authentication（认证）：这个选项告诉链路的呼叫方发送可以确定其用户身份的信息。两种认证方法是 PAP 和 CHAP。

Compression（压缩）：这个选项用于通过传输之前压缩数据或负载来增加 PPP 连接的吞吐量。PPP 在接收端解压数据帧。

Error Detection（错误检测）：PPP 使用 Quality（质量）和 Magic Number（魔术号码）选项确保可靠的、无环路的数据链路。

Multilink（多链路）：从 IOS 11.1 版本开始，Cisoc 路由器在 PPP 链路上支持多条链路选项。这个选项允许几条不同的物理路径在第 3 层表现为一条逻辑路径。例如，运行 PPP 多链路的两条 T1 线路在第 3 层路由协议中以一条 3 Mbit/s 路径的形式出现。

PPP Callback（PPP 回叫）：PPP 可以配置为认证成功后进行回叫。PPP 回叫对于账户记录或各种其他原因是一个好功能，因为可以根据访问费用跟踪使用情况。启动回叫后，呼叫路由器（客户端）将和远程路由器（服务器端）取得联系，并像前面描述的那样进行认证。两台路由器必须都配置回叫。一旦完成认证，远程路由器将中断连接，并从远程路由器重新初始化到呼叫路由器的连接。

说明：如果在 PPP 回叫中使用的是 Microsoft 设备，要意识到 Microsoft 可能使用它专用的回叫功能，即微软回叫控制协议（Microsoft Callback Control Protocol，MCCP），并且 IOS 11.3（2）T 以上版本是支持这种回叫协议的。

8.3.2　PPP会话建立

当 PPP 连接开始时，链路经过 3 个会话建立阶段，如图 8-4 所示。

图 8-4　PPP 会话建立

链路建立阶段每台 PPP 设备发送 LCP 包来配置和测试链路。LCP 包包括一个叫做"配置选项"的字段，允许每台设备查看数据的大小、压缩和认证。如果没有设置"配置选项"字段，则使用默认的配置。

认证阶段如果配置了认证，在认证链路时可以使用 CHAP 或 PAP。认证发生在读取网络层协议信息之前。同时可能发生链路质量决策。

网络层协议阶段 PPP 使用网络控制协议（Network Control Protocol），允许封装成多种网络层协议并在 PPP 数据链路上发送。每个网络层协议（如 IP、IPX、AppleTalk 这些被动路由协议）都建立和NCP 的服务关系。

8.3.3　PPP认证方法

PPP 链路可以使用两种认证方法。

口令认证协议（Password Authentication Protocol，PAP）：口令认证协议是两种方法中安全程度较低的一种。口令以明文发送，并且 PAP 只在初始链路建立时执行。在 PPP 链路首次建立时，远程节点向发送路由器回送路由器用户名和口令，直到获得认证。

问答握手认证协议（Challenge Handshake Authentication Protocol，CHAP）：问答握手认证协议用于链路初始启动，并且为了证实路由器连接的仍然是同一台主机，要进行周期性的链路检查。

PPP 结束了初始阶段后，本地路由器向远程设备发送一个盘问请求。远程设备发送一个用 MD5 的单方向散列函数计算出来的值。本地路由器要检查此散列值，确定它是否匹配。如果这个值不匹配，该链路立即结束。

8.3.4　在Cisco路由器上配置PPP

在接口上配置 PPP 封装是一个相当简单的过程。按照下列路由器命令进行配置：

```
Router#config t
Enter configuration commands, one per line. End with CNTL/Z.
Router(config)#int s0
Router(config-if)#encapsulation ppp
Router(config-if)#^Z
Router#
```

当然，PPP 封装必须在串行线连接的两端接口上都配置才能工作，并且使用 help 命令可以知道还有几个额外的配置选项可用。

1. 配置 PPP 认证

当你将串行接口配置为支持 PPP 封装后，可以使用 PPP 在路由器之间配置认证。如果没有设置主机名，则首先设置路由器的主机名，然后为路由器所连接的远程路由器设置用户名和口令。下面是一个例子。

```
Router#config t
Enter configuration commands, one per line. End with CNTL/Z.
Router(config)#hostname RouterA
RouterA(config)#username RouterB password cisco
```

当使用 hostname 命令时，要记住用户名是连接你的路由器的远程路由器的主机名。主机名是大小写敏感的。还有，双方路由器的口令必须相同。口令是明文的，使用 show run 命令可以看到。可以使用 service password encryption 命令对口令进行加密。必须对要连接的每个远程系统配置用户名和口令。远程路由器也必须配置用户名和口令。

当设置了主机名、用户名和口令后，选择认证类型，CHAP 或 PAP：

```
RouterA#config t
Enter configuration commands, one per line. End with CNTL/Z.
RouterA(config)#int s0
RouterA(config-if)#ppp authentication chap pap
RouterA(config-if)#^Z
RouterA#
```

如果像前面例子中显示的那样配置了两种方法，那么在链路协商阶段只使用第一种方法。如果第一种方法失败，那么使用第二种方法。

2. 验证 PPP 封装

现在我们已启用了 PPP 封装，让我们验证一下它的运行情况。首先，我们看一看例子的网络图。图 8-5 显示两台路由器通过一个点到点串行连接或 ISDN 连接。

hostname Pod1R1 **路由器名字**
username Pod1R2 password cisco **远程路由器口令**
interface serial 0 **连接接口**
ip address 10.0.1.1 255.255.255.0
encapsulation ppp **封装成PPP**
ppp authentication chap **认证方式chap**

hostname Pod1R2 **路由器名字**
username Pod1R1 password cisco **远程路由器口令**
interface serial 0 **连接接口**
ip address 10.0.1.2 255.255.255.0
encapsulation ppp **封装成PPP**
ppp authentication chap **认证方式chap**

图 8-5 PPP 认证示例

你可以使用 show interface 命令验证配置：

```
1.  Pod1R1#sh int s0/0
2.  Serial0/0 is up, line protocol is up
3.  Hardware is PowerQUICC Serial
4.  Internet address is 10.0.1.1/24
5.  MTU 1500 bytes, BW 1544 Kbit, DLY 20000 usec, reliability 239/255, txload 1/255, rxload 1/255
6.  Encapsulation PPP
7.  loopback not set
8.  Keepalive set (10 sec)
9.  LCP Open
10. Open: IPCP, CDPCP
11. [output cut]
```

注意：第 6 行显示封装为 PPP。第 8 行显示 LCP 是打开的，意思是它已经协商完成了会话的建立并且正常运行。第 9 行告诉我们 NCP 正在监听 IP 和 CDP 协议。

如果配置不是全都正确，你会看到什么结果呢？如果你输入的配置像图 8-6 中显示的那样，会怎么样呢？

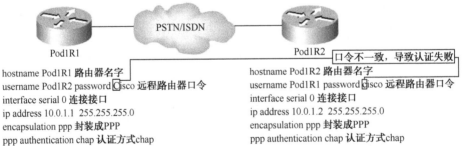

图 8-6 失败的 PPP 认证

看出问题了吗？看一看用户名和口令。现在看出问题了吗？对了，在路由器 Pod1R1 的配置中，Pod1R2 用户名命令的 c 应该是大写的。这导致认证失败，因为用户名和口令是大小写敏感的。让我们看一看 show interface 命令现在为我们显示了什么内容：

```
Pod1R1#sh int s0/0
Serial0/0 is up, line protocol is down
Hardware is PowerQUICC Serial
Internet address is 10.0.1.1/24
MTU 1500 bytes, BW 1544 Kbit, DLY 20000 usec,
reliability 243/255, txload 1/255, rxload 1/255
Encapsulation PPP, loopback not set
Keepalive set (10 sec)
LCP Closed
Closed: IPCP, CDPCP
```

首先，注意第 1 行输出 Serial0/0 is up，line protocol is down，这是由于没有来自远程路由器的保持激活包。其次，注意由于认证失败，LCP 是关闭的。

3. 诊断 PPP 认证

若要显示网络中两台路由器之间的 CHAP 认证过程，使用命令 debug pppauthentication。

如果两台路由器的 PPP 封装和认证都设置正确，用户名和口令也正确，那么 debug ppp authentication 命令将显示类似于下面这样的输出内容：

```
d16h: Se0/0 PPP: Using default call direction
1d16h: Se0/0 PPP: Treating connection as a dedicated line
1d16h: Se0/0 CHAP: O CHALLENGE id 219 len 27 from "Pod1R1"
1d16h: Se0/0 CHAP: I CHALLENGE id 208 len 27 from "Pod1R2"
1d16h: Se0/0 CHAP: O RESPONSE id 208 len 27 from "Pod1R1"
1d16h: Se0/0 CHAP: I RESPONSE id 219 len 27 from "Pod1R2"
1d16h: Se0/0 CHAP: O SUCCESS id 219 len 4
1d16h: Se0/0 CHAP: I SUCCESS id 208 len 4
```

然而，如果用户名是错误的，像前面图 8-6 中失败的 PPP 认证那样，则会输出类似于下面这样的内容：

```
1d16h: Se0/0 PPP: Using default call direction
1d16h: Se0/0 PPP: Treating connection as a dedicated line
1d16h: %SYS-5-CONFIG_I: Configured from console by console
1d16h: Se0/0 CHAP: O CHALLENGE id 220 len 27 from "Pod1R1"
1d16h: Se0/0 CHAP: I CHALLENGE id 209 len 27 from "Pod1R2"
1d16h: Se0/0 CHAP: O RESPONSE id 209 len 27 from "Pod1R1"
1d16h: Se0/0 CHAP: I RESPONSE id 220 len 27 from "Pod1R2"
1d16h: Se0/0 CHAP: O FAILURE id 220 len 25 msg is "MD/DES compare failed"
```

使用 CHAP 认证的 PPP 是一种双方认证方式。假如没有正确配置用户名和口令，认证就会失败，链路也会断开。

4. 不匹配的 WAN 封装

如果你有一个点到点链路，但封装类型不相同，那么链路永远不会通。图 8-7 显示了一个具有 PPP 和 HDLC 封装的链路。

图 8-7　不匹配的 WAN 封装

让我们看一看路由器 PodlR1，会看到如下输出：

```
Pod1R1#sh int s0/0
Serial0/0 is up, line protocol is down
Hardware is PowerQUICC Serial
Internet address is 10.0.1.1/24
MTU 1500 bytes, BW 1544 Kbit, DLY 20000 usec,
reliability 254/255, txload 1/255, rxload 1/255
Encapsulation PPP, loopback not set
Keepalive set (10 sec)
LCP REQsent
Closed: IPCP, CDPCP
```

串行接口是关闭的，LCP 正在发送请求，但永远都不会接收到回复，因为路由器 Pod1R2 使用的是 HDLC 封装。若要解决这个问题，需要登录到路由器 Pod1R2 上，在串行接口上配置 PPP 封装。尽管用户名配置错误，但没有关系，在串行接口配置模式下没有使用命令 ppp authentication chap，所以在这个例子中没有使用用户名命令。

说明： 不能在一端使用 PPP，而在另一端使用 HDLC。大家思考一下，这是为什么呢？

5. 不匹配的 IP 地址

如果在串行接口上配置了 HDLC 或 PPP，但 IP 地址不正确，这是一个棘手的问题，因为接口将会显示 up。请看图 8-8，看看是否能发现问题（已经给出了许多提示）。

两台路由器连接了不同的子网，路由器 Pod1R1 所在的子网是 10.0.1.1/24，路由器 Pod1R2 所在的子网是 10.2.1.2/24。

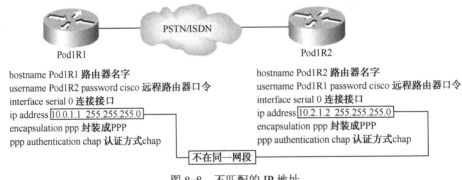

图 8-8　不匹配的 IP 地址

这种配置永远不会工作。然而，让我们看一看输出结果：

```
Pod1R1#sh int s0/0
Serial0/0 is up, line protocol is up
Hardware is PowerQUICC Serial
Internet address is 10.0.1.1/24
MTU 1500 bytes, BW 1544 Kbit, DLY 20000 usec,
reliability 255/255, txload 1/255, rxload 1/255
Encapsulation PPP, loopback not set
Keepalive set (10 sec)
LCP Open
Open: IPCP, CDPCP
```

检查一下输出结果，路由器之间的 IP 地址是错误的，但这样的链路竟然是正常畅通的。这是因为 PPP 像 HDLC 和帧中继一样，是一个第 2 层 WAN 封装协议，不关心 IP 地址的配置，所以，链路是通的。然而，由于不匹配的 IP 地址配置，这个链路上不能使用 IP。

若要查找并解决问题，可以在每台路由器上使用 show running-config 或 show interfaces 命令，或者使用 show cdp neighbors detail 命令：

```
Pod1R1#sh cdp neighbors detail
-----------------------
Device ID: Pod1R2
Entry address(es):
IP address: 10.2.1.2
```

可以查看和验证直连邻居的 IP 地址，然后解决问题。

8.4　帧中继

帧中继已成为近几十年 WAN 服务最流行的技术之一。它有很多受欢迎的原因，但主要是费用较低。帧中继比其他技术更节省费用，这是网络设计不可忽略的因素。帧中继默认情况下归为非广播多路访问（NBMA）网络，意思是默认情况下不在网络上发送像 RIP 更新这样的广播包。我们将在后面进一步讨论这个特性。

帧中继是从 X.25 技术发展来的。考虑到目前可靠性和比较"清洁"的电信网络，帧中继本质上和 X.25 的功能是不相容的，忽略了不再需要的纠错功能。它和在 HDLC 和 PPP 中学到的简单租用线路网络相比非常复杂。这些租用线路是易于构建的，帧中继却不是。它可能非常复杂和多变，这就是在网络图形中经常用"网云"代表它的原因。现在，将从概念上介绍帧中继，并介绍如何区别它和简单的租用线路技术。

在介绍这个技术的过程中，你会得到一个具有所有新术语的虚拟字典，这些术语将有助于掌握帧中继的基本原理。之后，介绍一些简单的帧中继实现方法。

8.4.1　帧中继技术简介

首先理解帧中继是包交换技术。从目前学到的知识来看，只告诉你这一点应当使你想起和包交换有关的几件事情。

（1）不能使用 encapsulation hdlc 或 encapsulation ppp 命令进行配置。

（2）帧中继和点到点租用线路不一样（尽管可以做到看起来像租用线路）。

（3）帧中继在许多情况下没有租用线路昂贵，但是为了节省费用会有些损失。

在继续下面的内容之前，想一想为什么考虑使用帧中继。让我们看一看图 8-9，感受一下没有帧中继之前的网络是什么样子的。从图 8-9 可以看到，现在在 Corporate 路由器和帧中继交换机之间只有一个连接，节省了很多费用。

例如，在你不得不为公司的办公室添加 7 个远程站点，但路由器上只有一个空闲串行端口的时候，帧中继可以解决问题。当然，应当说明你现在处于单点失效的状态，但是帧中继用于节省资金，不是为了使网络更有弹性（图 8-10）。

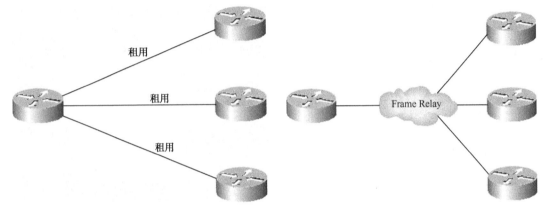

图 8-9　帧中继之前的网络　　　　　　图 8-10　帧中继之后的网络

8.4.2　承诺信息率

帧中继提供商同时为许多不同的客户提供包交换网络。这是一个伟大的思想，因为它在众多客户中发挥了交换机的价值。然而，帧中继是基于假定不是所有客户都需要同时持续传输数据这一情况的。

帧中继为每个用户提供部分专用带宽工作，并在电信网络有可用资源的情况下允许用户超过他们保证的带宽，所以基本上，帧中继提供商允许客户购买稍低于其真正需要的带宽。帧中继有两种带宽规范。

（1）访问速率：帧中继接口可以传输的最大速率。

（2）CIR 数据传输承诺的最大速率。然而，实际上这是服务提供商承诺传输的平均速率。

如果这两个值相等，帧中继连接就像租用线路了。然而，它们也可以设置为不同的值。这里有一个例子：假如你购买了 T1 的访问速率（1.544 Mbit/s）并且 CIR 为 256 kbit/s。那么，发送的第一个 256 kbit/s 流量是承诺传输的。所有高于这个速率的都称为"突发速率"，即超过允许的 256 kbit/s 的传输，并且可以是任何低于 T1 访问速率的速率（如果那个速率是合同中规定的）。如果允许的突发速率（CIR 的基本速率）加上超量突发大小（MBR 或最大突发速率）超过访问速率时，超过的额外流量将被丢弃，这依赖于特定服务提供商的订购级别。

在理想情况下，这一切通常运作得很顺利，但记得"承诺"这个词吗？当承诺速率是 256 kbit/s 时，是什么意思？这意味着发送的任何超过 256 kbit/s 承诺速率的突发数据将被"最努力"地发送出去。或者发送不出去，如果电信设备在你传输的时候没有容量发送出去，那么你发送的帧将被丢弃，并会通知 DTE 这一结果。时间决定一切，只要电信公司的设备在那时有发送能力，你可以将数据以承诺速率 256 kbit/s 的 6 倍速率（T1）发送出去。

说明：CIR 是以每秒位为单位的速率，是帧中继交换机同意传输数据的速率。

8.4.3　帧中继封装类型

当在 Cisco 路由器上配置帧中继时，需要在串行接口上将帧中继指定为一种封装。正如前面提到过的，不能使用 HDLC 和 PPP 封装帧中继。当你配置帧中继时，要指定一种帧中继封装类型。和 HDLC 和 PPP 不一样，帧中继有两种封装类型——Cisco 和 IETF（Internet Engineering Task Force，Internet 工程任务组）。下面的路由器输出显示了在 Cisco 路由器上选择帧中继时的两种不同的封装方法：

```
RouterA(config)#int s0
RouterA(config-if)#encapsulation frame-relay ?
ietf    Use RFC1490 encapsulation
<cr>
```

除非手动输入 ietf，否则默认的封装是 Cisco，而且连接两台 Cisco 设备时使用 Cisco 类型。如果用帧中继连接一台 Cisco 设备和一台非 Cisco 设备，要选择 IETF 封装类型。在选择任何一种封装类型之前，一定要确保两端的帧中继封装类型是相同的。

8.4.4　虚电路

帧中继使用虚电路工作方式，所谓"虚"是相对于租用线路使用的真正电路而言的。这些虚电路是由连接到提供商"网云"上的几千台设备构成的链路。帧中继为两台 DTE 设备之间建立虚电路，使它们就像通过一条电路连接起来一样，实际上将帧放入一个很大的共享设施里。因为有了虚电路，你永远都不会看到网云内部所发生的复杂操作。

有两种虚电路——永久虚电路和交换虚电路。永久虚电路（Permanent Virtual Circuits，PVC）是目前最常用的类型。永久的意思是电信公司在内部创建映射，并且只要你付费，虚电路就一直有效。

交换虚电路（Switched Virtual Circuits，SVC）更像电话呼叫。当数据需要传输时，建立虚电路；数据传输完成后，拆除虚电路。

8.4.5　数据链路连接标识符

帧中继 PVC 使用数据链路连接标识符（Data Link Connection Identifiers，DLCI）标识 DTE 设备。帧中继服务提供商分配 DLCI 值，帧中继用 DLCI 值区分网络上的不同虚电路。因为在一个多点帧中继接口上可以有多个虚电路，所以这种接口可以有多个 DLCI。

这句话有许多种解释。假定中心 HQ 有 3 个分支办公室，如果希望使用 T1 将每个分支办公室连接到 HQ，HQ 的路由器就需要有 3 个串行接口，每个接口连接一个 T1。假如使用帧中继 PVC，只需要在每个分支办公室通过 T1 连接到服务提供商，HQ 的路由器只要一条 T1 线路就可以了。这样在 HQ 的一条 T1 线路上有 3 个 PVC，甚至只有一个接口和一个 CSU/DSU，3 个 PVC 的作用与 3 个电路相同。

在继续下面的内容之前，先定义什么是 Inverse ARP（IARP，反向地址解析协议），并讨论如何在帧中继网络中使用 DLCI。IARP 将 DLCI 映射到 IP 地址，这一点同 ARP 有些类似，ARP 将 MAC 地址映射到 IP 地址。IARP 是不可配置的，但可以禁用它。IARP 在帧中继路由器上运行，它为帧中继映射 DLCI（到 IP 地址），以便知道如何到达帧中继交换机。可以使用 show frame-reply map 命令看到 IP 到 DLCI 的映射。如果网络中有不支持 IARP 的非 Cisco 路由器，就得使用 frame-reply map 命令静态提供 IP 到 DLCI 的映射，后面会介绍这个命令。

说明：Inverse ARP（IARP）用于将已知 DLCI 映射到 IP 地址。

DLCI 具有本地意义，全局意义需要购买整个网络来使用可以赋予全局意义的 LMI 扩展。因此，只有在专用网络中才有可能看到全局 DLCI。

然而，对于那些目的是在网络中传输帧的 DLCI 来说，是不需要全局意义的。这里说明它的工作原理。当路由器 A 要向路由器 B 发送帧时，它在 IARP 或手动 DLCI 映射表中查询要到达的 IP 地址。经过 DLCI 标识，加上在帧中继报头的 DLCI 字段中查找到的 DLCI 值，然后发送出去。服务提供商的入口交换机获得此帧后，在 DLCI/物理端口组合表中进行查找。根据那个组合表，它发现在这个报头中使用了一个新的"本地意义"（在它和下一跳交换机之间）的 DLCI，并且在表中有相同的入口，它找到一个输出端口。在路由器 B 上发生同样的情况。因此，可以说路由器 A 知道到路由器 B 整个虚电路的标识，即使每对设备之间的 DLCI 是完全不同的。路由器 A 意识不到这些不同，这是 DLCI 具有本地意义的原因所在。请注意，电信公司实际上是用 DLCI 来"查找"PVC 另一端的。

为了说明 DLCI 的本地意义，请看图 8-11。在图 8-11 中，DLCI 100 对路由器 A 具有本地意义，并定义了路由器 A 和入口帧中继交换机之间的电路。DLCI 200 定义了路由器 B 和入口帧中继交换机之间的电路。

图 8-11　DLCI 对路由器具有本地意义

DLCI 号码，用于标识一条 PVC，是由服务提供商从 16 开始分配的一个号码。

可以像这样配置一个应用到接口的 DLCI 号码：

```
RouterA(config-if)#frame-relay interface-dlci ?
<16-1007> Define a DLCI as part of the current
subinterface
RouterA(config-if)#frame-relay interface-dlci 16
```

说明：DLCI 定义本地路由器和帧中继交换机之间的逻辑电路。

8.4.6 本地管理接口

本地管理接口（Local Management Interface，LMI）是路由器和它所连接的第一个帧中继交换机之间使用的信令标准。它允许传递有关服务提供商网络和 DTE（路由器）之间虚电路的操作和状态信息。

Keepalives（保持激活）：验证数据的通畅。

Multicasting（组播）：这是一个可选的扩展 LMI 规范，允许在帧中继网络上有效发布路由信息和 ARP 请求。组播使用 1019～1022 之间的 DLCI 保留号码。

Global addressing（全局寻址）：为 DLCI 提供全局意义，允许帧中继网云像 LAN 一样。

Status of virtual circuits（虚电路状态）：提供 DLCI 状态信息。当无规律 LMI 流量发送时，这些状态查询和状态信息用于保持激活。

请记住，LMI 不是路由器之间的通信，它是路由器和最近的帧中继交换机之间的通信，所以，完全有可能 PVC 一端的路由器接收 LMI，而另一端的路由器没有接收到 LMI。当然，PVC 在一端失效的情况下是不能工作的（只是用这种情况来说明 LMI 通信的本地性）。

有 3 种不同的 LMI 信息格式：Cisco、ANSI 和 Q.933A。不同的种类依赖于电信公司交换机的配置和类型。为路由器配置一个正确的类型是很重要的，它应当由电信公司提供。

说明： 从 IOS 11.2 版本开始，LMI 类型能够自动感知。这让接口能决定交换机支持的 LMI 类型。如果不想使用自感知特性，则需要和帧中继服务提供商核实所使用的类型。

在 Cisco 设备上默认的类型是 Cisco，但可能需要修改为 ANSI 或 Q.933A，这要根据服务提供商告诉你的类型所决定。3 种不同的 LMI 类型在下面的路由器输出中描述：

```
RouterA(config-if)#frame-relay lmi-type ?
cisco
ansi
q933a
```

正如在输出结果中看到的，所有 3 种标准的类型。LMI 信令格式都支持，下面列出每一种类型。

Cisco 由 4 个合伙公司定义。本地管理接口（Local Management Interface）由 Cisco Systems、StrataCom、Northern Telecom 和 Digital Equipment Corporation 公司于 1990 年联合开发，并成为知名的 4 个合伙公司 LMI 或 Cisco LMI。

ANSI 由 ANSI 标准 T1.617 定义。

ITU—T（Q.933A）包括在 ITU—T 标准中。使用 Q.933A 命令定义关键词。

路由器从服务提供商的帧中继交换机的帧封装接口上接收 LMI 信息，并将虚电路状态更新为下列 3 种状态之一。

（1）Active state（活动状态）：所有东西都是活动的，路由器可以交换信息。

（2）Inactive state（非活动状态）：路由器的接口是活动的，并和所连接的交换机正常工作，但是远程路由器没有正常工作。

（3）Deleted state（删除状态）：接口没有接收到交换机的任何 LMI 信息。可能是映射问题或线路失效。

8.4.7　帧中继拥塞控制

还记得前面讲到的 CIR 吗？从 CIR 的知识可以看出，很明显，CIR 设置得越低，数据被丢弃的危险就越大。如果只有一个关键信息，这个危险是容易避免的。所以问题是，我们有什么办法能发现什么时候电信公司共享设备是空闲的，什么时候是拥挤的，并且如果能有办法发现，我们该怎么办。下面的内容将讨论帧中继交换机如何通知 DTE 拥塞以及一些非常重要的问题。

下面介绍 3 种拥塞位及其意义。

丢弃合格（Discard Eligibility，DE）：当产生突发流量（以超过 PVC 的 CIR 传输包）时，如果服务提供商的网络发生拥塞，则任何超过 CIR 的包都有可能被丢弃。由于这个原因，多余的数据用帧中继报头中的丢弃合格（DE）位来标记。如果服务提供商的网络发生拥塞，帧中继交换机将首先丢弃设置了 DE 位的包。所以，如果带宽将承诺信息率（CIR）配置为零，DE 将一直是打开的。

前向显式拥塞通知（Forward Explicit Congestion Notification，FECN）：当帧中继网络认为网络中发生拥塞时，交换机将数据包报头中的前向显式拥塞通知位设置为 1，指示目的 DCE 经过的路径发生了拥塞。

后向显式拥塞通知（Backward Explicit Congestion Notification，BECN）：当交换机探测到帧中继网络中发生拥塞时，它设置帧中继数据包中的后向显式拥塞通知位，此数据包将发送给源路由器。这样就通知源路由器前面遇到了拥塞。Cisco 路由器不必非要对这种拥塞信息采取措施，除非告诉它一定要这样做。

8.4.8　使用帧中继拥塞控制排除故障

假定你的用户抱怨公司站点的帧中继连接非常慢，你怀疑链路负载太重，可以使用 show frame-relay pvc 命令验证帧中继拥塞控制信息。

```
RouterA#sh frame-relay pvc
PVC Statistics for interface Serial0/0 (Frame Relay DTE)
Active Inactive Deleted Static
Local 1 0 0 0
Switched 0 0 0 0
Unused 0 0 0 0
DLCI = 100, DLCI USAGE = LOCAL, PVC STATUS = ACTIVE, INTERFACE = Serial0/0
input pkts 1300 output pkts 1270 in bytes 21212000
  out bytes 21802000 dropped pkts 4 in pkts dropped 147
out pkts dropped 0 out bytes dropped 0 in FECN pkts 147
in BECN pkts 192 out FECN pkts 147
out BECN pkts 259 in DE pkts 0 out DE pkts 214
out bcast pkts 0 out bcast bytes 0
pvc create time 00:00:06, last time pvc status changed 00:00:06
Pod1R1#
```

注意：输出中的"in BECN pkts 192"，这个值指示本地路由器发送到公司站点的流量发生了拥塞。BECN 意味着"返回"给你的帧所经过的路径发生了拥塞。

8.4.9　帧中继的实现和监控

正如已经讲到的，帧中继有很多命令和配置选项，但要注意那些我们所要求掌握的命令和配置选项。从最简单的配置选项开始，两台路由器之间只有一条 PVC。接下来，将介绍更复杂的使用子接口的配置，并介绍一些用于验证配置的监控命令。

1. 单个接口

让我们从一个简单的例子开始。假定我们要使用一条 PVC（永久虚链路）连接两台路由器。下面是配置内容：

```
RouterA#config t
Enter configuration commands, one per line. End with CNTL/Z.
RouterA(config)#int s0/0
RouterA(config-if)#encapsulation frame-relay
RouterA(config-if)#ip address 172.16.20.1 255.255.255.0
RouterA(config-if)#frame-relay lmi-type ansi
RouterA(config-if)#frame-relay interface-dlci 101
RouterA(config-if)#^Z
RouterA#
```

首先是将封装类型指定为帧中继。注意，既然我没有指定封装类型（Cisco 或 IETF）那么将使用 Cisco 默认类型。如果另一台路由器是非 Cisco 的，封装类型就要指定为 IETF。接下来，为接口分配 IP 地址，然后根据电信提供商提供的信息，将 LMI 类型指定为 ANSI（Cisco 默认类型）。最后，添加 101 号 DLCI，它指明要使用哪一条 PVC（由 ISP 给出）——假设这个物理接口只有一条 PVC。

这就是所有要做的配置。假定双方都配置正确，就会建立一条虚电路。

2. 子接口

正如前面讲过的，可能在一个串行接口上有多条虚电路，并且将每条虚电路视为一个单独的接口，它被认为是子接口。将子接口想象为一个由 IOS 软件定义的逻辑接口。多个子接口将共享一个物理硬件接口，但为了配置，把它们想象为单独的物理接口（称为复用）。

若要想将帧中继网络中的路由器配置为避免水平分割阻止路由更新，可以为每条 PVC 配置多个子接口，并且为每个子接口分配唯一的 DLCI 和子网地址。

可以用 int s0.subinterface number 这样的命令定义子接口。首先必须在物理串行接口上设置封装类型，然后定义子接口，一般一个子接口定义一条 PVC。下面是一个例子：

```
RouterA(config)#int s0
RouterA(config-if)#encapsulation frame-relay
RouterA(config-if)#int s0.?
<0-4294967295> Serial interface number
RouterA(config-if)#int s0.16 ?
multipoint Treat as a multipoint link
```

```
point-to-point Treat as a point-to-point link
RouterA(config-if)#int s0.16 point-to-point
```

说明：如果配置子接口，此物理接口不能有 IP 地址，这一点非常重要。

几乎可以在一个给定的物理接口上定义无限个子接口，要注意，只有大约 1000 个 DLCI 是可用的。在上面的例子中，选择使用子接口 16，因为 16 代表分配给那个 PVC 的 DLCI 号。有两种类型的子接口。

（1）点到点：当一条虚电路连接一台路由器到另一个路由时，使用点到点子接口。每个点到点子接口需要自己的子网。

说明：点到点子接口为每个 DLCI 和地址映射一个 IP 子网，这样就解决了 NBMA 水平分割问题。

（2）多点：当路由器位于星形虚电路的中心时，使用多点子接口。所有连接到帧中继交换机上的路由器接口都使用一个子网。

接下来，将介绍一个运行多点子接口的路由器例子。在下面的输出中，注意子接口号要与 DLCI 号匹配，这不是必需的，但有助于管理接口。

```
interface Serial0
no ip address (notice there is no IP address on the physical interface!)
no ip directed-broadcast
encapsulation frame-relay
!
interface Serial0.102 point-to-point
ip address 10.1.12.1 255.255.255.0
no ip directed-broadcast
frame-relay interface-dlci 102
!
interface Serial0.103 point-to-point
ip address 10.1.13.1 255.255.255.0
no ip directed-broadcast
frame-relay interface-dlci 103
!
interface Serial0.104 point-to-point
ip address 10.1.14.1 255.255.255.0
no ip directed-broadcast
frame-relay interface-dlci 104
!
interface Serial0.105 point-to-point
ip address 10.1.15.1 255.255.255.0
no ip directed-broadcast
frame-relay interface-dlci 105
!
```

注意：这里没有定义 LMI 类型，意味着路由器运行的可能是默认的 Cisco 类型，也可能使用自动检测功能（如果运行 Cisco IOS 11.2 以上版本）。注意，每个接口分别定义为一个 DLCI 和单独的子网。记住，点到点子接口也解决了水平分割问题。

8.4.10 监控帧中继

一旦设置了帧中继封装并运行了帧中继，便有几种方法检查接口和 PVC 的状态。使用 show frame ?命令可以列出这些方法，如下所示：

```
RouterA>sho frame ?
end-to-end Frame-relay end-to-end VC information
fragment show frame relay fragmentation information
ip show frame relay IP statistics
lapf show frame relay lapf status/statistics
lmi show frame relay lmi statistics
map Frame-Relay map table
pvc show frame relay pvc statistics
qos-autosense show frame relay qos-autosense information
route show frame relay route
svc show frame relay SVC stuff
traffic Frame-Relay protocol statistics
vofr Show frame-relay VoFR statistics
```

show frame 命令最常用的参数是 lmi、pvc 和 map。让我们看一看最常用的命令和这些命令提供的信息。

1. show frame lmi 命令

此命令将显示本地路由器和帧中继交换机之间交换的 LMI 流量统计。下面是一个例子：

```
Router#sh frame lmi
LMI Statistics for interface Serial0 (Frame Relay DTE)
LMI TYPE = CISCO
Invalid Unnumbered info 0 Invalid Prot Disc 0
Invalid dummy Call Ref 0 Invalid Msg Type 0
Invalid Status Message 0 Invalid Lock Shift 0
Invalid Information ID 0 Invalid Report IE Len 0
Invalid Report Request 0 Invalid Keep IE Len 0
Num Status Enq. Sent 0 Num Status msgs Rcvd 0
Num Update Status Rcvd 0 Num Status Timeouts 0
Router#
```

show frame lmi 命令的路由器输出中显示了 LMI 错误和 LMI 类型。

2. show frame pvc 命令

show frame pvc 命令将列出所有配置的 PVC 和 DLCI 号。提供每个 PVC 连接的状态和流量统计，还显示路由器每个 PVC 接收到的 BECN 和 FECN 包的数量。下面是一个例子：

```
RouterA#sho frame pvc
PVC Statistics for interface Serial0 (Frame Relay DTE)
DLCI = 16,DLCI USAGE = LOCAL,PVC STATUS =ACTIVE,
INTERFACE = Serial0.1
```

```
input pkts 50977876 output pkts 41822892
in bytes 3137403144
out bytes 3408047602 dropped pkts 5
in FECN pkts 0
in BECN pkts 0 out FECN pkts 0 out BECN pkts 0
in DE pkts 9393 out DE pkts 0
pvc create time 7w3d, last time pvc status changed 7w3d
DLCI = 18,DLCI USAGE =LOCAL,PVC STATUS =ACTIVE,
INTERFACE = Serial0.3
input pkts 30572401 output pkts 31139837
in bytes 1797291100
out bytes 3227181474 dropped pkts 5
in FECN pkts 0
in BECN pkts 0 out FECN pkts 0 out BECN pkts 0
in DE pkts 28 out DE pkts 0
pvc create time 7w3d, last time pvc status changed 7w3d
```

如果只查看 PVC 16 的相关信息，可以输入命令 show frame pvc 16。

3. show interface 命令

可以用 show interface 命令检查 LMI 流量。show interface 命令显示关于封装的信息以及第 2 层和第 3 层的信息。它也显示线路、协议、DLCI 和 LMI 信息。下面是一个例子：

```
RouterA#sho int s0
Serial0 is up, line protocol is up
Hardware is HD64570
MTU 1500 bytes, BW 1544 Kbit, DLY 20000 usec, rely
255/255, load 2/255
Encapsulation FRAME-RELAY, loopback not set, keepalive
set (10 sec)
LMI enq sent 451751,LMI stat recvd 451750,LMI upd recvd
164,DTE LMI up
LMI enq recvd 0, LMI stat sent 0, LMI upd sent 0
LMI DLCI 1023 LMI type is CISCO frame relay DTE
Broadcast queue 0/64, broadcasts sent/dropped 0/0,
interface broadcasts 839294
```

上面的 LMI DLCI 用于定义所使用的 LMI 类型。如果是 1023，说明是默认的 Cisco LMI 类型。LMI DLCI 是 0，那么是 ANSI LMI 类型（Q.933A 也使用 0）。如果 LMI DLCI 是任何 0 或 1023 以外的值，那么它们的定义有问题。

4. show frame map 命令

show frame map 命令将显示网络层到 DLCI 的映射。下面是一个例子：

```
RouterB#show frame map
Serial0 (up): ipx 20.0007.7842.3575 dlci 16(0x10,0x400),
dynamic, broadcast,, status defined, active
```

```
Serial0 (up): ip 172.16.20.1 dlci 16(0x10,0x400),
dynamic, broadcast,, status defined, active
Serial1 (up): ipx 40.0007.7842.153a dlci 17(0x11,0x410),
dynamic, broadcast,, status defined, active
Serial1 (up): ip 172.16.40.2 dlci 17(0x11,0x410),
dynamic, broadcast,, status defined, active
```

注意串行接口有两种映射，一种是对 IP 的映射，另一种是对 IPX 的映射。还有，注意网络层地址是用动态协议 Inverse ARP（IARP）解析的。在列出的 DLCI 号后面，可以看到一些括在圆括号中的数。第一个数是 0x10，是 Serial 0 上使用的 DLCI 16 的十六进制表示，0x11 是 Serial 1 上使用的 DLCI 17 的十六进制表示。第二个数，0x400 和 0x410，是帧中继的帧封装中配置的 DLCI 号。它们的值不相同的原因是各个位在帧中展开的方式不同。

5. debug frame-relay lmi 命令

debug frame-relay lmi 命令默认情况下在路由器控制台上显示输出（和其他 debug 命令一样）。这个命令的信息可以验证帧中继连接，并且通过帮助你确定路由器和交换机是否交换正确的 LMI 信息来排除帧中继连接故障。下面是一个例子：

```
Router#debug frame-relay lmi
Serial3/1(in): Status, myseq 214
RT IE 1, length 1, type 0
KA IE 3, length 2, yourseq 214, myseq 214
PVC IE 0x7, length 0x6 , dlci 130, status 0x2, bw 0
Serial3/1(out): StEnq, myseq 215, yourseen 214, DTE up
datagramstart = 0x1959DF4, datagramsize = 13
FR encap = 0xFCF10309
00 75 01 01 01 03 02 D7 D6
Serial3/1(in): Status, myseq 215
RT IE 1, length 1, type 1
KA IE 3, length 2, yourseq 215, myseq 215
Serial3/1(out): StEnq, myseq 216, yourseen 215, DTE up
datagramstart = 0x1959DF4, datagramsize = 13
FR encap = 0xFCF10309
00 75 01 01 01 03 02 D8 D7
```

8.4.11 帧中继网络故障诊断

帧中继网络故障诊断并不难于其他类型网络的故障排除，只要知道检查什么内容即可。这里首先回顾一下帧中继配置的一些基本问题以及如何解决这些问题。

首先，存在的典型问题就是串行封装问题。就像前面讨论过的，有两种帧中继封装类型——Cisco 和 IETF。Cisco 是默认封装，意味着帧中继网络的每一端都是 Cisco 路由器。

如果在帧中继网络的远端没有 Cisco 路由器的话，需要像这样运行 IETF 封装：

```
RouterA(config)#int s0
RouterA(config-if)#encapsulation frame-relay ?
ietf Use RFC1490 encapsulation
```

<cr>
RouterA(config-if)#encapsulation frame-relay ietf

一旦验证使用的是正确的封装类型，需要检查帧中继映射，请看图 8-12。为什么路由器 A 不能通过帧中继网络和路由器 B 进行通信？仔细看一看 frame-relay map 语句。现在看出问题来了吗？不能使用远端 DLCI 号码同帧中继交换机通信，必须使用 DLCI 号码，所以映射应当包括 DLCI 100，而不是 DLCI 200。

既然已经理解如何确保正确的帧中继封装类型以及 DLCI 为何只具有本地意义，就让我们看一看一些典型帧中继的路由问题。看看是否能够在图 8-13 所示的两个配置中发现问题。

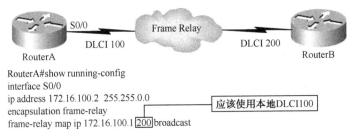

图 8-12　帧中继映射

配置看起来非常好，但是，问题是什么呢？记住，默认情况下帧中继是非广播多路访问（NBMA）网络，意味着不在 PVC 上发送任何广播消息。所以，由于映射语句的行尾没有给出 broadcast 参数，广播信息（比如 RIP 更新）将不会在 PVC 上发送。

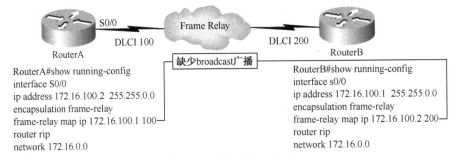

图 8-13　帧中继路由问题

8.5　网络地址转换

NAT（Network Address Translation，网络地址转换）是将 IP 数据包头中的 IP 地址转换为另一个 IP 地址的过程。在实际应用中，NAT 主要用于实现私有网络访问公共网络的功能。这种通过使用少量的公有 IP 地址代表较多的私有 IP 地址的方式，将有助于减缓可用的 IP 地址空间的枯竭。

NAT 不仅能解决 IP 地址不足的问题，而且还能够有效地避免来自网络外部的攻击，隐藏并保护网络内部的计算机。

（1）宽带分享：这是 NAT 主机的最大功能。

（2）安全防护：NAT 之内的 PC 联机到 Internet 上时，所显示的 IP 是 NAT 主机的公共 IP，所以 Client 端的 PC 当然就具有一定程度的安全性了，外界在进行 portscan（端口扫描）的时候，就侦测不到源 Client 端的 PC。

8.5.1 NAT实现方式

NAT 的实现方式有 3 种，即静态转换（Static NAT）、动态转换（Dynamic NAT）和端口多路复用。

静态转换是指将内部网络的私有 IP 地址转换为公有 IP 地址，IP 地址对是一对一的，是一成不变的，某个私有 IP 地址只转换为某个公有 IP 地址。借助于静态转换，可以实现外部网络对内部网络中某些特定设备（如服务器）的访问。

动态转换是指将内部网络的私有 IP 地址转换为公用 IP 地址时，IP 地址是不确定的，是随机的，所有被授权访问上 Internet 的私有 IP 地址可随机转换为任何指定的合法 IP 地址。也就是说，只要指定哪些内部地址可以进行转换，以及用哪些合法地址作为外部地址时，就可以进行动态转换。动态转换可以使用多个合法外部地址集。当 ISP 提供的合法 IP 地址略少于网络内部的计算机数量时，可以采用动态转换的方式。

端口多路复用（Port Address Translation，PAT）是指改变外出数据包的源端口并进行端口转换，即端口地址转换。采用端口多路复用方式，内部网络的所有主机均可共享一个合法外部 IP 地址实现对 Internet 的访问，从而可以最大限度地节约 IP 地址资源。同时，又可隐藏网络内部的所有主机，有效避免来自 Internet 的攻击。因此，目前网络中应用最多的就是端口多路复用方式。

8.5.2 NAPT技术

要真正了解 NAT 就必须先了解现在 IP 地址的使用情况，私有 IP 地址是指内部网络或主机的 IP 地址，公有 IP 地址是指在 Internet 上全球唯一的 IP 地址。RFC 1918 为私有网络预留出了 3 个 IP 地址块。

A 类：10.0.0.0～10.255.255.255

B 类：172.16.0.0～172.31.255.255

C 类：192.168.0.0～192.168.255.255

上述 3 个范围内的地址不会在 Internet 上被分配，因此可以不必向 ISP 或注册中心申请而在公司或企业内部自由使用。

随着接入 Internet 的计算机数量的不断猛增，IP 地址资源也就愈加显得捉襟见肘。事实上，除了中国教育和科研计算机网（CERNET）外，一般用户几乎申请不到整段的 C 类 IP 地址。在其他 ISP 那里，即使是拥有几百台计算机的大型局域网用户，当他们申请 IP 地址时，所分配的地址也不过只有几个或十几个 IP 地址。显然，这样少的 IP 地址根本无法满足网络用户的需求，于是也就产生了 NAT 技术。

虽然 NAT 可以借助于某些代理服务器来实现，但考虑到运算成本和网络性能，很多时候都是在路由器上实现的。

那么如何解决 IP 地址不够用的现状呢，答案是 NAPT 技术。

NAPT（Network Address Port Translation），即网络端口地址转换，可将多个内部地址映

射为一个合法公网地址，但以不同的协议端口号与不同的内部地址相对应，也就是<内部地址+内部端口>与<外部地址+外部端口>之间的转换。NAPT 普遍用于接入设备中，它可以将中小型的网络隐藏在一个合法的 IP 地址后面。NAPT 也称"多对一"的 NAT，或者叫 PAT（Port Address Translations，端口多路复用）、地址超载（Address Overloading）。

NAPT 与动态地址 NAT 不同，它将内部连接映射到外部网络中的一个单独的 IP 地址上，同时在该地址上加上一个由 NAT 设备选定的 TCP 端口号。NAPT 算得上是一种较流行的 NAT 变体，通过转换 TCP 或 UDP 协议端口号以及地址来提供并发性。除了一对源和目的 IP 地址以外，还包括一对源和目的协议端口号。

NAPT 的主要优势在于，能够使用一个全球有效 IP 地址获得通用性。主要缺点在于其通信仅限于 TCP 或 UDP。当所有通信都采用 TCP 或 UDP 时，NAPT 允许一台内部计算机访问多台外部计算机，并允许多台内部主机访问同一台外部计算机，相互之间不会发生冲突。

实验 16 HDLC 配置

实验拓扑如图 8-14 所示，两台路由器使用串行口连接。

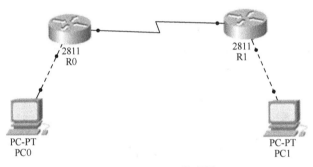

图 8-14 HDLC 的配置

1. 实验目的

（1）掌握 HDLC 的封装命令。

（2）了解其数据帧格式。

2. 实验步骤

（1）在 R0 和 R1 上分别添加模块 WIC-1T，将两个端口使用串行线连接。

（2）设置 R0 为 DCE 设备。

（3）设置 PC0 和 PC1 的 IP 地址。

（4）设置 PC0 和 PC1 的默认网关。

（5）将 R0 和 R1 的串行口设置为 HDLC 封装形式。

实验 17 PPP 配置

实验拓扑和实验 1 一样，使用图 8-14 所示的拓扑。

1．实验目的

（1）掌握 PPP 的封装命令。

（2）了解其数据帧格式。

2．实验步骤

（1）在 R0 和 R1 上分别添加模块 WIC-1T，将两个端口使用串行线连接。

（2）设置 R0 为 DCE 设备。

（3）设置 PC0 和 PC1 的 IP 地址。

（4）设置 PC0 和 PC1 的默认网关。

（5）将 R0 和 R1 的串行口设置为 PPP 封装形式。

（6）PAP 认证和 CHAP 认证的配置。

实验 18　frame 配置

实验拓扑如图 8-15 所示，两台路由器中间加了 FR 的交换机。

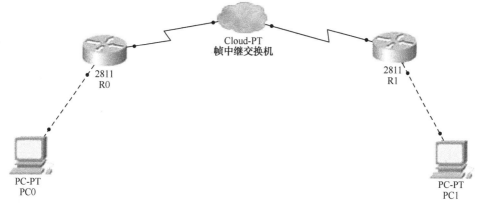

图 8-15　frame 配置

1．实验目的

（1）掌握 FR 的封装命令。

（2）了解其数据帧格式。

（3）理解 DLCI 的含义。

2．实验步骤

和上面实验类似。

思考与练习题 8

（1）PPP 支持____验证方式。

    A．PAP 和 AH　　　　　　　　　　　　　　B．PAP 和 ESP

C．PAP 和 CHAP　　　　　　　　　　D．AH 和 CHAP

（2）PPP 建立链路并协商链路参数的协议是＿＿。

　　　A．LCP　　　　　　B．NCP　　　　　　C．SNMP　　　　　　D．DHCP

（3）DLCI 具有＿＿。

　　　A．全局意义　　　　　　　　　　　　B．全局和本地意义

　　　C．没有意义　　　　　　　　　　　　D．只有本地意义

（4）下列说法中正确的是＿＿。

（1）虚电路与电路交换中的电路没有实质不同

（2）在通信的两站间只能建立一条虚电路

（3）虚电路也有连接建立、数据传输、连接释放三阶段

（4）虚电路的各个节点不需要为每个分组做路径选择判定

　　　A．（1），（2）　　　　　　　　　　B．（2），（3）

　　　C．（3），（4）　　　　　　　　　　D．（1），（4）

（5）以下有关帧中继网的描述中不正确的是＿＿。

　　　A．帧中继在虚电路上可以提供不同的服务质量

　　　B．在帧中继网中，用户的数据速率可以在一定的范围内变化

　　　C．帧中继网只提供永久虚电路服务

　　　D．帧中继不适合对传输延迟敏感的应用

（6）如何理解 DLCI？它在帧中继中起到什么样的作用？

（7）广域网在地理上覆盖的范围较大，那么能不能说"凡是在地理上覆盖范围较大的
　　　网络就是广域网"？

第9章

实训项目

项目1　通过终端远程登录（Telnet）到路由器和交换机

知识背景：

Telnet 协议是 TCP/IP 协议族中的一员，是 Internet 远程登录服务的标准协议和主要方式。它为用户提供了在本地计算机上完成远程主机（可以是路由器、交换机、服务器等）工作的能力。在终端使用者的计算机上使用 Telnet 程序，用它连接到路由器（交换机/服务器）。终端使用者可以在 Telnet 程序中输入命令，这些命令会在路由器（交换机/服务器）上运行，就像直接在路由器（交换机/服务器）的控制台上输入一样。在本地就能控制路由器（交换机/服务器）。要开始一个 Telnet 会话，必须输入用户名和密码来登录路由器（交换机/服务器）。Telnet 是常用的远程控制路由器（交换机/服务器）的方法。

要 Telnet 到某一台路由器（交换机/服务器），那么需要知道此设备的 ID，所谓 ID 就是在网络上能唯一标识此设备的编号。那么，在互联网上如何标识一台设备呢？如果你的答案是 IP 地址，可以说你理解了 IP 地址的用途。

任务 1.1　Telnet 到路由器

如图 9-1 所示，PC0 的以太网口和 Router0 的 fa0/0 接口相连，我们需要对 Router0 进行操作，或许你会问，怎么不使用路由器的 Console 口直接配置呢。那如何使用路由器的 Console 口对路由器进行配置？那 PC0 端应该使用什么接口呢？回到第一个问题，假设这样一个情景，你在办公室，而你公司的路由器在机房，机房的钥匙只有机房管理员有，他今天很不凑巧出差了，而你今天接到领导的电话需要对 Router0 的配置做一些修改，那怎么办？

让我们忘记前面一段的内容，公司刚买回来一台路由器，需要你对它进行配置，公司要求你在路由器上开启 Telnet 服务，使其能够被远程登录，并规定了路由器 fa0/0 的接口 IP 地址，如图 9-1 所示。图中，直线是交叉线，弯曲线是 Console 线。

图 9-1　通过路由器 Console 口配置 Telnet

操作步骤如下。

步骤 1：使用交叉线将 PC0 的网口和路由器的 fa0/0 相连，使用控制线（Console）把 PC0 的 RS232 口与路由器的 Console 口相连。

步骤 2：在 PC 上打开超级终端。如果使用 Cisco Packet Tracer 软件则单击 PC0 图标，在弹出的窗口上选择 Desktop 选项卡，选择 Terminal 选项。

步骤 3：打开路由器开关，等待其正常启动。

步骤 4：为路由器 fa0/0 接口配置 IP 地址。

```
Router>enable                                    //进入特权模式
Router#configure terminal                        //进入全局配置模式
Router(config)#hostname R0                       //命令路由器的名字为 R0
R0(config)#interface fastEthernet 0/0            //进入路由器的 fastEthernet 0/0 接口
R0(config-if)#ip address 192.168.1.1 255.255.255.0  //设置此接口的 IP 地址
R0(config-if)#no shutdown                        //开启此接口
```

步骤 5：设置进入特权模式的密码。

```
R0>enable
R0#configure terminal
R0(config)#enable secret jsit_tx                 //设置进入特权模式的密码为 jsit_tx
```

步骤 6：设置 Telnet 密码。

```
R0(config)#line vty 0 4           //vty 表示虚拟终端，0 4 表示总共可以 5 个 nty 同时登录
R0(config-line)#password dxd      //设置通过 Telnet 登录的密码，目的是鉴权
R0(config-line)#login             //通过此命令使得 Telnet 密码才有效
R0(config-line)#exit              //退出 config-line 模式
R0(config)#
```

步骤 7：保存设置。

```
//将刚刚的配置（保存在内存中的 running-config 文件）复制到 startup-config（保存在 NVRAM）
R0#copy running-config startup-config
//开始保存
Destination filename [startup-config]?
Building configuration...
[OK]
```

步骤 8：为 PC 配置 IP 地址 192.168.1.2/24。

步骤 9：测试路由器和 PC 的连通性。

```
//从 PC 端测试
PC>ping 192.168.1.1
Pinging 192.168.1.1 with 32 bytes of data:
Reply from 192.168.1.1: bytes=32 time=126ms TTL=255
Reply from 192.168.1.1: bytes=32 time=0ms TTL=255
Reply from 192.168.1.1: bytes=32 time=0ms TTL=255
Reply from 192.168.1.1: bytes=32 time=0ms TTL=255
Ping statistics for 192.168.1.1:
    Packets: Sent = 4, Received = 4, Lost = 0 (0% loss),
Approximate round trip times in milli-seconds:
Minimum = 0ms, Maximum = 126ms, Average = 31 ms
```

从 Packets: Sent = 4, Received = 4, Lost = 0 (0% loss)可以知道，PC 发送的 4 个数据包接收到路由器（IP 地址为 192.168.1.1）的 4 个回包，所以 PC 和路由器是相同的。同样，也可以从路由器端来测试。

```
//从路由器端测试
R0#ping 192.168.1.2
Type escape sequence to abort.
Sending 5, 100-byte ICMP Echos to 192.168.1.2, timeout is 2 seconds:
!!!!!
Success rate is 100 percent (5/5), round-trip min/avg/max = 0/1/5 ms
```

步骤 10：在 PC 上打开命令行窗口，Telnet 到路由器。

```
PC>telnet 192.168.1.1
Trying 192.168.1.1 ...Open
User Access Verification
Password:               //输入 Telnet 密码，在 PC 端不显示密码，目的是为了安全
R0>enable               //进入特权模式
Password:               //需要输入进入特权模式的密码，　同样不可见
R0#                     //已经 Telnet 到路由器并进入特权模式
```

任务 1.2　登录到交换机

网络拓扑如图 9-2 所示，只是将路由器换成了交换机，其他不变。

图 9-2　通过交换机 Console 口配置 Telnet

特别要注意的是，PC 网口与交换机 fa0/1 口使用的线缆不是交叉线而是直通线。关于路由器、交换机和 PC 之间的互连的线缆通常按照表 9-1 的方式连接。

表 9-1 路由器/交换机/PC 直接相连的线缆选择

使用线缆 / 设备	路由器	交换机	PC
路由器	交叉线	直通线	交叉线
交换机	直通线	交叉线	直通线
PC	交叉线	直通线	交叉线

交换机的接口和路由器的接口不一样，不能为它的每个接口设置 IP 地址，而为了便于管理，通信设备厂商往往允许我们为交换机设置一个逻辑地址，来代表某一台交换机，这样可以通过 Telnet 对交换机进行操作。其他的配置和路由器相仿，只是在配置交换机 IP 地址时有所不同，下面列出配置交换机 IP 地址的命令。

```
Switch#conf te
Enter configuration commands, one per line.    End with CNTL/Z.
//进入虚拟接口，VLAN1 是管理 VLAN
Switch(config)#interface vlan 1
//在虚拟接口下设置 IP 地址
Switch(config-if)#ip address 192.168.1.1 255.255.255.0
//开启此虚拟接口
Switch(config-if)#no shutdown
```

任务：根据图 9-3，配置交换机 Switch1、Switch2 以及路由器 Router1，让 PC1 能Telnet 到 Switch1、Switch2 和 Router1。

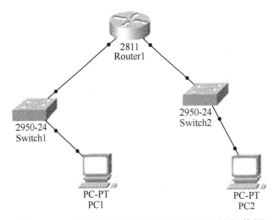

图 9-3　PC 远程登录到交换机和路由器的拓扑图

问题 1：根据图 9-3，将表 9-2 填写完整。

表 9-2　设备之间的线缆特性表

相 连 设 备	线 缆 特 性
PC1 和 Switch1	
Switch1 和 Router1	
Router1 和 Switch2	

问题 2：Switch1 和 Switch2 属于 2 层交换机，能为它们的接口设置 IP 地址吗？如果可以，请设置它们的相关接口；如果不可以请问如何设置它们的 IP 地址？

问题 3：PC1 和 Switch 属于不同的网段（请大家思考下为什么），当它们通信时需要设置网关地址，请为它们设置网关地址，写出步骤或者命令。提示：设置 Switch2 的网关地址使用命令：sw2(config)#ip default-gateway 网关地址。

问题 4：通过 PC1 测试 Telnet 路由器 Router1、交换机 Switch1 和 Switch2，观察结果。

项目 2　ping 和 tracert 测试

完成该项目后，你将能够：

（1）使用 ping 命令验证简单 TCP/IP 网络的连通性；

（2）使用 tracert/traceroute 命令验证 TCP/IP 连通性。

该项目的网络拓扑图如图 9-4 所示，该拓扑图包含了两台路由器、一台 2 层交换机、若干台计算机和一台服务器。路由器之间通过串口相连，它们可以使用 PPP 或 HDLC 的封装，R1 作为 DCE 设备，提供给 R2 时钟。整个网络的设备的 IP 地址设置见表 9-3。

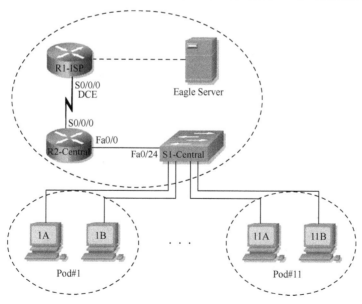

图 9-4　ping 和 tracert 测试拓扑图

表9-3 设备地址表

设 备	接 口	IP 地址	子网掩码	默认网关
R1-ISP	S0/0/0	10.10.10.6	255.255.255.252	不适用
	Fa0/0	192.168.254.253	255.255.255.0	不适用
R2-Central	S0/0/0	10.10.10.5	255.255.255.252	不适用
	Fa0/0	172.16.255.254	255.255.0.0	不适用
Eagle Server	不适用	192.168.254.254	255.255.255.0	192.168.254.253
	不适用	172.31.24.254	255.255.255.0	不适用
hostPod#A	不适用	172.16.Pod#.1	255.255.0.0	172.16.255.254
hostPod#B	不适用	172.16.Pod#.2	255.255.0.0	172.16.255.254
S1-Central	不适用	172.16.254.1	255.255.0.0	172.16.255.254

知识背景：

ping 和 tracert 是测试 TCP/IP 网络连通性时不可或缺的两个工具。在 Windows、Linux 和 Cisco IOS 上都可以使用 ping 程序测试网络的连通性。Windows 系统上可以使用 tracert 实用程序，而 Linux 和 Cisco IOS 系统上则可使用类似的实用程序 traceroute。除了测试连通性外，tracert 还可用于检查网络反应时间。

例如，当 Web 浏览器无法连接到 Web 服务器时，问题可能出现在客户端与服务器之间的任何环节。测试本地网络的连通性或涉及设备很少的连接时，网络工程师可以使用 ping 命令。但在复杂的网络中，却会使用 tracert 命令。从何处着手进行连通性测试一直是存在颇多争议的一个问题：它通常取决于网络工程师的经验及其对网络的熟悉程度。

任务 2.1 使用ping命令验证简单TCP/IP网络的连通性

ping 命令用于验证本地主机计算机或其他网络设备上的 TCP/IP 网络层连通性。使用该命令时，可以用目的 IP 地址或限定域名（例如 eagle-server.example.com）来测试域名服务（DNS）功能。本项目只使用 IP 地址。

ping 操作很简单。源计算机向目的设备发送 ICMP 回应请求。目的设备用应答消息做出响应。如果源设备和目的设备之间连接断开，路由器可能会用 ICMP 消息做出响应，表示主机未知或目的网络未知。

步骤 1：验证本地主机计算机上的 TCP/IP 网络层连通性。

（1）打开 Windows 终端，然后如图 9-5 所示用 ipconfig 命令确定该 Pod 计算机的 IP 地址。除 IP 地址外，输出的其他内容应该与图示相同。每台 Pod 计算机的网络掩码和默认网关地址应该相同，只有 IP 地址不同。如果缺少信息或显示其他子网掩码和默认网关，请重新配置与此 Pod 计算机设置相符的 TCP/IP 设置。

```
C:\> ipconfig
Windows IP Configuration
Ethernet adapter Local Area Connection:
        Connection-specific DNS Suffix  . :
        IP Address. . . . . . . . . . . : 172.16.1.2
        Subnet Mask . . . . . . . . . . : 255.255.0.0
        Default Gateway . . . . . . . . : 172.16.255.254
C:\>
```

图 9-5 本地 TCP/IP 网络信息

（2）记录本地 TCP/IP 网络信息的相关信息于表 9-4 中。

表 9-4 TCP/IP 信息

TCP/IP 信息	值
IP 地址	
子网掩码	
默认网关	

（3）使用 ping 命令验证本地主机计算机上的 TCP/IP 网络层连通性。

默认情况下会向目的设备发送 4 个 ping 请求并收到应答信息。输出如图 9-6 所示。

```
C:\> ping 172.16.1.2❶
Pinging 172.16.1.1 with 32 bytes of data:
❷Reply from 172.16.1.2: bytes=32 time<1ms TTL=128
Reply from 172.16.1.2: bytes=32 time<1ms TTL=128
Reply from 172.16.1.2: bytes=32 time<1ms TTL=128
Reply from 172.16.1.2: bytes=32 time<1ms TTL=128

❸Ping statistics for 172.16.1.2:
    Packets: Sent = 4, Received = 4, Lost = 0 (0% loss),
❼Approximate round trip times in milli-seconds:
    Minimum = 0ms, Maximum = 0ms, Average = 0ms
C:\>
```

图 9-6 本地协议栈上的 ping 命令输出

❶ 目的地址，设置为本地计算机的 IP 地址。

❷ 应答信息：

字节——ICMP 数据包的大小。

时间——传输和应答之间经过的时间。

TTL——目的设备的默认 TTL 值，减去路径中的路由器数量。TTL 的最大值为 255，较新的 Windows 计算机的默认值为 128。Cisco IOS 的默认值是 255，而 Linux 计算机则是 64。

❸ 关于应答的摘要信息。

❹ 发送的数据包——传输的数据包数量。默认发送 4 个数据包。

❺ 接收的数据包——接收的数据包数量。

❻ 丢失的数据包——发送与接收的数据包数量之间的差异。

❼ 应答延迟信息以毫秒为测量单位。往返时间越短表示链路速度越快。计算机计时器设置为每 10 毫秒计时一次。快于 10 毫秒的值将显示为 0。

（4）填写所用计算机上的 ping 命令结果于表 9-5 中。

表 9-5 ping 命令结果

字 段	值
数据包大小	
发送的数据包数量	
应答数量	
丢失的数据包数量	

续表

字　段	值
最小延迟	
最大延迟	
平均延迟	

步骤 2：验证 LAN 的 TCP/IP 网络层连通性。

（1）使用 ping 命令验证与默认网关的 TCP/IP 网络层连通性。结果应如图 9-7 所示。Cisco IOS 的默认 TTL 值设置为 255。因为它经过路由器，所以返回的 TTL 值仍然为 255。

```
C:\> ping 172.16.255.254
Pinging 172.16.255.254 with 32 bytes of data:
Reply from 172.16.255.254: bytes=32 time=1ms TTL=255
Reply from 172.16.255.254: bytes=32 time<1ms TTL=255
Reply from 172.16.255.254: bytes=32 time<1ms TTL=255
Reply from 172.16.255.254: bytes=32 time<1ms TTL=255
Ping statistics for 172.16.255.254:
    Packets: Sent = 4, Received = 4, Lost = 0 (0% loss),
Approximate round trip times in milli-seconds:
    Minimum = 0ms, Maximum = 1ms, Average = 0ms
C:\>
```

图 9-7　ping 默认网关的命令输出

（2）填写 ping 默认网关的命令结果于表 9-6 中。

表 9-6　ping 默认网关

字　段	值
数据包大小	
发送的数据包数量	
应答数量	
丢失的数据包数量	
最小延迟	
最大延迟	
平均延迟	

问题：与默认网关连接丢失的结果是什么？

步骤 3：验证与远程网络的 TCP/IP 网络层连通性。

（1）使用 ping 命令验证与远程网络中设备的 TCP/IP 网络层连通性。本例将使用 Eagle Server。结果应如图 9-8 所示。根据图 9-8，请问使用 ping 命令的主机操作系统是什么？

```
C:\> ping 192.168.254.254
Pinging 192.168.254.254 with 32 bytes of data:
Reply from 192.168.254.254: bytes=32 time<1ms TTL=62
Reply from 192.168.254.254: bytes=32 time<1ms TTL=62
Reply from 192.168.254.254: bytes=32 time<1ms TTL=62
Reply from 192.168.254.254: bytes=32 time<1ms TTL=62
Ping statistics for 192.168.254.254:
        Packets: Sent = 4, Received = 4, Lost = 0 (0% loss),
Approximate round trip times in milli-seconds:
        Minimum = 0ms, Maximum = 0ms, Average = 0ms
C:\>
```

图 9-8　ping Eagle Server 的命令输出

（2）填写 ping 命令结果填写至表 9-7 中。

表 9-7　ping 命令结果

字　　段	值
数据包大小	
发送的数据包数量	
应答数量	
丢失的数据包数量	
最小延迟	
最大延迟	
平均延迟	

排除网络连通性故障时，ping 命令非常有用，但是也存在局限性。图 9-9 中的输出结果显示用户无法连接 Eagle Server。 是 Eagle Server 还是路径中的某台设备存在问题？ 接下来要介绍的 tracert 命令可以显示网络反应时间和路径信息。

```
C:\> ping 192.168.254.254
Pinging 192.168.254.254 with 32 bytes of data:
Request timed out.
Request timed out.
Request timed out.
Request timed out.
Ping statistics for 192.168.254.254:
        Packets: Sent = 4, Received = 0, Lost = 4 (100% loss),
C:\>
```

图 9-9　存在数据包丢失的 ping 命令输出

任务 2.2　使用tracert命令验证TCP/IP 连通性

tracert 命令适用于了解网络反应时间和路径信息。我们可以不使用 ping 命令逐一测试与目的设备之间的连通性，而使用 tracert 命令。Linux 和 Cisco　IOS 设备上的等效命令是traceroute。

步骤 1：使用 tracert 命令验证 TCP/IP 网络层连通性。

（1）打开 Windows 终端并发出以下命令：

C:\> tracert 192.168.254.254

tracert 命令的输出应如图 9-10 所示。

```
C:\> tracert 192.168.254.254
Tracing route to 192.168.254.254 over a maximum of 30 hops
  1    <1 ms    <1 ms    <1 ms  172.16.255.254
  2    <1 ms    <1 ms    <1 ms  10.10.10.6
  3    <1 ms    <1 ms    <1 ms  192.168.254.254
Trace complete.
C:\>
```

图 9-10　向 Eagle Server 发出 tracert 命令的输出

（2）在表 9-8 中记录结果。

表 9-8　结果

字　段	值
最大跳数	
第一个路由器的 IP 地址	
第二个路由器的 IP 地址	
是否可到达目的设备	

步骤 2：观察向网络连接丢失的主机发送 tracert 命令时的输出。

注意： S1-Central 是一台交换机，而且没有减去数据包的 TTL 值。

如果与终端设备（如 Eagle Server）之间的连接丢失，tracert 命令可以提供有关问题根源的宝贵线索。ping 命令能够显示故障，但却不能提供有关沿途设备的任何其他信息。

参阅图 9-11，tracert 命令使用选项-w 5 减少等待时间（毫秒），使用选项-h 4 规定最大跳数。例如，Eagle Server 与网络断开连接，默认网关和 R1-ISP 将正确响应。问题肯定存在于 192.168.254.0/24 网络中。本例中的 Eagle Server 已关闭。

```
C:\> tracert -w 5 -h 4 192.168.254.254
Tracing route to 192.168.254.254 over a maximum of 4 hops
  1    <1 ms    <1 ms    <1 ms  172.16.255.254
  2    <1 ms    <1 ms    <1 ms  10.10.10.6
  3      *        *        *        Request timed out.
  4      *        *        *      Request timed out.

Trace complete.
C:\>
```

图 9-11　tracert 命令的输出

问题 1：如果 R1-ISP 发生故障，tracert 的输出结果是什么？

问题 2：如果 R2-Central 发生故障，tracert 的输出结果是什么？

知识补充：

tracert [-d][-h maximum_hops][-j host-list][-w timeout] target_name
-d：指定不将 IP 地址解析到主机名称。

-h maximum_hops：指定跃点数以跟踪到称为 target_name 的主机的路由。

-j host-list：指定 tracert 实用程序数据包所采用路径中的路由器接口列表。

-w timeout：等待 timeout 为每次回复所指定的毫秒数。

target_name：目标主机的名称或 IP 地址。

任务 2.3　思考

网络工程师使用 ping 和 tracert 两种命令来测试网络连通性。测试基本网络连接，ping 命令最适用。但要测试反应时间和网络路径，则首选 tracert 命令。

能够准确快速地诊断网络连接问题是网络工程师应该具备的一项技能。 培养这种技能需要掌握 TCP/IP 的相关知识和练习使用故障排除命令。

项目 3　配置 IP 路由

完成该项目，你将掌握静态路由的配置命令，理解基于跳的数据路由模式；掌握 RIP 配置，理解 RIP 路由协议运行状态，理解管理距离；掌握 OSPF 协议的配置，理解 OSPF 的工作过程，理解链路状态数据库。

知识背景：

路由器可以从相邻的路由器或管理员那里认识远程网络。之后，路由器需要建立一个描述如何寻找远程网络的路由表（一张网络地图）。如果网络是直接与路由器相连的，那么路由器自然就知道如何到达这个网络。如果网络没有直接与它相连，路由器必须通过学习来了解如何到达这个远程网络，所采用的方法只有两种：静态路由方式（即必须由人来手动输入所有网络位置到路由表中）和动态路由方式。

在动态路由中，在一台路由器上运行的协议将与相邻路由器上运行的相同协议进行通信。然后，这些路由器会更新各自对整个网络的认识并将这些信息加入路由表。如果在网络中有一个改变出现，动态路由协议将自动将这个改变通知给所有的路由器。如果使用的是静态路由，则管理员将负责通过手工方式在所有的路由器上更新所有的改变。在一个大型网络中，同时使用动态和静态路由是很典型的方式。

路由信息协议（RIP）发布了两个版本，RIPv1 和 RIPv2。RIP 的特征：路由表的更新周期为 30s；仅使用跳数（hops）作为度量值；最大跳数限制为 15，跳数为 16 的路由被认为是不可达的，不再使用。RIPv1 属于有类路由协议，此种协议路由更新时只发送路由条目而不携带条目的子网掩码，使用广播地址 255.255.255.255 通告路由信息。RIPv2 是无类路由协议，允许同一主网内的子网有不同的掩码，通告路由信息时携带掩码，支持两种认证方式的路由更新（明文验证和密文验证），使用组播地址 224.0.0.9 通告路由信息。

开放最短路径优先（OSPF）是一个开放标准的路由选择协议，它被各种网络开发商所广泛使用，如果你的网络拥有多种路由器，而不全都是 Cisco 的，你可以使用 OSPF。OSPF 是通过使用 Dijkstra 算法来工作的。首先，构建一个最短路径树，然后使用最佳路径的计算结果来组建路由表。

OSPF 是第一个被介绍给大多数人的链路状态路由选择协议，因此，了解一下它与更为传统的距离矢量协议（如 RIPv2 和 RIPv1）之间的差异是很有意义的。表 9-9 给出了这 3 种协议之间的比较。

表 9-9 OSPF 与 RIP 的比较

特 性	OSPF	RIPv1	RIPv2
协议类型	链路状态	距离矢量	距离矢量
无类支持	是	是	否
VLSM 支持	是	是	否
自动汇总	否	是	是
手动汇总	是	否	否
不连续支持	是	是	否
路由传播	可变化的组播	周期性广播	周期性组播
路径度量	带宽	跳	跳
跳计数限制	无	15	15
收敛	快	慢	慢
分层网络	是（使用区域）	否（只是平面）	否（只是平面）
更新	时间触发	路由表更新	路由表更新
路由计算	Dijkstra	Bellman-Ford	Bellman-Ford

任务 3.1 配置静态路由

根据图 9-12 搭建网络，路由器之间通过快速以太网口相连，PC0 和 PC1 在不同的网络中，请配置静态路由，要求 PC0 和 PC1 能相互通信。每个设备的 IP 地址设置见表 9-10，其中有两个空，请你正确填写。

图 9-12 包含两台路由器的静态路由配置拓扑图

表 9-10 设备的 IP 地址信息表

设 备	接 口	IP 地址	子 网 掩 码	默 认 网 关
R0	fa0/0	192.168.1.1	255.255.255.0	不适用
	fa0/1	192.168.3.1	255.255.255.0	不适用

续表

设 备	接 口	IP 地址	子 网 掩 码	默 认 网 关
R1	fa0/0	192.168.3.2	255.255.255.0	不适用
	fa0/1	192.168.2.1	255.255.255.0	不适用
PC0	不适用	192.168.1.2	255.255.255.0	
PC1	不适用	192.168.2.2	255.255.255.0	

假设 PC0 能和 PC1 成功通信（PC0 能发送信息给 PC1，也能接收从 PC1 发送过来的信息），也就意味着 PC0 将数据成功发送给 PC1。现在我们来模仿整个过程。

（1）PC0 将数据封装成数据帧，通过以太网口发送给 R0。

（2）R0 的 fa0/0 接收到此数据帧，于是剥离帧头，显现出 IP 数据包。

（3）R0 对照 IP 数据包的目的地址 192.168.2.2，查看路由表，知道将数据帧从接口 fa0/1 发送出去。

（4）R0 再在 IP 数据包前面加上帧头，重新封装成以太网帧，从 fa0/1 接口发送出去。

（5）R1 接收到此数据帧，重复 R0 所做的事情，将重新封装后的数据帧发送给 PC1。

（6）PC1 接收到数据帧，将自己需要的信息提取出来。

下面，我们来查看一下路由器 R0、R1 的路由，看看是否存在能让 PC0 和 PC1 互相通信的路由。

```
//R0 的路由
R0>
R0>enable
R0#show ip route
Codes: C - connected, S - static, I - IGRP, R - RIP, M - mobile, B - BGP
       D - EIGRP, EX - EIGRP external, O - OSPF, IA - OSPF inter area
       N1 - OSPF NSSA external type 1, N2 - OSPF NSSA external type 2
       E1 - OSPF external type 1, E2 - OSPF external type 2, E - EGP
       i - IS-IS, L1 - IS-IS level-1, L2 - IS-IS level-2, ia - IS-IS inter area
       * - candidate default, U - per-user static route, o - ODR
       P - periodic downloaded static route
Gateway of last resort is not set
//C 表示直连路由
C    192.168.1.0/24 is directly connected, FastEthernet0/0
C    192.168.3.0/24 is directly connected, FastEthernet0/1
//R1 的路由
R1>
R1>enable
R1#show ip route
Codes: C - connected, S - static, I - IGRP, R - RIP, M - mobile, B - BGP
       D - EIGRP, EX - EIGRP external, O - OSPF, IA - OSPF inter area
       N1 - OSPF NSSA external type 1, N2 - OSPF NSSA external type 2
       E1 - OSPF external type 1, E2 - OSPF external type 2, E - EGP
       i - IS-IS, L1 - IS-IS level-1, L2 - IS-IS level-2, ia - IS-IS inter area
       * - candidate default, U - per-user static route, o - ODR
```

```
                   P - periodic downloaded static route
Gateway of last resort is not set
// C 表示直连路由
C       192.168.2.0/24 is directly connected, FastEthernet0/1
C       192.168.3.0/24 is directly connected, FastEthernet0/0
```

我们回忆刚刚的 6 个步骤，步骤 3 中没有发现 R0 有到网络 192.168.2.0 的路由信息。赶快在 R0 上添加到 192.168.2.0 的路由信息。

```
R0>
R0>en
R0#confi te
Enter configuration commands, one per line.    End with CNTL/Z.
R0(config)#ip route 192.168.2.0 255.255.255.0 192.168.3.2
```

添加此静态路由后，让我们再来看看路由器 R0 上的路由信息。

```
R0#show ip route
Codes: C - connected, S - static, I - IGRP, R - RIP, M - mobile, B - BGP
         D - EIGRP, EX - EIGRP external, O - OSPF, IA - OSPF inter area
         N1 - OSPF NSSA external type 1, N2 - OSPF NSSA external type 2
         E1 - OSPF external type 1, E2 - OSPF external type 2, E - EGP
         i - IS-IS, L1 - IS-IS level-1, L2 - IS-IS level-2, ia - IS-IS inter area
         * - candidate default, U - per-user static route, o - ODR
         P - periodic downloaded static route
//多了一条静态路由，S    192.168.2.0/24 [1/0] via 192.168.3.2
Gateway of last resort is not set
C       192.168.1.0/24 is directly connected, FastEthernet0/0
S       192.168.2.0/24 [1/0] via 192.168.3.2
C       192.168.3.0/24 is directly connected, FastEthernet0/1
```

经过添加以上的静态路由后，你认为 PC0 能将数据包发送到 PC1 上吗？请说明理由。

　　或许你学了项目 2 后，立刻想到使用 ping 192.168.2.2 来测试下 PC0 的数据包能不能发送到 PC1，这确实是个好方法，但我们需要知道的是 ping 命令不仅发送 ICMP 包，还要求对方回复 ICMP 包，所以 ping 不通 192.168.2.2，并不能说明 PC0 发送的数据包到不了 PC1。

　　或许你刚来无锡的时候从学校坐车到了某个地方，但不知道怎么回学校了，上面涉及的数据包会不会也有这样一种经历呢？想想问题出在哪里，如果你有解决方案，赶快写在下面，然后赶快使用 ping 再测试下，来验证你的方案可行不可行。

//添加静态路由的命令如下：
Router(config)#ip route 网络地址　子网掩码　下一跳 IP 地址

例如：R0(config)#ip route 192.168.2.0 255.255.255.0 192.168.3.2

任务 3.2　配置 RIPv1

RIPv1 是有类路由，此路由协议只发送路由条目，不携带掩码，所以运行有类路由协议的路由器在接收到路由条目后，进行如下判断。

（1）如果路由更新信息中的路由条目与自己的接收接口地址属于同一个主类网络（即 A、B、C 类网络的主网号），路由器则使用自己接口上的子网掩码作为接收到的路由条目的网络掩码。

（2）如果路由更新信息中的路由条目与自己的接收接口地址不属于同一主机网络，路由器则使用接收到的路由条目所属的地址类别默认的主机网络掩码（把子网归纳到主网）。

拓扑如图 9-13 所示。

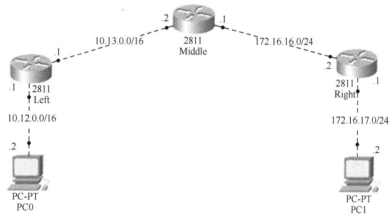

图 9-13　包含 3 台路由器的 RIPv1 配置拓扑图

路由器 Left 配置如下：

```
//路由器 Left 配置
Router>enable
Router#conf te
Enter configuration commands, one per line.　End with CNTL/Z.
Router(config)#hostname Left
Left(config)#interf fa 0/0
Left(config-if)#ip address 10.12.0.1 255.255.0.0
Left(config-if)#no shutdown
Left(config-if)#
%LINK-5-CHANGED: Interface FastEthernet0/0, changed state to up
%LINEPROTO-5-UPDOWN: Line protocol on Interface FastEthernet0/0, changed state to up
Left(config-if)#exit
Left(config)#interfa fa 0/1
Left(config-if)#ip address 10.13.0.1 255.255.0.0
Left(config-if)#no shutdown
Left(config-if)#
%LINK-5-CHANGED: Interface FastEthernet0/1, changed state to up
```

```
Left(config-if)#exit
Left(config)#router rip
Left(config-router)#network 10.0.0.0
Left(config-router)#^Z
Left#
```

路由器 Middle 配置如下：

```
//路由器 Middle 配置
Router>en
Router#conf te
Enter configuration commands, one per line.   End with CNTL/Z.
Router(config)#hostname Middle
Middle(config)#interf fa 0/0
Middle(config-if)#ip addr 10.13.0.2 255.255.0.0
Middle(config-if)#no shutdown
Middle(config-if)#
%LINK-5-CHANGED: Interface FastEthernet0/0, changed state to up
%LINEPROTO-5-UPDOWN: Line protocol on Interface FastEthernet0/0, changed state to up
Middle(config-if)#exit
Middle(config)#interf fa 0/1
Middle(config-if)#ip addr 172.16.16.1 255.255.255.0
Middle(config-if)#no shutdown
Middle(config-if)#
%LINK-5-CHANGED: Interface FastEthernet0/1, changed state to up
Middle(config-if)#^Z
Middle(config)#router rip
Middle(config-router)#network 10.0.0.0
Middle(config-router)#network 172.16.0.0
Middle(config-router)#^Z
```

路由器 Right 配置如下：

```
//路由器 Right 配置
Router>
Router>en
Router#conf te
Enter configuration commands, one per line.   End with CNTL/Z.
Router(config)#hostname Right
Right(config)#inter fa 0/0
Right(config-if)#ip addr 172.16.16.2 255.255.255.0
Right(config-if)#no shutd
Right(config-if)#
%LINK-5-CHANGED: Interface FastEthernet0/0, changed state to up
%LINEPROTO-5-UPDOWN: Line protocol on Interface FastEthernet0/0, changed state to up
Right(config-if)#exit
Right(config)#inter fa 0/1
Right(config-if)#ip addr 172.16.17.1 255.255.255.0
```

```
Right(config-if)#no shutd
Right(config-if)#
%LINK-5-CHANGED: Interface FastEthernet0/1, changed state to up
%LINEPROTO-5-UPDOWN: Line protocol on Interface FastEthernet0/1, changed state to up
Right(config)#router rip
Right(config-router)#network 172.16.0.0
Right(config-router)#^Z
Right#
```

查看路由器 Left 的路由信息：

```
//路由器 Left 的路由信息
Left#show ip route
Codes: C - connected, S - static, I - IGRP, R - RIP, M - mobile, B - BGP
       D - EIGRP, EX - EIGRP external, O - OSPF, IA - OSPF inter area
       N1 - OSPF NSSA external type 1, N2 - OSPF NSSA external type 2
       E1 - OSPF external type 1, E2 - OSPF external type 2, E - EGP
       i - IS-IS, L1 - IS-IS level-1, L2 - IS-IS level-2, ia - IS-IS inter area
       * - candidate default, U - per-user static route, o - ODR
       P - periodic downloaded static route

Gateway of last resort is not set
//R 表示 RIP，它是动态学习到的一条路由信息
     10.0.0.0/16 is subnetted, 2 subnets
C        10.12.0.0 is directly connected, FastEthernet0/0
C        10.13.0.0 is directly connected, FastEthernet0/1
R        172.16.0.0/16 [120/1] via 10.13.0.2, 00:00:16, FastEthernet0/1
```

在路由器 Left 上查看 debug 调试信息：

```
Left#debug ip rip
RIP protocol debugging is on
Left#RIP: sending   v1 update to 255.255.255.255 via FastEthernet0/0 (10.12.0.1)
RIP: build update entries
        network 10.13.0.0 metric 1
        network 172.16.0.0 metric 2
RIP: sending   v1 update to 255.255.255.255 via FastEthernet0/1 (10.13.0.1)
RIP: build update entries
        network 10.12.0.0 metric 1
RIP: received v1 update from 10.13.0.2 on FastEthernet0/1
        172.16.0.0 in 1 hops
RIP: sending   v1 update to 255.255.255.255 via FastEthernet0/0 (10.12.0.1)
RIP: build update entries
        network 10.13.0.0 metric 1
        network 172.16.0.0 metric 2
RIP: sending   v1 update to 255.255.255.255 via FastEthernet0/1 (10.13.0.1)
RIP: build update entries
        network 10.12.0.0 metric 1
RIP: received v1 update from 10.13.0.2 on FastEthernet0/1
```

```
172.16.0.0 in 1 hops
Left#undebug all
All possible debugging has been turned off
Left#
```

通过 show ip route 和 debug ip rip 命令提示，完成表 9-11。

表 9-11　字段和值

字　　　段	值
Left 上有几条路由信息	
到 172.16.0.0/24 网络的管理距离	
到 172.16.0.0/24 网络的度量值	
Left 通告路由的形式	
Left 向外界通告了几条路由	

打开 PC0 的 cmd，输入 ping 172.16.17.2 命令，运行结果如下所示：

```
PC>ping 172.16.17.2
Pinging 172.16.17.2 with 32 bytes of data:
Reply from 172.16.17.2: bytes=32 time=1ms TTL=125
Reply from 172.16.17.2: bytes=32 time=0ms TTL=125
Reply from 172.16.17.2: bytes=32 time=0ms TTL=125
Reply from 172.16.17.2: bytes=32 time=0ms TTL=125
Ping statistics for 172.16.17.2:
    Packets: Sent = 4, Received = 4, Lost = 0 (0% loss),
Approximate round trip times in milli-seconds:
    Minimum = 0ms, Maximum = 1ms, Average = 0ms
```

可见，PC0 和 PC1 能相互通信，我们的设置应该说是正确的。当你测试成功后，你会觉得 RIP 的配置太简单了。当你解决困难后，或许你才真正掌握了 RIP 的知识点。下面，把图 9-13 稍做修改，拓扑不变，只是将路由器的 IP 地址改变了，如图 9-14 所示。

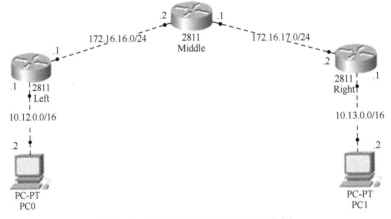

图 9-14　修改路由器 IP 地址的拓扑图

你再使用 PC0 的 cmd 来 ping PC1，把你的结果写在下面。

如果 PC0 和 PC1 不能通信，你使用一些 RIP 中的常用命令（参考上面内容）来分析，得出它们不能通信的原因并写在下面。提示：你可以思考有类路由协议的特性，参考知识背景。

任务 3.3　配置RIPv2

在路由器上启动 RIPv2 的命令和启动 RIPv1 的命令基本相同，只不过需要声明版本号，命令如下：

```
Router(config)#router rip
Router(config-router)#version 2
Router(config-router)#network 网络地址
```

现在使用 RIPv2 配置图 9-13 所示拓扑图，或许你已经发现了使用 RIPv1 配置图 9-13 会出现一些问题，那么如果使用 RIPv2 会不会出现和 RIPv1 一样的问题呢？如果没有出现问题，你是否能够将分析后的原因写在下面。

任务 3.4　配置OSPF

Router0 和 Router1 通过串口相连，它们的封装形式都是 HDLC，思科默认开启 HDLC 封装。网络的子网掩码都是 255.255.255.0，IP 地址如图 9-15 所示，请填写表 9-12。

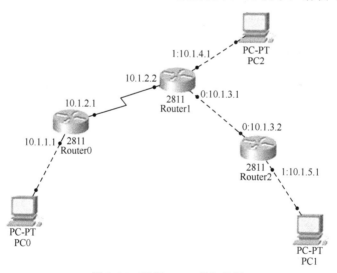

图 9-15　配置 OSPF 的拓扑图

表 9-12　字段和值

字　　段	值
如果 Router0 设置了 clock rate，则谁是 DCE	
PC2 的 IP 地址如何设置	
点到点除了使用 HDLC 封装，还可以使用什么封装	

下面的两个要素是 OSPF 配置中的基本元素：

（1）启用 OSPF。

（2）配置 OSPF 区域。

```
//实例
(1)Router(config)#router ospf   1
(2)Lab_A(config-router)#network 10.0.0.0    0.255.255.255   area 0
```

0.255.255.255 是通配符掩码，它的内容：在通配符掩码中，值为 0 的 8 位位组表示网络地址中相应的 8 位位组必须严格匹配。在另一方面，值为 255 则表示不必关心网络地址中相应的 8 位位组的匹配情况。网络和通配符掩码 1.1.1.1   0.0.0.0 的组合将只指定 1.1.1.1，而不包含其他地址。

按照图 9-15，配置路由器 Router0、Router1 和 Router2，让它们都启用 OSPF 协议。

假设你已经配置好了这 3 台路由器和 PC，下面我们检查路由器上运行的路由协议及相关参数。

```
//R0 的参数
R0#show ip protocols
Routing Protocol is "ospf 1"
    Outgoing update filter list for all interfaces is not set
    Incoming update filter list for all interfaces is not set
    Router ID 10.1.2.1
    Number of areas in this router is 1. 1 normal 0 stub 0 nssa
    Maximum path: 4
    Routing for Networks:
        10.1.0.0 0.0.255.255 area 0
    Routing Information Sources:
        Gateway          Distance        Last Update
        10.1.2.1         110             00:22:59
        10.1.4.1         110             00:22:24
        10.1.5.1         110             00:22:24
    Distance: (default is 110)
```

查看邻居关系数据库：

```
R0#show ip ospf neighbor
Neighbor ID    Pri    State         Dead Time     Address        Interface
10.1.4.1         0    FULL/  -      00:00:30      10.1.2.2       Serial0/0/0
```

查看路由表：

```
R0#show ip ospf neighbor
Neighbor ID      Pri    State         Dead Time    Address        Interface
10.1.4.1          0     FULL/ -       00:00:30     10.1.2.2       Serial0/0/0
R0#show ip route
Codes: C - connected, S - static, I - IGRP, R - RIP, M - mobile, B - BGP
       D - EIGRP, EX - EIGRP external, O - OSPF, IA - OSPF inter area
       N1 - OSPF NSSA external type 1, N2 - OSPF NSSA external type 2
       E1 - OSPF external type 1, E2 - OSPF external type 2, E - EGP
       i - IS-IS, L1 - IS-IS level-1, L2 - IS-IS level-2, ia - IS-IS inter area
       * - candidate default, U - per-user static route, o - ODR
       P - periodic downloaded static route
Gateway of last resort is not set
```
//O 表示 OSPF 路由
```
     10.0.0.0/24 is subnetted, 5 subnets
C       10.1.1.0 is directly connected, FastEthernet0/0
C       10.1.2.0 is directly connected, Serial0/0/0
O       10.1.3.0 [110/65] via 10.1.2.2, 00:28:19, Serial0/0/0
O       10.1.4.0 [110/65] via 10.1.2.2, 00:28:54, Serial0/0/0
O       10.1.5.0 [110/66] via 10.1.2.2, 00:28:09, Serial0/0/0
```

查看并分析链路状态数据库：

```
R0#show ip ospf database
          OSPF Router with ID (10.1.2.1) (Process ID 1)
             Router Link States (Area 0)
Link ID          ADV Router        Age        Seq#            Checksum Link count
10.1.2.1         10.1.2.1          15         0x80000004 0x002837 3
10.1.4.1         10.1.4.1          1781       0x80000005 0x009d8b 4
10.1.5.1         10.1.5.1          1781       0x80000003 0x00915e 2
             Net Link States (Area 0)
Link ID          ADV Router        Age        Seq#            Checksum
10.1.3.2         10.1.5.1          1781       0x80000001 0x009465
```

观察其他两个路由器的链路状态数据库，是否与 R0 相同。

项目 4　VLAN与VLAN间路由

知识背景：

VLAN 是两部分的逻辑组合：一是网络用户，二是在管理上连接到交换机所定义端口的资源。在创建虚拟局域网时，可以将交换机上的不同端口分派到不同的子网中，这样就可以在第 2 层交换式互连网络中创建小一些的广播域。可以像对待单独的子网和广播域一样来对待 VLAN，这意味着网络上的广播帧只在同一个 VLAN 内部的逻辑组的端口之间进行转发。

如果创建了 VLAN，情况就可以大大改善。可以用 VLAN 来解决与第 2 层交换有关的许多问题。用 VLAN 来简化网络管理的方式有多种：

通过将某个端口配置到合适的 VLAN 中，就可以实现网络的添加、移动和改变。将对安全性要求高的一组用户放入 VLAN 中，这样，VLAN 外部的用户就无法与它们通信。作为功能上的逻辑用户组，可以认为 VLAN 独立于它们的物理位置或地理位置。VLAN 可以增强网络安全性。VLAN 增加了广播域的数量，同时减小了广播域的范围。

任务 4.1　交换机中MAC表是如何生成的

按照图 9-16 连接好网络，并配置好 PC 的 IP 地址。刚连接好的拓扑图，Switch1 中没有 MAC 地址表，或者说交换机的 MAC 地址表是空的。

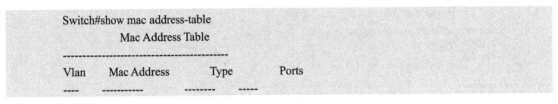

在 PC0 中，输入 ping 192.168.1.2，仿真整个过程，此时 PC0 会产生两个数据包，一个是 ICMP 数据包，另外一个是 ARP 数据包，如图 9-17 所示，左边一个包是 ICMP 包，右边是 ARP 包。但问题是，产生 ICMP 包时发现不知道 PC1 的 MAC 地址，故还不能把它封装成帧。ARP 包封装成帧时，它的目的 MAC 地址是全 1 的广播地址。

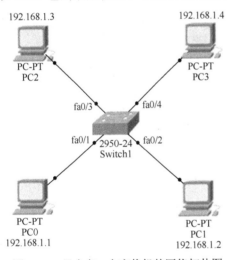

图 9-16　只含有一个交换机的网络拓扑图

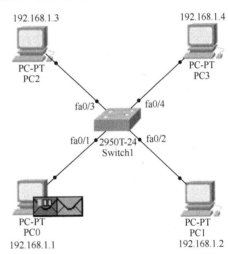

图 9-17　产生 ICMP 包和 ARP 包

以太网 2 层交换机转发的是数据帧，数据帧的地址是 MAC 地址，现只知道 PC1 的 IP 地址 192.168.1.2，则通过 ARP 获取 PC1 的 MAC 地址。PC0 首先将 ARP 数据包（此信息中包含了 PC0 的 MAC 地址）发送给交换机，交换机记录 PC0 的 MAC 地址和 fa0/1 接口的映射信息，交换机广播此 ARP 数据包询问谁是 192.168.1.2，PC1、PC2、PC3 都接收到此数据包，然后对比自己的 IP 地址是不是 192.168.1.2，PC2 和 PC3 的 IP 地址和所询问地址不符，此时它们将数据包丢弃，PC1 发现自己就是交换机要查找的，立刻回复给交换机，回复信息中携带了 PC1 的 MAC 地址，此时交换机记录 PC1 的 MAC 地址和 fa0/2 接口的映射信息。最后，交换机将此信息回复给 PC0，PC0 接收到信息后知道了 PC1 的 MAC 地址。整

个过程如图 9-18～图 9-21 所示。

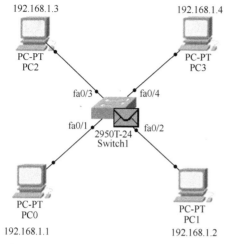

图 9-18 PC0 发送 ARP 数据包给交换机

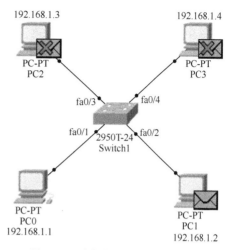

图 9-19 交换机广播 ARP 数据包

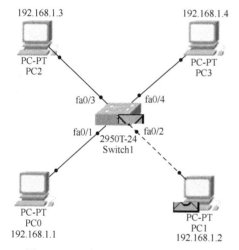

图 9-20 只有 PC1 回复信息给交换机

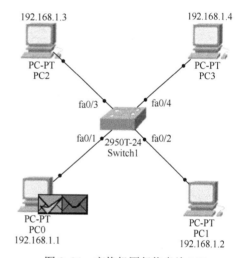

图 9-21 交换机回复信息给 PC0

此时再次查询 Switch1 中的 MAC 表，你觉得会有哪些 PC 的 MAC 地址信息？下面的代码就是我们的答案。

```
Switch#show mac address-table
         Mac Address Table
---------------------------------------------
Vlan    Mac Address      Type       Ports
----    -----------      --------   -----

1       0001.c9b3.905b   DYNAMIC    Fa0/2
1       000c.cfe7.ddbe   DYNAMIC    Fa0/1
```

后面的事情就显得简单多了，于是 PC0 将 ICMP 包封装成帧，目的 MAC 地址是 PC1 的 MAC 地址，PC0 发送帧给交换机，交换机接收到帧后查询 MAC 表，发现应该从 fa0/2 接口转发帧信息，PC1 接收到 ICMP 包并发送回包给 PC0，整个通信就此结束。

任务 4.2 如何为交换机创建 VLAN

如图 9-22 所示,将交换机 SW0 的 fa0/1 端口和 SW1 的 fa0/1 端口指派到 VLAN10 中,将 SW0 的 fa0/2 和 SW1 的 fa0/2 端口指派到 VLAN20 中。配置的命令如下:

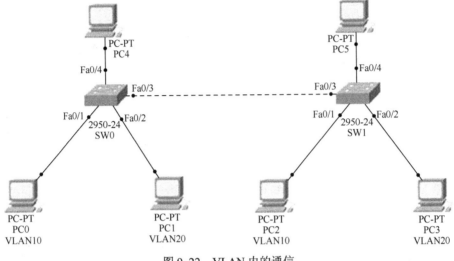

图 9-22　VLAN 内的通信

```
SW0#
SW0#vlan database
//创建 VLAN10 名称为 dianxin
SW0(vlan)#vlan 10 name dianxin
VLAN 10 added:
    Name: dianxin
SW0(vlan)#vlan 20 name tongxin
//创建 VLAN 20 名称为 tongxin
VLAN 20 added:
    Name: tongxin
SW0(vlan)#exit
APPLY completed.
Exiting....
SW0(config)#interface fa 0/1
//将 interface fa 0/1 端口指派到 VLAN10
SW0(config-if)#switchport access vlan 10
```

如何将 SW0 的 interface Fa0/2 端口指派给 VLAN20,请你仿照以上命令列出。还有,没有将 SW1 的配置命令列出,请你思考应该如何配置,将答案写到表 9-13 中。

表 9-13　配置命令

问　　题	配　置　命　令
将 SW0 的 interface Fa0/2 端口指派给 VLAN20	
将 SW1 的 interface Fa0/1 端口指派给 VLAN10	
将 SW1 的 interface Fa0/2 端口指派给 VLAN20	

现在你给 PC0 和 PC1 设置 IP 地址，按照表 9-14 中的 IP 值分配。

表 9-14 PC0/PC4 的 IP 分配表

PC 名称	IP 地址和掩码
PC0	192.168.1.1/24
PC4	192.168.1.2/24

在 PC0 中输入 ping 192.168.1.2，观察结果。如果你完全对照上面所做，应该是不能 ping 通的。因为 PC0 在 VLAN10 下，而 PC4 我们没有做什么配置，默认情况它应该在 VLAN1 下，PC0 和 PC4 属于不同的 VLAN，不同 VLAN 间的通信需要用到路由器或三层交换机，而我们只有二层交换机，显然它们不能相互通信。现在想让 PC0 和 PC4 通信，并且不能添加路由器或三层交换机，那应该怎么办？

为了确定答案的正确性，希望你通过 Cisco Packet Tracer 或真实的环境来验证。

思考：如果想让 PC3 和 PC5 通信那又该怎么设置，请填写表 9-15。

表 9-15 回答问题

问 题	答 案
PC3 的 IP 地址如何设置	
PC5 的 IP 地址如何设置	
SW1 的 fa0/4 端口应该指派哪一个 VLAN	

任务 4.3 跨交换机的 VLAN 内通信

如图 9-22 所示，PC0 和 PC2 都属于 VLAN 10，但 PC0 连接到交换机 SW0 上，PC2 连接到交换机 SW1 上，想让 PC0 和 PC2 通信，需要通过交换机与交换机的链路，那如何设置这条链路呢？或许我们只要将 SW0 和 SW1 的 Fa0/3 端口都指派在 VLAN10 下，PC0 和 PC2 就能通信了，确实答案是正确的。但我们希望 PC0 和 PC2 通信的同时，PC1 也能和 PC3 通信，很明显，如果我们按照上面的设置，肯定是不能实现的。因为 SW0 和 SW1 的 Fa0/3 端口只允许 VLAN10 标签的数据包通过，而 PC1 和 PC3 属于 VLAN20，不能通过 SW0 和 SW1 的 Fa0/3 端口。问题应该马上能解决了，我们只需要将 SW0 和 SW1 的 fa0/3 端口设置成既能让 VLAN10 通过又能让 VLAN20 通过。将端口设置成 Trunk 端口即可。下面是如何将两交换机之间的链路设置成 Trunk 的命令。

```
****SW0 的设置****
SW0(config)#interface fa 0/3
//将 SW0 的 interface fa 0/3 端口设置成 Trunk 类型
SW0(config-if)#switchport mode trunk
//此 Trunk 端口允许 VLAN10 和 VLAN 20 通过
SW0(config-if)#switchport trunk allowed vlan 10,20
```

****SW1 的设置****

SW1(config)#interface fa 0/3

//将 SW1 的 interface fa 0/3 端口设置成 Trunk 类型

SW1(config-if)#switchport mode trunk

//此 Trunk 端口允许 VLAN10 和 VLAN 20 通过

SW1(config-if)#switchport trunk allowed vlan 10,20

任务 4.4 VLAN 间的通信

拓扑如图 9-23 所示。

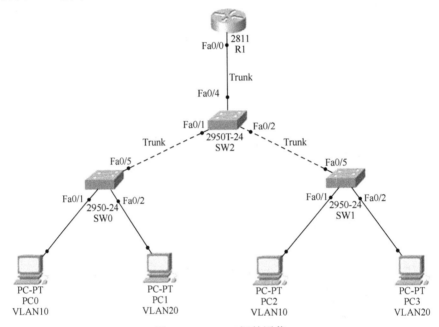

图 9-23 VLAN 间的通信

按照表 9-16 配置各个设备及相应端口。

表 9-16 设备配置信息表

设备或接口	接　　口	IP 地址及掩码	端 口 类 型	默 认 网 关
R1 的 Fa0/0	Fa0/0.1	192.168.1.254/24	Trunk	不适用
	Fa0/0.2	192.168.0.254/24		不适用
SW0	Fa0/1	不适用	access vlan 10	不适用
	Fa0/2	不适用	access vlan 20	不适用
	Fa0/5	不适用	Trunk	不适用
SW1	Fa0/1	不适用	access vlan 10	不适用
	Fa0/2	不适用	access vlan 20	不适用
	Fa0/5	不适用	Trunk	不适用
SW2	Fa0/1	不适用	Trunk	不适用
	Fa0/2	不适用	Trunk	不适用

续表

设备或接口	接　口	IP 地址及掩码	端口类型	默认网关
SW2	Fa0/4	不适用	Trunk	不适用
PC0	不适用	192.168.1.1/24	不适用	192.168.1.254
PC1	不适用	192.168.0.2/24	不适用	192.168.0.254
PC2	不适用	192.168.1.3/24	不适用	192.168.1.254
PC3	不适用	192.168.0.4/24	不适用	192.168.0.254

SW0 和 SW1 的配置参照任务 3 的配置命令，下面的命令是将 SW2 的 fa0/1、fa0/2 和 fa0/4 都设置为 Trunk 口。

```
SW2(config)#interface fa0/1
SW2(config-if)#switchport mode trunk
SW2(config-if)#switchport trunk allowed vlan all
SW2(config)#interface fa0/2
SW2(config-if)#switchport mode trunk
SW2(config-if)#switchport trunk allowed vlan all
SW2(config)#interface fa0/4
SW2(config-if)#switchport mode trunk
SW2(config-if)#switchport trunk allowed vlan all
```

配置路由器的 fa0/0 端口，并配置其子接口，配置命令如下：

```
R1(config)#interf fa 0/0
R1(config-if)#no ip address
R1(config-if)#no shutdown
R1(config-if)#interf fa0/0.1
R1(config-subif)#ip addr 192.168.1.254 255.255.255.0
//使用 802.1Q 封装 VLAN 10 的帧，即此接口允许 VLAN10 的帧通过，帧的格式是 802.1Q 格式
R1(config-subif)#encapsulation dot1Q 10
R1(config-subif)#inter fa0/0.2
R1(config-subif)#ip addr 192.168.0.254 255.255.255.0
R1(config-subif)#encapsulation dot1Q 20
```

以上配置全部设置完毕后，使用 Cisco Packet Tracer 测试下，分别在 PC0 中输入 ping 192.168.1.3 和 ping 192.168.0.4，使用 Cisco Packet Tracer 软件的 "simulation" 功能，观察它们，两次通信是否都需要路由器的介入，将答案写在表 9-17 中。

表 9-17　回答问题

问　　题	答　　案
ping 192.168.1.3 需要路由器介入吗	
ping 192.168.0.4 需要路由器介入吗	

项目5 PPP链路和认证

通过此项目的练习，你将了解 PPP 原理，掌握 PPP 的两种认证方式——PAP 和 CHAP，掌握 PPP 封装在串口上的配置，PAP 和 CHAP 认证的配置。

1. PPP（Point-to-Point Protocol）原理

PPP 即点对点协议，它是一种层次化的协议，包括链路控制协议（LCP）和网络控制协议（NCP）。LCP 负责建立、配置和测试数据链路连接，包括协商数据链路层物理参数，进行认证、压缩及反向回拨等功能；NCP 负责建立和配置不同的网络协议，它可以建立和中断一个数据链路的多个三层会话。PPP 的 LCP 层支持 PAP 和 CHAP。

2. PAP 和 CHAP 认证协议

（1）PAP（Password Authentication Protocol）为密码认证协议，是一个较为简单的认证协议。在认证过程中，它把认证信息直接以明文方式传输到服务器端，因此密码容易被窃取从而遭受攻击。另外，认证阶段对非法用户的重复攻击没有采取保护措施，且认证成功一次后的通信过程中又不要求复查，因此其安全性能比较差。

（2）CHAP（Challenge Handshake Authentication Protocol）为"挑战握手认证协议"，它与 PAP 相比起来则稳健得多。首先，在认证过程中，密码不以明文方式发送，其认证所需的重要数据在传输之前就经过不可逆加密，有效地防止了密码被窃取和逆向解密；其次，整个过程中服务器始终处于主动地位，它可以随时要求远程主机提供身份复查，并且每次认证的 challenge 参数都是不可预测的，因此企图以上次认证所使用的信息来欺骗服务器是不可能的；还有其他安全措施，如可设置最大允许错误次数，不允许反复试验等。所有这些都使得 CHAP 成为保证 PPP 连接的安全性能而广泛应用的认证协议。

（3）PAP、CHAP 特性见表 9-18。

表 9-18　PAP、CHAP 特性

PAP	CHAP
认证时由用户发起	认证时由服务器发起
用户名、密码明文传送	用 MD5 算法加密传送
次数无限，直至认证成功或线路关闭为止，容易受攻击	用 MD5 算法加密传送
认证通过后不再进行验证	次数有限（一般为 3 次）
安全性低	安全性很高

任务 5.1　PAP认证配置

在图 9-24 中，RT1 和 RT2 之间以串行线连接，在该链路上采用 PPP 进行封装，并采用 PAP 认证机制。认证时，路由器将 username/password 发送出去，对端路由器将接收到的 username/password 与配置在本地的 username/password 进行比较，如果相同则通过。

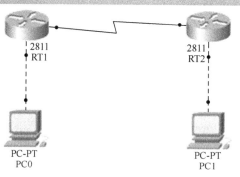

图 9-24 PPP 链路拓扑图

配置 PAP 的命令如下：

```
RT1:
Router(config)#hostname RT1
RT1(config)#username RT2 password cisco2
//建立本地数据库以验证对端路由器
RT1(config)#int s0
RT1(config-if)#ip address 192.168.2.1 255.255.255.0
RT1(config-if)#clockrate 56000
RT1(config-if)#encapsulation ppp//启动 PPP 封装
RT1(config-if)#ppp authentication pap//启动 PAP
RT1(config-if)#ppp pap sent-username RT1 password cisco1
//发送 username 和 password
RT1(config-if)#no shut
RT2:
Router(config)#hostname RT2
RT2(config)#username RT1 password cisco1
//建立本地数据库以验证对端路由器
RT2(config)#int s0
RT2(config)#ip address 192.168.2.2 255.255.255.0
RT2(config-if)#clockrate 56000
RT2(config-if)#encapsulation ppp //启动 PPP 封装
RT2(config-if)#ppp authentication pap //启动 PAP
RT2(config-if)#ppp pap sent-username RT2 password cisco2
RT2(config)#no shut
```

认证过程的验证：

（1）上述配置完成后，在 RT1 和 RT2 的 s0 口上人为地将链路 shut down，然后各个路由器上启动 debug 功能，监视认证过程：

```
debug ppp negotiation //可以观看 PPP 的协商过程
debug ppp authentication
```

接着，再以 no shut 命令将链路重新激活，此时，两台路由器上都将出现 debug 信息，可以仔细观察。

（2）只要某个用户名或密码与认证服务器上的配置不一样，就可以看到认证没通过时的情况：认证在不断进行中。

任务 5.2 CHAP认证配置

拓扑结构不变，RT1 和 RT2 之间以串行线相连，并在该链路上封装 PPP，采用 CHAP 认证机制。采用 CHAP 认证的时候，客户端和认证服务器端的密码必须是相同的，因为这样经 MD5 加密算法所获得的 hash 值才有可能相同。认证服务器发起挑战信息时，会把自己的路由器名发送过去，所以路由器名必须跟认证服务器端配置的 username 相同。

去掉 PAP 认证：

```
RT1(config)#int s0
RT1(config-if)#encapsulation ppp
RT1(config-if)#no ppp authentication pap      //关闭 PAP 认证
```

配置 CHAP 认证：

```
RT1：
Router(config)#hostname RT1
RT1(config)#username RT2 password cisco    RT1(config)#int s0
RT1(config-if)#ip address 192.168.2.1 255.255.255.0    RT1(config-if)#clockrate 56000
RT1(config-if)#encapsulation ppp      //启动 PPP 封装
RT1(config-if)#ppp authentication chap      //启动 CHAP
RT1(config-if)#no shut      RT2：
Router(config)#hostname RT2
RT2(config)#enable password cisco
RT2(config)#username RT1 password cisco
RT2(config)#int s0
RT2(config)#ip address 192.168.2.2 255.255.255.0    RT2(config-if)#clockrate 56000
RT2(config-if)#encapsulation ppp
RT2(config-if)#ppp authentication chap
RT2(config)#no shut
```

检验配置：

（1）两路由器间互 ping。

（2）查看 CHAP 成功认证时的 debug output，如 RT1：

```
00:15:21: Se0 PPP: Phase is AUTHENTICATING, by this end
00:15:21: Se0 CHAP: I CHALLENGE id 1 len 23 from "RT1"
00:15:21: Se0 CHAP: O RESPONSE id 1 len 23 from "RT1"
00:15:21: Se0 CHAP: I SUCCESS id 1 len 4
```

（3）RT1 将 hostname 改为 rA，查看 CHAP 认证失败时的 RT1 中的 debug 信息：

```
00:38:43: Se0 PPP: Phase is AUTHENTICATING, by this end
00:38:43: Se0 CHAP: I CHALLENGE id 22 len 23 from "RTD"
00:38:43: Se0 CHAP: O RESPONSE id 22 len 23 from "rA"
00:38:43: Se0 CHAP: I FAILURE id 22 len 25 msg is "MD/DES compare failed"
```

这是两边路由器的密码不一致而导致的 MD5 计算结果不相同造成的。最大的允许尝试次数可以通过 ppp max-bad authentication 命令进行调整，默认次数是 3。

思考题：

（1）在上面实验中，如果只在 R1（而不在 R2）串口上配置 encapsulation ppp 封装命令，会出现什么情况？当 R2 也配置 PPP 封装后，PPP 会经历哪些阶段来恢复正常？

（2）在 PAP 认证时两边可以采用不相同的用户名和密码，为什么在 CHAP 认证时却要求两边的认证密码必须一致？

（3）如果同时使用了 PAP 和 CHAP 这两种认证，路由器如何决定使用哪一种方式进行认证？

（4）PAP 和 CHAP 是否可以进行单边认证，就是说是否可以只在其中一台路由器上配置 ppp authentication {pap | chap}？如何实现？

综合项目　VLAN、ACL、路由、NAT训练

本项目是 VLAN、ACL、路由、NAT 的综合训练，需要大家对前面所讲述的知识点能够很好地理解并应用。

问题：一台思科三层交换机划分 3 个 VLAN。

> VLAN 2：192.168.1.1 255.255.255.0 192.168.1.254
> VLAN 3：192.168.2.1 255.255.255.0 192.168.2.254
> VLAN 4：192.168.3.1 255.255.255.0 192.168.3.254

各 VLAN 之间能互相通信。现在增加 1 台 Cisco 路由器想实现共享上网，Cisco 路由器配置 NAT，如何使用静态路由协议，实现各 VLAN 上公网。

拓扑图如图 9-25 所示。

PC0、PC1 处在 VLAN2 中，PC2、PC3 处在 VLAN3 中，Server0 处在 VLAN4 中。现在要使内网能够正常访问 Server0 服务器，然后同时还要能够访问 ISP 外网的 WWW 服务器。

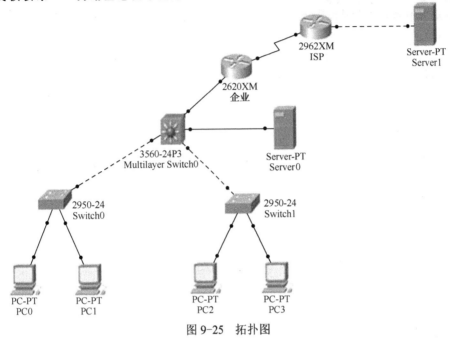

图 9-25　拓扑图

步骤 1：我们现在从三层交换机开始来配置。

```
Switch#conf t
Enter configuration commands, one per line. End with CNTL/Z.
Switch(config)#vlan 2 //创建 VLAN2
Switch(config-vlan)#exi
Switch(config)#vlan 3 //创建 VLAN3
Switch(config-vlan)#exi
Switch(config)#vlan 4 //创建 VLAN4
Switch(config-vlan)#exit
Switch(config)#int fa0/1 //将 fa0/1 添加到 VLAN2 中
Switch(config-if)#sw mo ac
Switch(config-if)#sw ac vlan 2
Switch(config-if)#exit
Switch(config)#int fa0/2 //将 fa0/2 添加到 VLAN3 中
Switch(config-if)#sw mo ac
Switch(config-if)#sw ac vlan 3
Switch(config-if)#exit
Switch(config)#int fa0/3 //将 fa0/3 添加到 VLAN4 中
Switch(config-if)#sw mo ac
Switch(config-if)#sw ac vlan 4
Switch(config-if)#exit
Switch(config)#int vlan 2 //给 VLAN2 添加一个 IP 地址，用于不同网段之间互相访问
Switch(config-if)#ip add 192.168.1.1 255.255.255.0
Switch(config-if)#exit
Switch(config)#int vlan 3 //给 VLAN3 添加一个 IP 地址
Switch(config-if)#ip add 192.168.2.1 255.255.255.0
```

```
Switch(config-if)#exit
Switch(config)#int vlan 4 //给 VLAN4 添加一个 IP 地址
Switch(config-if)#ip add 192.168.3.1 255.255.255.0
Switch(config-if)#no shut
Switch(config-if)#exit
 //以下几行是给不同的 VLAN 内的主机自动分配 IP 地址
Switch(config)#ip dhcp pool VLAN2
Switch(dhcp-config)#network 192.168.1.0 255.255.255.0
Switch(dhcp-config)#default-router 192.168.1.1
Switch(dhcp-config)#exit
Switch(config)#ip dhcp pool VLAN3
Switch(dhcp-config)#network 192.168.2.0 255.255.255.0
Switch(dhcp-config)#default-router 192.168.2.1
Switch(dhcp-config)#exit
Switch(config)#
```

步骤 2：现在去 PC0，PC1，PC2，PC3 上面看看能够分配到 IP 地址吗（图 9-26、图 9-27）。

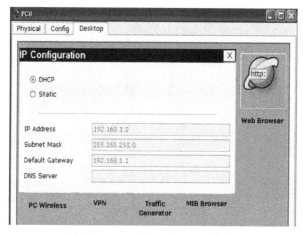

图 9-26　PC0 的 IP 地址分配截图

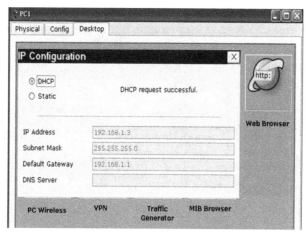

图 9-27　PC1 的 IP 地址分配截图

235

路由与交换技术——网络互连技术应用

PC2 和 PC3 的 IP 地址分配查看和 PC0 相同，请大家参照 PC0 的步骤即可。

步骤 3：服务器的 IP 地址一般都得手工配置，如果使用 DHCP 来自动分配的话，最后那台服务器的 IP 地址是哪一个我们都不太清楚。所以一般都是手工输入，如图 9-28 所示。

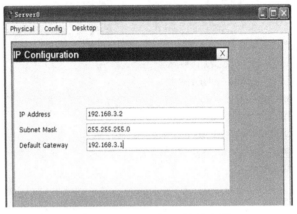

图 9-28　Server0 的 IP 地址配置

步骤 4：现在来测试一下内网通过三层交换机在不同的 VLAN 间互相访问有没有问题（图 9-29、图 9-30）。

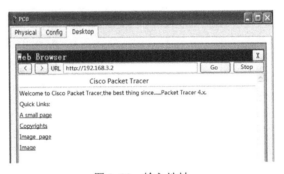

图 9-29　输入地址

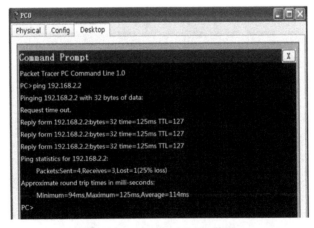

图 9-30　ping 192.168.2.2 截图

步骤 5：从 PC0 上我们可以看见，从 PC0 可以到达 VLAN3 与 VLAN4，这就说明通过

三层交换机，可以实现 VLAN 间路由，那么加一台路由器以后，怎么来解决呢？

```
Switch(config)#int fa0/24
Switch(config-if)#no switchport //关闭二层端口，这样就可以配置 IP 地址了
Switch(config-if)#ip add 192.168.5.1 255.255.255.0 //它现在是一个三层端口，它可以配置 IP 地址
Switch(config-if)#no shut
Switch(config-if)#exit
Switch(config)#ip routing //开启路由功能，如果不开启路由功能就不能使用路由协议
Switch(config)#router rip //这里运行一个 RIP
Switch(config-router)#ver 2
Switch(config-router)#no au
Switch(config-router)#net 192.168.1.0
Switch(config-router)#net 192.168.2.0
Switch(config-router)#net 192.168.3.0
Switch(config-router)#net 192.168.5.0
Switch(config-router)#exit
Switch(config)#
```

现在去路由器上来看看它的配置。

```
Router(config)#int fa0/0
Router(config-if)#ip add 192.168.5.2 255.255.255.0
Router(config-if)#no shut
Router(config-if)#exit
Router(config)#int s0/0
Router(config-if)#ip add 202.1.1.1 255.255.255.0
Router(config-if)#no shut
Router(config-if)#exit
Router(config)#router rip
Router(config-router)#ver 2
Router(config-router)#no au
Router(config-router)#net 192.168.5.0
Router(config-router)#default-information originate //它的作用是给三层路由器分配一条默认路由出去
Router(config-router)#exit
Router(config)#
```

在路由器上面查看一下路由表。

```
Router#sh ip route
Codes: C - connected, S - static, I - IGRP, R - RIP, M - mobile, B – BGP
D - EIGRP, EX - EIGRP external, O - OSPF, IA - OSPF inter area
N1 - OSPF NSSA external type 1, N2 - OSPF NSSA external type 2
E1 - OSPF external type 1, E2 - OSPF external type 2, E – EGP
i - IS-IS, L1 - IS-IS level-1, L2 - IS-IS level-2, ia - IS-IS inter area
* - candidate default, U - per-user static route, o – ODR
P - periodic downloaded static route
Gateway of last resort is not set
R 192.168.1.0/24 [120/1] via 192.168.5.1, 00:00:17, FastEthernet0/0
```

R 192.168.2.0/24 [120/1] via 192.168.5.1, 00:00:17, FastEthernet0/0
R 192.168.3.0/24 [120/1] via 192.168.5.1, 00:00:17, FastEthernet0/0
C 192.168.5.0/24 is directly connected, FastEthernet0/0
Router#

步骤 6：可以看见上面 3 条是在 3 层交换机上配置的 SVI 接口。在 PC0 上再来测试一下看看能否 ping 通路由器（图 9-31）。

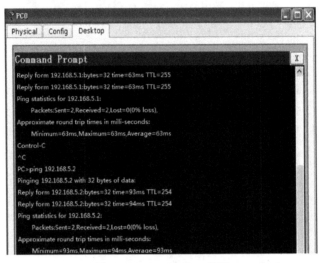

图 9-31　PC0 的 ping 截图

步骤 7：可以看见，能够正常访问路由器，在路由器上做 NAT 来访问 ISP 以及公网的 WWW 服务器。

```
Router(config)#access-list 1 permit 192.168.1.0 0.0.0.255
Router(config)#access-list 1 permit 192.168.2.0 0.0.0.255
Router(config)#access-list 1 permit 192.168.3.0 0.0.0.255
Router(config)#ip nat inside source list 1 interface s0/0 overload
Router(config)#int s0/0
Router(config-if)#ip nat outside
Router(config-if)#exit
Router(config)#int fa0/0
Router(config-if)#ip nat inside
Router(config-if)#end
Router(config)#ip route 0.0.0.0 0.0.0.0 s0/0
```

以上这几条是允许 192.168.1.0/24、192.168.2.0/24、192.168.3.0/24 这 3 个网段可以通过 NAT 出去。下面配置 ISP 端。

```
Router#conf t
Enter configuration commands, one per line. End with CNTL/Z.
Router(config)#host ISP
ISP(config)#int s0/0
ISP(config-if)#ip add 202.1.1.2 255.255.255.0
ISP(config-if)#no shut
```

```
ISP(config-if)#clock rate 64000
ISP(config-if)#exit
ISP(config)#int fa0/0
ISP(config-if)#ip add 202.1.2.1 255.255.255.0
ISP(config-if)#no shut
ISP(config-if)#exit
ISP(config)#
```

下面来看看 ISP 端的 WWW 服务器的 IP 地址（图 9-32）。

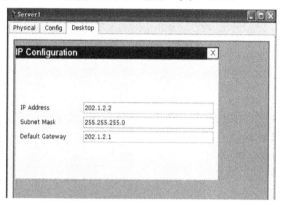

图 9-32　Server1 的 IP 地址截图

现在基本上配置都完成了，在 PC0 和 PC2 上测试一下（图 9-33、图 9-34）。

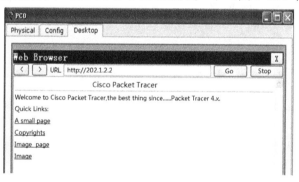

图 9-33　PC0 访问 202.1.2.2

图 9-34　PC2 访问 202.1.2.2

现在能够正常访问 ISP 端的 WWW 服务器了。

附录 A 思科路由器、交换机常用命令

1. 进入特权模式

```
switch> enable
switch#
```

2. 进入全局配置模式

```
configure terminal
switch> enable
switch # configure terminal
switch(conf)#
```

3. 交换机命名

```
hostname aptech2950    //以 aptech2950 为例 switch> enable
switch # configure terminal
switch(conf)#hostname aptch-2950
aptech2950(conf)#
```

4. 配置使能口令

```
enable password cisco    //以 Cisco 为例 switch> enable
switch # configure terminal
switch(conf)#hostname aptch2950
aptech2950(conf)# enable password cisco
```

5. 配置使能密码

```
enable secret ciscolab    //以 cicsolab 为例
switch> enable
switch # c onfigure terminal
switch(conf)#hostname aptch2950
aptech2950(conf)# enable secret ciscolab
```

6. 设置虚拟局域网

```
vlan 1    interface vlan 1
switch> enable
switch # configure terminal
switch(conf)#hostname aptch2950
aptech2950(conf)# interface vlan 1
aptech2950(conf-if)#ip address 192.168.1.1 255.255.255.0
// 配置交换机端口 IP 和子网掩码
ptech2950(conf-if)#no shut
// 使配置处于运行中
aptech2950(conf-if)#exit
aptech2950(conf)#ip default-gateway 192.168.254          //设置网关地址
```

7. 进入交换机某一端口

```
interface fastehernet 0/17        //以 17 端口为例 switch> enable
switch # configure terminal
switch(conf)#hostname aptch2950
aptech2950(conf)# interface fastehernet 0/17
aptech2950(conf-if)#
```

8. 查看命令

```
show
switch> enable
switch# show version                     //查看系统中的所有版本信息
show interface vlan 1                     //查看交换机有关 IP 的配置信息
show running-configure                    //查看交换机当前起作用的配置信息
show interface fastethernet 0/1           //查看交换机 1 接口具体配置和统计信息
show mac-address-table                    //查看 MAC 地址表
show mac-address-table aging-time         //查看 MAC 地址表自动老化时间
```

9. 交换机恢复出厂默认设置命令

```
switch> enable
switch# erase startup-configure
switch# reload
```

10. 双工模式设置

```
switch> enable
switch # c onfigure terminal
switch2950(conf)#hostname aptch-2950
aptech2950(conf)# interface fastehernet 0/17        //以 17 端口为例
aptech2950(conf-if)#duplex full/half/auto           //有 full , half, auto 3 个可选项
```

11. Cisco2950 的密码恢复

拔下交换机电源线。

用手按着交换机的 MODE 键，插上电源线。

在 switch：后执行 flash_ini 命令：

```
switch: flash_ini
```

查看 Flash 中的文件：

```
switch: dir flash:
```

把"config.text"文件改名为"config.old"：

```
switch: rename flash: config.text flash: config.old
```

执行 boot：

```
switch: boot
```

当出现是否进入初始配置的对话模式时，执行 no：

Would you like to enter the initial configuration dialog? [yes/no]no:

进入特权模式查看 Flash 里的文件：

```
show flash :
```

把"config.old"文件改名为"config.text"：

```
switch: rename flash: config.old flash:config.text
```

把"config.text"复制到系统的"running-configure"：

```
copy flash: config.text system : running-configure
```

把配置模式重新设置密码存盘，密码恢复成功。

12. 交换机 Telnet 远程登录设置

```
switch>en
switch # c onfigure terminal
switch(conf)#hostname aptech-2950
aptech2950(conf)#enable password cisco           //以 cisco 为特权模式密码
aptech2950(conf)#interface fastethernet 0/1      //以 17 端口为 Telnet 远程登录端口
aptech2950(conf-if)#ip address 192.168.1.1 255.255.255.0
aptech2950(conf-if)#no shut
aptech2950(conf-if)#exit
aptech2950(conf)line vty 0 4                      //设置 0～4 个用户可以 Telnet 远程登录
aptech2950(conf-line)#login
aptech2950(conf-line)#password edge              //以 edge 为远程登录的用户密码
```

主机设置：

```
ip        192.168.1.2              //主机的 IP 必须和交换机端口的地址在同一网段
netmask   255.255.255.0
gate-way  192.168.1.1              //网关地址是交换机端口地址
telnet 192.168.1.1
//进入 Telnet 远程登录界面
password : edge
 aptech2950>en password:
cisco aptech#
```

13. 交换机配置的重新载入和保存

设置完交换机的配置后：

```
aptech2950(conf)#reload
是否保存（y/n）   //y：保存设置信息，n：不保存设置信息
```

参 考 文 献

[1] 张国清. 最新 CCNP 认证之 BSCI 宝典[M]. 北京：电子工业出版社，2007.

[2] Todd Lammble. CCNA 学习指南[M]. 6 版. 程代伟，徐宏，等，译. 北京：电子工业出版社，2008.

[3] 杭州华三通信有限公司. 路由交换技术[M]. 北京：清华大学出版社，2012.

[4] www.iso.org

[5] www.itef.org

[6] www.cisco.com

[7] http://bbs.51cto.com/

[8] 张国清. CCNA 学习宝典[M]. 北京：电子工业出版社，2008.

反侵权盗版声明

　　电子工业出版社依法对本作品享有专有出版权。任何未经权利人书面许可，复制、销售或通过信息网络传播本作品的行为，歪曲、篡改、剽窃本作品的行为，均违反《中华人民共和国著作权法》，其行为人应承担相应的民事责任和行政责任，构成犯罪的，将被依法追究刑事责任。

　　为了维护市场秩序，保护权利人的合法权益，我社将依法查处和打击侵权盗版的单位和个人。欢迎社会各界人士积极举报侵权盗版行为，本社将奖励举报有功人员，并保证举报人的信息不被泄露。

举报电话：（010）88254396；（010）88258888

传　　真：（010）88254397

E-mail:　dbqq@phei.com.cn

通信地址：北京市万寿路173信箱

　　　　　电子工业出版社总编办公室

邮　　编：100036